汤欢——著

古典植物园

传统文化中的草木之美

商务印书馆
The Commercial Press

图书在版编目(CIP)数据

古典植物园:传统文化中的草木之美/汤欢著.—
北京:商务印书馆,2021(2022.9重印)
(自然感悟丛书)
ISBN 978-7-100-19576-8

Ⅰ.①古… Ⅱ.①汤… Ⅲ.①植物—文化研究—
文集 Ⅳ.①Q94-05

中国版本图书馆 CIP 数据核字(2021)第 034516 号

古典植物园:传统文化中的草木之美

汤欢 著

商 务 印 书 馆 出 版
(北京王府井大街 36 号 邮政编码 100710)
商 务 印 书 馆 发 行
北京雅昌艺术印刷有限公司印刷
ISBN 978-7-100-19576-8

2021 年 4 月第 1 版　　　开本 880×1230 1/32
2022 年 9 月北京第 7 次印刷　印张 12½
定价:69.00 元

序

从前在博物馆系统工作，见到不少植物标本展，曾好奇那个缤纷的世界，但因为专业的隔膜，却不能说出什么道理。后来梳理鲁迅抄录的《南方草木状》《释虫小记》《岭表录异》《说郛》等古籍，见花鸟草虫里的趣味，曾叹他的博物学的感觉之好。那文本明快的一面，分明染有大自然的美意，让深隐在道德话语里的超然之趣飘来，很少被人关注的传统就那么复活了。花草进入文人视野，牵动的是人情，慢慢品味，有生动的东西出来。今人汪曾祺，对此别有心解。我一直认为，汪先生是介于苏轼与周氏兄弟之间的人，能够在大地的草木间觅出诗意，对于风物岁时之美，真的很懂。作家中能够有类似修养的，一直是少见的。

眼前这本《古典植物园》，是让我很惊喜的书。作者汤欢是研究古代戏曲出身的青年，因为不是一个专业的，平时交往很少。竟写出如此丰饶、美味的书来，以文章学的眼光看，已感到它的耐人寻味。汤欢沉浸于此，不只是趣味使然，还有学术的梦想，除了一般自然名物的素描、本草之学的拾遗，也有自己独特行迹的体验。梅兰竹菊、河谷间的丛莽，本是五光十色的自然的馈赠，与我们的生命不无关系。古人袒露情思，不忘寄托风土之影，已成了一个时隐时现的传统。由此去看历史与文化，自然有别样的景致。沿着这条路走下去，曾封闭的知识之门也就打开了。

大地上的各类植物，在古人眼里一直有特别的诗意。《诗经》《楚辞》都已经显露着先人感知世界的特点。借自然风貌抒发内心之感，是审美里常见的事。但中国人之咏物、言志，逃逸现实的冲动也是有的。六朝人对于本草之学的认识已经成熟，我们看阮籍、嵇康、陶渊明的文字，出离俗言的漫游，精神已经回旋于广袤的天地了。《古诗源》所载咏物之诗，散出的是山林的真气。唐宋之人继承了六朝人的余绪，诗话间已有林间杂味。苏轼写诗作文，有"随物赋形"之说，他写山石、竹木、水草，"合于天造，厌于人意"，就将审美推向了高妙之所。所以，这是古代审美的一条野径，那气味的鲜美，是提升了诗文的品位的。

汤欢是喜欢六朝之诗与苏轼之文的青年，在自然山水间，与万物凝视间，觅得诸多清欢。趣味里没有道学的东西，于繁杂的世间说出内心感言。《古典植物园》是一个让人流连忘返的世界，作者在东西方杂学间，勾勒了无数古木、花草，一些鲜活学识带着彩色的梦，流溢在词语之间。对于不同植物的打量，勤考据，重勾连，多感悟，每个题目的写法都力求变化，辞章含着温情，又不夸饰。看似是对各类植物的注疏，实则有诗学、民俗学、博物学的心得，文字处于学者笔记与作家随笔之间。汤欢有不错的学养，却不做学者调，自然谈吐里，京派文人的博雅与散淡都有，心绪的广远也看得出来。在不同植物中，寻出理路，又反观前人记述中的趣味，于类书中找到表述的参照。伶仃小草，原也有人间旧绪，士大夫之趣和民间之爱，就那么诗意地走来，汇入凝视的目光中。

花草世界围绕着我们人类，可是尘俗扰扰之间，众生对其知之甚少，有心人驻足观赏，偶从其形态、功用看，是我们生活不可须臾离开的存在。饮食、药用、相思之喻和神灵之悟，在那古老的传说里已经足以让我们生叹。还有文明的交流史、地理气候的变迁，都能够在这个园地找到认知的线索。在大千世界面前，我们当学会谦卑，拒绝人类至上主义，才会与万物和谐相处。这一本书告诉我们的，远非一般的科普图示，那些无言的杂藤、野草，暗示出来的是别一番的情思。

古人许多著述，对于今人研究博物学都是难得的参考。《淮南子》《齐民要术》《荆楚岁时记》《尔雅注疏》《本草纲目》《清稗类钞》等所载内容，都不可多得，这些也是民俗研究者喜爱的杂著，因为在儒学之外的天地，人的思想能够自如放飞，不必矗眉瞪目，于山川、江湖间寻出超然之思。汪曾祺曾感叹吴其濬《植物名实图考长编》对于自然现象的敏感，吴氏本为进士，却不沉于为官之道，其植物图录里有许多科学的成分。这类研究与思考最为不易，需有科学理念和牺牲精神方可为之。何况又能以诗意笔触指点诸物，是流俗间的士大夫没有的本领。

为植物写图谱，一向有不同路径，汤欢对于种种学说是留意的，但似乎最喜欢闻一多的治学方法，于音韵训诂、神话传说和社会学考证《诗经》名物，能够发现被士大夫词语遮蔽的东西。在那些无语的世界，有滋养人类的东西在，而发现它，也需诗人的激情和学科的态度。我们这些平庸的文人，喜欢以诗证诗、以文证文，不免走向论证的循环，汤欢则从物的角度出发，因物说文，以实涉虚，在花花草草的世界，窥见人类历史的轨迹、审美意象的流脉，则澄清了种种道德话语的迷雾。

早有人注意到，这种博物学式的审美，也是比较文学的话题之一。这一本书提示我想了许多未曾想过的问题，知道自己过去的盲点。我特意翻阅手中的藏书，古希腊戏剧里对于诸神的描摹，常伴随各种花草、树木。阿波罗之与桂树、雅典娜与棕榈叶，都有庄重感的飘动，欧里庇德斯的剧本写到了此。弥尔顿《失乐园》描述创世纪的场景，各种颜色的鸢尾、蔷薇、茉莉以及紫罗兰、风信子，被赋予了神意的光环，《圣经》里的箴言和神话中的隐语编织出辉煌的圣景，那与作者的信念底色关系甚深。我年轻时读到穆旦所译普希金诗歌，见到高加索的孤独者与山林为伍的样子，觉得思想者的世界是在绿色间流溢的。这些与古中国的文学片段也有神似的地方。诗人是笼天地之气的人，生长在大地的枝枝叶叶也有心灵的朋友。那咏物叹人的句子，将我们引向了一个远离俗谛的地方。

五四后的新文学作家凡驻足谣俗与民风者，不过有两条路径：一是目的在于研究，丰富对于自然的理解；二是作品里的点缀，乃审美的衣裳，别带寄托也是有的。周作人是前者的代表，汪曾祺乃后者的标志之一。独有鲁迅，介于二者之间，故气象更大，非一般文人可及。研究现代文学的人，过去是不太注意这些的。汤欢是一个有心的人，他学会了前人审视世界的方式，也整合了古代笔记传统，又能以自己的目光敲开通往自然的大门，且文思缭绕，给读者以知识之乐。玩赏的心境也是审美的心境，法布尔《爱好昆虫的孩子》，将在田地间观察花草的孩子，看成有出息的一族，因为被好奇心所驱使，认知的空间是开阔的。由此看来，万物皆有灵，天底下好的文章，多是通灵者写就的。对比古今，过去如此，现在也是如此的。

孙 郁

2021 年 1 月 9 日

目录

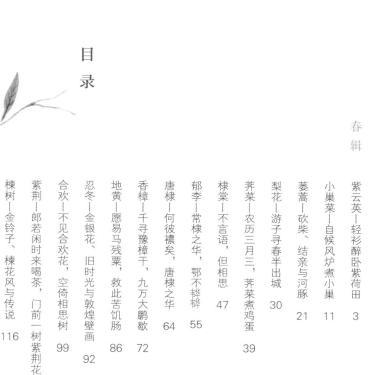

春

辑

棟　紫　合　忍　地　香　唐　郁　棣　荠　梨　蒌　小　紫
树　荆　欢　冬　黄　樟　棣　李　棠　菜　花　蒿　巢　云
　　　　　　　　　　　　　　　　　　　　　　　　　菜　英

江南的春天，是从开满紫云英的田野里醒来的。多年以前，我和小伙伴们去田野里玩耍，翻过山头，眼前出现一大片紫红色的花田，在太阳底下熠熠发光。那是我第一次见到紫云英。后来妈妈买回一罐蜂蜜，看到外包装上的图案，我便惊讶道：这不是我小时候见过的那些野花吗？原来名字叫紫云英。

1. 紫云英之得名

紫云英（*Astragalus sinicus* L.）这个美丽的名字出现得比较晚，见于中国传统绘画的经典教材《芥子园画传·草虫花卉谱》。其目录云："紫云英，一名荷花紫草。仿吴梅溪画，曹石菴词。"画中题词如下：

> 莫是云英潜化，满地碎琼狼籍。惹牧童惊问，蜀锦甚时铺得。[1]

以上两句出自清代词家曹贞吉《惜红衣·咏荷花紫草》。"云英"是矿物云母的一种[2]，"潜化"即无形中发生变化，"琼"是美玉，"蜀锦"是一种四川所产的丝织品。这两句以云母、美玉和蜀锦三者比喻紫云英

1　〔清〕王槩等辑摹：《芥子园画传·草虫花卉谱》，上册，日本安永年间五车楼重镌刊本。《芥子园画传》又名《芥子园画谱》，"芥子园"是清初李渔在南京营建的别墅。李渔支持其女婿沈心友及王槩、王蓍、王臬（王氏三兄弟）编绘画谱，故成书出版之时，即以"芥子园"名之。

2　〔晋〕葛洪《抱朴子·内篇·仙药》："又云母有五种，而人多不能分别也……五色并具而多青者名云英，宜以春服之。"

〔清〕王槩等《芥子园画传》，紫云英，仿元代花鸟画家吴梅溪画

紫云英，民间俗称荷花紫草、紫荷花草、孩儿草、草紫等。明清时，江浙一带多种以肥田，兼可食用，味如豌豆苗。

花开满地时的美丽景象。《芥子园画传》取名"紫云英"，当是从这首词中的"云英"得来。[1]

清代徐珂《清稗类钞·植物类》以"紫云英"作为这种植物的条目名，书中对紫云英的形态有较为准确且形象的描述：

> 紫云英为越年生草，野生，叶似皂荚之初生，茎卧地，甚长，叶为复叶。春暮开花，为螺形花冠，色红紫，间有白者，略如莲花，列为伞状，结实成荚。[2]

花色紫红，状如莲花，所以紫云英又名"荷花紫草"，种满紫云英的田地名"紫荷田"。

明清时期，紫云英在江浙一带已广为种植。等到油菜花也开了，碧绿的田野里，紫红色与金黄色相间，是一派明丽的江南春景。对此，《清稗类钞·植物类》记载了一件趣事：

> 康熙丁亥，圣祖南巡，驾幸松江，农民以菜花与紫荷花草相间种成"万寿无疆"四字，登高望之，灿然分明，上顾而大乐。[3]

当然，农人种植紫云英不是为了观赏，而是为了肥田，兼可食用。

---

1 "药物，尝因代品，或有本为矿物而转为生物者：如石蚕本为石质蚕形之物，后又有虫之石蚕，草之石蚕。豆类植物之开紫花者亦类从'云英'之名而曰'紫云英'了。"见夏纬瑛著：《植物名释札记》，农业出版社，1990年，第148页。

2 〔清〕徐珂编撰：《清稗类钞》，中华书局，1984年，第12册，第5829页。

3 《清稗类钞》，第12册，第5846页。

〔日〕岩崎灌园《本草图说》，紫云英

"叶似皂荚之初生，茎卧地，甚长，叶为复叶。春暮开花，为螺形花冠，色红紫，间有白者，略如莲花，列为伞状，结实成荚。"《清稗类钞·植物类》中的以上描述在此图中均有体现。

浙江象山人陈得善作《东陈田歌》共 20 首，其一曰："寒露初交下子来，平畴春色嫩于苔。是谁唤作荷花草，二月东风应候开。"作者自注曰："荷花紫草能肥田，亦可食，或呼紫荷花草，又名孩儿草，邑人混称草子。"[1]江苏吴江人金天羽《挑菜女》写乡村女孩挑紫云英卖钱制新衣：

> 乡村女儿双鬟蓬，手提筠篮田野中。

1　象山县政协委员会编：《象山历代诗选》，三秦出版社，1995 年，第 352-353 页。"草子"在其他文献中多作"草紫"。

吴侬春盘厌腥腻，芹菠爱碧蔺花红。

蕈菜抽心论担卖，摘向田头手指快。

风吹笑语一声声，女儿评价心聪明。

得钱归去骄同伴，更制新衣陌上行。[1]

第二联中"春盘"一般由葱、姜、蒜等组成，人们吃春盘是为了驱邪和迎新；"蔺花"就是紫云英。这句诗的意思是说，吴地人吃厌了春盘中的"腥腻"之菜，转而代之以芹菜、菠菜和紫云英。紫云英是什么味道？周作人说它"味颇鲜美，似豌豆苗"。[2] 其《儿童杂事诗·映山红》写小孩子们扫墓时采"草紫"即紫云英，晚饭时充作一道菜。

牛郎花好充鱼毒，草紫苗鲜作夕供。

最是儿童知采择，船头满载映山红。

现在人们种紫云英，肥田之外，还用于采蜜，紫云英蜜是我国南方春季主要的蜜种。

---

1 诗人自注曰："江乡人呼紫荷花草为蔺花，蔺即荷字之正开音也。""筠篮"指竹篮。见金天羽著，周录祥校点：《天放楼诗文集》，上海古籍出版社，2007年，上册，第40页。
2 周作人《故乡的野菜》："扫墓时候所常吃的还有一种野菜，俗名草紫，通称紫云英。农人在收获后，播种田内，用作肥料，是一种很被贱视的植物，但采取嫩茎瀹食，味颇鲜美，似豌豆苗。花紫红色，数十朵连接不断，一片锦绣，如铺着华美的地毯，非常好看，而且花朵状若胡蝶，又如鸡雏，尤为小孩所喜。间有白色的花，相传可以治痢，很是珍重，但不易得。日本《俳句大辞典》云，'此草与蒲公英同是习见的东西，从幼年时代便已熟识。在女人里边，不曾采过紫云英的人，恐未必有罢。'中国古来没有花环，但紫云英的花球却是小孩常玩的东西，这一层我还替那些小人们欣幸的。"

2. 谭吉璁的紫荷田

我小时候在乡下长大，但紫云英就见过那一回。回想起来，那时我们躺在柔软的花田里，左右翻滚，晒太阳，闻花香，无忧无虑，多么快乐。殊不知，几百年前江浙一带的游人踏青，也会去紫荷田里，饮酒散心。嘉兴人谭吉璁在回赠给表弟朱彝尊的一首诗中，写到这个场景：

> 春来河蚬不论钱，竹扇茶炉载满船。
>
> 沽得梅花三白酒，轻衫醉卧紫荷田。

"河蚬"是一种淡水湖泊中肉质鲜美的贝壳，"三白酒"是嘉兴当地名酒[1]，都是江南风物。诗人自注："紫荷花草生田中，花开如茵，可坐卧，游人借此泥饮。"[2]真是令人向往，这首诗一定也勾起朱彝尊的诸多回忆。

朱彝尊，字锡鬯，与谭吉璁同为浙江嘉兴人，其曾祖父乃明代大学士朱国祚，到他这一辈时已家道中落。朱彝尊博通经史，诗文均负盛名，但他一生中的大部分时间都在漫游中度过。清康熙三十年（1674），45岁的朱彝尊北上客居潞河（今北京市通州区），彼时尚未获得一官半职。

1　〔明〕黄一正《事物绀珠》卷14《食部·酒类》："三白酒出自吴中顾氏，盖取米白、水白、曲白也，味清冽。"〔清〕袁枚《随园食单·茶酒单》："乾隆三十年，余饮于苏州周慕庵家。酒味鲜美，上口粘唇，在杯满而不溢。饮至十四杯，而不知是何酒，问之，主人曰：'陈十余年之三白酒也。'"

2　〔清〕谭吉璁：《鸳鸯湖棹歌——八十八首和韵》，见丘良任、潘超、孙忠铨、丘进编：《中华竹枝词全编》，北京出版社，2007年，第4册，第667页。

岁暮思乡，他以民间歌谣体作《鸳鸯湖棹歌》百首，寄给表兄谭吉璁等同乡。其序云：

> 甲寅岁暮，旅食潞河，言归未遂，爰忆土风成绝句百首，语无诠次，以其多言舟楫之事，题曰"鸳鸯湖棹歌"，聊比竹枝、浪淘沙之调，冀同里诸君子见而和之云尔。[1]

收到朱彝尊的这组诗时，谭吉璁同样漂泊在外。表弟的组诗回忆了许多家乡的习俗和风物[2]，自然引起他的思乡之情，于是提笔写下 88 首诗回赠。在回诗的序言中，谭吉璁回顾了自己坎坷的一生：

> 予自弱岁从戎，瓯海闽山梯涉殆遍，今又往来燕秦间，且以转饷入褒斜谷，几死者数矣。稍稍息肩榆林，适逢寇至。婴城固守，自知必无生理，赖援师围解，庶几可告无罪以去。此莼鲈之思，肠一日而九回也。表弟朱锡鬯以《鸳鸯湖棹歌》简寄，依韵和之，即鄙俚者亦不加类取，其不失吴音已耳！

接着动情地写道："嗟乎，人穷则返本，盖吾二人出处不同而所遇之穷大都相类。"[3]

---

1 《中华竹枝词全编》，第 4 册，第 1659 页。
2 朱彝尊《鸳鸯湖棹歌》所咏都是故乡嘉兴的风土民情、名胜古迹，正如与朱彝尊同时的嘉兴梅里词人缪永谋为本诗所作序言云："今观朱子锡鬯棹歌，山水风俗物产之盛，志乘所未及者，几十之五六。"
3 《中华竹枝词全编》，第 4 册，第 667 页。

人在陷入低谷时，都会想起自己的故乡，想起年少时美好的往事。谭吉璁也是如此，于是就有了前面的那首诗。"沽得梅花三白酒，轻衫醉卧紫荷田。"我们仿佛听见谭吉璁对朱彝尊说："还记得我们去过的那片紫荷田吗？那时我们带着美味的河蚬和三白酒，穿着薄薄的衣衫，坐在软绵绵的花田里举杯畅饮，喝醉了就地躺下，风里都是花草的清香……"

谭吉璁写完这组诗，几年后便离开了人世，时年 56 岁。彼时朱彝尊刚考取博学鸿词科，任翰林院检讨，为后来修撰《明史》做准备。也许一直到谭吉璁去世，他也未能回到故乡嘉兴，未能与朱彝尊一起买河蚬、沽美酒，去到年轻时去过的那片紫荷田。

上篇文章我们说到紫云英，在清代吴其濬《植物名实图考》中，这种植物的条目名曰"翘摇"。根据《植物名实图考》，翘摇就是《诗经·陈风·防有鹊巢》"邛有旨苕"中的植物"苕"。[1] 一些《诗经》研究者或受此影响，释"苕"为紫云英。也有学者持不同观点，认为这里的"苕"当为另一种豆科的草本植物小巢菜。哪种说法更为合理呢？小巢菜背后又有什么故事？

1. 邛有旨苕

首先我们来看一下《防有鹊巢》。根据《毛传》，这是一首忧心谗言之人的诗：

> 防有鹊巢，邛有旨苕。谁侜予美？心焉忉忉。
>
> 中唐有甓，邛有旨鹝。谁侜予美？心焉惕惕。

"防"是堤坝，"邛"指小丘，"旨"乃甘美，"中唐"是中庭之道，"甓"，根据现代考古发掘，是陶质排水管道。鹊巢宜生于林，甓应埋于地下，而诗中却言堤坝上有鹊巢，中庭有排水管道，以此说明谗言之不可信。根据诗意，可知"苕"与"鹝"皆非高地所生。"鹝"是兰科的绶草，常生于河滩沼泽草甸中。关于"苕"，《毛传》曰："草也。"

1　〔清〕吴其濬著：《植物名实图考》，中华书局，2018年，第91页。

三国时吴人陆玑《毛诗草木鸟兽虫鱼疏》的解释较为详细：

> 苕，苕饶也。幽州人谓之翘饶。蔓生，茎如劳豆而细，叶似蒺藜而青，其茎叶绿色，可生食，如小豆藿也。[1]

《植物名实图考》谓"苕饶"即"翘摇"之本音。[2]"翘摇"始见于唐代陈藏器《本草拾遗》，明代李时珍《本草纲目·菜部》释其名曰："翘摇言其茎叶柔婉，有翘然飘摇之状，故名。"[3]此植物亦见于《尔雅·释草》，名为"柱夫，摇车"，晋代郭璞注："蔓生，细叶，紫花，可食，今呼曰翘摇车。"[4]

据《中国植物志》，翘摇的中文正式名为小巢菜[Vicia hirsuta（L.）S. F. Gray]，豆科野豌豆属一年生草本植物。紫云英与小巢菜虽同为豆科，但不同属，黄芪属的紫云英与野豌豆属的小巢菜有几个明显的区别。

首先看茎，紫云英非蔓生，多分枝，匍匐于地面，高 10-30 厘米；小巢菜攀缘或蔓生，高可达 90-120 厘米。陆玑和郭璞在描述翘摇时，都提到它是蔓生，可见翘摇不是紫云英。

---

1 转引自〔唐〕孔颖达撰：《毛诗正义》，北京大学出版社，1999 年，第 450-451 页。

2 《植物名实图考》，第 91 页。

3 〔明〕李时珍著，钱超尘等校：《本草纲目》，上海科学技术出版社，2008 年，下册，第 1057 页。

4 为何名中有"车"？据《植物名释札记》，这是因为在方言中"草"读作"车"，"翘摇车"即翘摇草，它的另一个名字叫"小巢菜"，也是因为"苕"与"巢"音近且都是细小之义。见夏纬瑛著：《植物名释札记》，农业出版社，1990 年，第 232-233 页。

其次看叶，紫云英的叶为奇数羽状复叶，即叶柄两侧小叶对称分布，尖端为一枚叶片；而小巢菜为偶数羽状复叶，末端为卷须。

看完茎和叶，再看花和果。紫云英为总状花序，花梗顶端生 5-10 朵花，围绕中心点呈伞形排成一圈，花冠多为紫红色；小巢菜也是总状花序，但并非伞形排列，花冠白色、淡蓝青色或紫白色，稀粉红色。两者的果实也有很大的区别：紫云英的荚果线状长圆形，在花梗的顶端绕成一圈；而小巢菜的荚果像毛豆，里面藏着几粒种子。综合比较，陆玑描述的"苕饶"，蔓生，如小豆藿，更接近小巢菜。

明代王磐《野菜谱》中记载的"丝荞荞"外形酷似小巢菜，但小巢菜羽状复叶末端卷须分叉，而王磐所绘丝荞荞卷须不分叉，可能就是四籽野豌豆。《野菜谱》记载了 60 种用于救荒的野生植物，每一种均配图，介绍野菜的采集时间和食用方法，并附有一首乐府短诗。该书记载："丝荞荞，二三月采，熟食。四月结角不用。"其乐府短诗云：

> 丝荞荞，如丝缕。昔为养蚕人，今作挑菜侣。养蚕衣整齐，挑菜衣褴褛。张家姑，李家女，陇头相见泪如雨。

《野菜谱》中除了"丝荞荞"还有"板荞荞"，《植物名实图考》"翘摇"一条称："《野菜谱》有板荞荞，亦当作翘翘。""板荞荞"是什么植物？观察《野菜谱》"板荞荞"的配图，为奇数羽状复叶，尖端无卷须，不似小巢菜，具体是哪种植物还有待考证。

〔日〕细井徇《诗经名物图解》，苕、鹝

叶子像豌豆的是豆科小巢菜，即"苕"；花序螺旋状往上翘的是兰科绶草，即"鹝"。《诗经名物图解》通常将同一首诗中出现的两种植物绘于一页。

〔明〕王磐《野菜谱》，丝荞荞与板荞荞

丝荞荞可能是四籽野豌豆，板荞荞待考。《野菜谱》主要供穷人灾年采集野菜以度荒，其绘图相对简略，但也注意抓住植物的重要特征，如丝荞荞复叶的末端有明显的卷须。

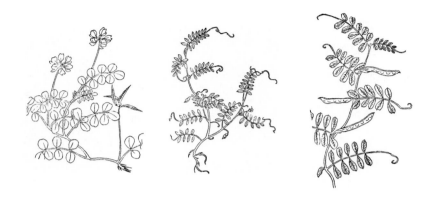

〔清〕吴其濬《植物名实图考》，翘摇、薇、野豌豆，翘摇为紫云英

〔日〕毛利梅园《梅园百花画谱》，翘摇为小巢菜

紫云英为黄芪属，小巢菜为野豌豆属，同为豆科，两者茎、叶、花、果皆有不同，以上几幅图可见明显的区别。

2. 苏轼与元修菜

植物学家之所以将"小巢菜"作为正式名，可能是因为它的名气最大，它是苏轼和陆游笔下的眉州美食。南宋陆游《巢菜》叙云：

> 蜀蔬有两巢：大巢，豌豆之不实者；小巢，生稻畦中，东坡所赋元修菜是也。吴中绝多，名漂摇草，一名野蚕豆，但人不知取食耳。予小舟过梅市得之，始以作羹，风味宛如在醴泉、蟆颐时也。[1]

陆游提到大小两种巢菜，小巢菜又名"漂摇草"，"漂摇"与"翘摇"音相近，应当就是上文所说的翘摇。陆游当年在巴蜀为官，一定吃过小巢菜。后来他回到故乡，去绍兴采了一些回来做羹，与当年在眉州吃到的一样。其诗云：

> 冷落无人佐客庖，庾郎三九困讥嘲。
> 此行忽似蟆津路，自候风炉煮小巢。[2]

陆游在序中说，小巢菜就是苏轼诗中所赋元修菜。苏轼《元修菜》这首诗是怎么写的呢？先看诗前的小序：

1　"梅市"即今浙江省绍兴市。"醴泉""蟆颐"皆山名，位于今四川省眉山市。见〔宋〕陆游：《陆游集》，中华书局，1976年，第1册，第467页。

2　"庾郎三九"典出《南齐书·庾杲之传》。"清贫自业，食唯有韭菹、瀹韭、生韭杂菜。或戏之曰：'谁谓庾郎贫，食鲑常有二十七种。'言三九也。"见〔梁〕萧子显撰：《南齐书》，中华书局，2013年，第2册，第615页。陆游借此说自己当下的生活冷清困顿，此行去绍兴采巢菜，像是回到了当年的巴蜀，只能自己候在炉子旁煮食小巢菜。

菜之美者，有吾乡之巢，故人巢元修嗜之，余亦嗜之。元修云：
"使孔北海见，当复云吾家菜耶？"因谓之元修菜。余去乡十有五
年，思而不可得。元修适自蜀来，见余于黄，乃作是诗，使归致其子，
而种之东坡之下云。

两人对话用到了东汉末年孔融（孔北海）的典故。孔融与杨修一起
吃杨梅，杨修与杨梅的首字都为"杨"，孔融于是开玩笑说："此君家果。"[1]
而巢元修与巢菜也都以"巢"为首字，所以巢元修笑说："假如孔融看
到这巢菜，该要说这是我家的菜了吧？"苏轼便顺着他的话，将巢菜取
名为"元修菜"。元修菜后由苏轼引种到黄州，此名亦在当地流传开来。

作此诗时，苏轼离开故乡已 15 年。这年春，巢元修自眉州来黄州看
望苏轼，故人相见，聊起家乡的巢菜，与之有关的回忆便落于纸笔。由
此我们也得以了解宋朝眉州人栽培、食用这种蔬菜的一些细节：

> 彼美君家菜，铺田绿茸茸。
>
> 豆荚圆且小，槐芽细而丰。
>
> 种之秋雨余，擢秀繁霜中。
>
> 欲花而未萼，一一如青虫。

---

1 《世说新语笺疏·言语》第 43 条笺注引敦煌本《残类书》曰："杨德祖少时与孔融对
食梅。融戏曰：'此君家果。'祖曰：'孔雀岂夫子家禽？'"见余嘉锡撰：《世说新
语笺疏》，中华书局，1983 年，第 105 页。通行本《世说新语》中所载故事与此相同，
但人物为孔君平与梁国杨氏子。

〔日〕岩崎灌园《本草图谱》，小巢菜与大巢菜

大巢菜即救荒野豌豆、"采薇"之"薇"。相比之下，小巢菜的花和叶较细小，荚果内含有两枚种子，而大巢菜荚果内含有 4-8 枚种子。

是时青裙女，采撷何匆匆。

燕之复湘之，香色蔚其馫。

点酒下盐豉，缕橙芼姜葱。

那知鸡与豚，但恐放箸空。

从诗意来看，巢菜乃秋种春采，是二年生植物。但据《中国植物志》，小巢菜是一年生；而中文正式名为"救荒野豌豆"的大巢菜，是一年生或二年生。所以苏轼所说的元修菜，更有可能是大巢菜。大巢菜又名"薇"，《召南·草虫》里的"言采其薇"就是它。

说到这里，不得不介绍一下巢元修，这是一个重情重义、在危难时刻可以托付的侠义之士。巢元修，名谷，与苏轼同为四川眉山人。当年苏氏兄弟在朝为官时，巢谷埋没无闻。到苏氏兄弟被贬岭南和海南，"平生亲旧无复相闻"，巢谷一人从眉山出发，长途跋涉来到广东梅州看望苏辙。当时巢谷已经73岁，瘦瘠多病，还是决定渡海寻找苏轼。没走多远，他就病死途中。苏辙《巢谷传》记录了这段经历，其叙述不事雕琢、生动感人，是一篇出色的人物传记。《宋史·隐逸传下》将巢谷列入"卓行类"：

> 元符二年，谷竟往，至梅州遗辙书曰："我万里步行见公，不意自全，今至梅矣，不旬日必见，死无恨矣。"辙惊喜曰："此非今世人，古之人也。"既见，握手相泣，已而道平生，逾月不厌。时谷年七十三，瘦瘠多病，将复见轼于海南，辙愍而止之曰："君意则善，然循至儋数千里，当复渡海，非老人事也。"谷曰："我

自视未即死也，公无止我。"阅其橐中无数千钱，辙方乏困，亦强资遣之。舟行至新会，有蛮隶窃其橐装以逃，获于新州，谷从之至新，遂病死。辙闻，哭之失声，恨不用己言而致死，又奇其不用己言而行其志也。[1]

　　这样的豪情与热肠，今天我们读了也会感动。回想当初巢谷自眉山前往黄州看望苏轼，两人聊起家乡的美食巢菜，那时的苏轼不会料到，这位旧友日后会冒死去海南看他。苏氏兄弟一生宦海沉浮，在官场见多了尔虞我诈和落井下石，巢谷这样的"古人"，是两人一生中所少见的吧？

　　也多亏苏轼用了"元修菜"这个名字，巢谷的故事得以一起流传下去。

1 〔元〕脱脱等撰：《宋史》，中华书局，2013年，第38册，第13472-13473页。

三月下旬的菜市场上，还能看到藜蒿的嫩茎。高中同学聚会去南京大排档，大家一致同意点一盘清炒藜蒿，那是家乡的味道。一般春节前后，藜蒿就已上市。

藜蒿就是蒌蒿。这种生于江河湖泽的野菜，自有一种独特的清香，一闻便知是蒿属植物。如今湖北、湖南、江西、江苏等地都还有藜蒿炒腊肉这道菜，它的食用历史可以说非常久远。

1.翘翘错薪，言刈其蒌

蒌蒿（*Artemisia selengensis* Turcz. ex Bess.），菊科蒿属多年生草本，全国大部分地区均有分布。《毛诗草木鸟兽虫鱼疏》对蒌蒿有介绍：

> 其叶似艾，白色，长数寸，高丈余。好生水边及泽中，正月根牙生，旁茎正白，生食之，香而脆美。其叶又可蒸为茹。[1]

早在三国时期，人们就在正月里食用蒌蒿的嫩茎。只不过那时候是生食，并非我们今日的清炒或者炒腊肉。在《诗经》时代，"蒌"乃是婚礼时所用的柴薪。《周南·汉广》曰：

> 翘翘错薪，言刈其蒌。之子于归，言秣其驹。

---

[1] 转引自〔唐〕孔颖达撰：《毛诗正义》，北京大学出版社，1999 年，第 56 页。

汉之广矣，不可泳思。江之永矣，不可方思。

这首诗说的是男子追求女子而不可得，就像汉水之广而不可泳，江水之长而不可渡。于是只能想象女子出嫁之日，愿为其喂马秣驹，以示心意。"翘翘"是众多之貌，"错薪"为杂乱之薪。《诗经》言及婚礼，多提及砍柴束薪。[1] 嫁娶之日燎炬为烛，大概是那个时代的风俗。这是一首有关失恋的诗，但情感是节制的。"翘翘错薪，言刈其蒌"，愿为你劈柴、喂马，我有多少失落和无奈，以及没说出来的千言万语，也都到此为止，无须多言了。

蒌蒿的确是易得且易燃的柴薪，据《中国植物志》，其茎秆可达60-150厘米，下部通常半木质化，上部有着生头状花序的分枝。儿时在乡间，山野秋来，百草枯黄，乡民去田野里、小山上砍柴，其中多杂有蒌蒿。干枯的蒌蒿香气未散，冬日黄昏，宁静的村庄升起炊烟，薄暮中也能闻到蒌蒿燃烧时的味道。

2. 正是河豚欲上时

东汉时，人们已发现蒌蒿的高级食用方法——炖鱼。许慎《说文解字》对"蒌"的解释是："草也，可以亨鱼。""亨鱼"乃是"蒌蒿"的

---

1 〔清〕魏源《诗古微》："盖古者嫁娶必以燎炬为烛，故《南山》之析薪，《车辖》之析柞，《绸缪》之束薪，《豳风》之伐柯，皆与此错薪、刈楚同兴。"见袁行霈、徐建委、程苏东撰：《诗经国风新注》，中华书局，2018年，第35页。

主要用途。郭璞《尔雅注》曰："蒿蒌，蒌蒿也。生下田。初出可啖，江东用羹鱼。"此处"初出"时的蒌蒿，即蒌蒿的嫩茎。可见，由汉入晋，蒌蒿与鱼同煮的食用方法在江东一带已颇为流行。但究竟炖的什么鱼，尚不可知。

这种做法一直延续到宋代，在北宋，人们拿蒌蒿来炖的鱼，乃是大名鼎鼎的毒性与美味并存的水中尤物——河豚。不妨先从苏轼那首广为传诵的《惠崇春江晚景》说起：

> 竹外桃花三两枝，春江水暖鸭先知。
>
> 蒌蒿满地芦芽短，正是河豚欲上时。

北宋元丰八年（1085），都城汴京，苏轼为僧人惠崇的画作题诗，这是其中一首。惠崇是北宋初年能诗善画的僧人[1]，千百年过去，惠崇的画作已不复存在，苏轼这首诗却流传至今。这首七言律诗的前三句写实，21个字描写了绿竹、桃花、江水、鸭、蒌蒿、芦芽6种江南风物；后一句联想，由眼前之景，联想到此时的河豚，应是溯流而上入江产卵。

河豚是鲀科鱼类河鲀的俗称，因捕获出水时发出类似猪的叫声而得

---

[1] 〔宋〕郭若虚《图画见闻志》卷4《花鸟门》："建阳僧惠崇，工画鹅、雁、鹭鸶，尤工小景。善为寒汀远渚、潇洒虚旷之象，人所难到也。"欧阳修《六一诗话》称惠崇为"宋初九僧"之一："国朝浮图以诗名于世者九人，故时有集号《九僧诗》。今不复传矣。余少时，闻人多称之。其一曰惠崇。余八人者，忘其名字也。"

〔日〕细井徇《诗经名物图解》，蒌蒿

《诗经·周南·汉广》"翘翘错薪，言刈其蒌"，是说婚礼之日，砍以为柴，燎炬为烛。蒌蒿的嫩茎可生食，亦可烹鱼，传说可解河豚之毒。

名，又名鲢鲜、鯸鲐等。这种鱼平时生活在暖温带、热带近海底层，每年3月游至江河。进入长江的河豚，一般于4月至6月在中游江段或洞庭湖、鄱阳湖中产卵。苏轼此诗最后一句的联想，有其事实依据。

河豚味道鲜美，但毒性不小，处理不当，食之易丧命。《山海经·北山经》载："敦水出焉，东流注于雁门之水。其中多鲢鲜之鱼，食之杀人。"[1] 唐末五代杜光庭所撰《录异记》曰："鯸鲐鱼，文斑如虎。俗云，煮之不熟，食者必死。相传以为常矣。"[2] 今天我们已经知道，河豚的肝脏、生殖腺、血液含有毒素。不过自唐代起，人们已经找到河豚之毒的解药，那就是艾草。唐代段成式《酉阳杂俎·续集卷八·支动》载："鯸鲐鱼，肝与子俱毒。食此鱼必食艾，艾能已其毒。江淮人食此鱼，必和艾。"[3]

宋人已完全掌握安全食用河豚的方法。北宋景祐五年（1038），梅尧臣在建德（今安徽省池州市东至县）担任县令期满5年，彼时范仲淹在饶州（今江西省上饶市鄱阳县）任知州。两人同游庐山，席上有人谈起河豚，梅尧臣很感兴趣，作五言古诗《范饶州坐中客语食河豚鱼》以记之。诗的前半部分云：

> 春洲生荻芽，春岸飞杨花。

---

1 〔晋〕郭璞注，〔清〕郝懿行笺疏：《山海经笺疏》，中国致公出版社，2016年，第133页。
2 〔唐〕杜光庭撰：《录异记》，陶敏主编：《全唐五代笔记》，三秦出版社，2012年，第4册，第2955页。
3 〔唐〕段成式撰：《酉阳杂俎》，中华书局，1981年，第275页。

河豚当是时，贵不数鱼虾。

其状已可怪，其毒亦莫加。

忿腹若封豕，怒目犹吴蛙。

庖煎苟失所，入喉为镆铘。

若此丧躯体，何须资齿牙？

持问南方人，党护复矜夸。

皆言美无度，谁谓死如麻！

梅尧臣在首句交代了食用河豚的季节，正是荻芽初生、杨花满城之时，与苏轼所言一致。接着，诗人描述了河豚之贵、外形之怪、毒性之剧，然后问在座的南方人：“河豚毒性如此，为何冒着生命危险去吃它？”众人只说河豚味道鲜美无比，对于中毒这回事，压根没有人提。

可见，在安全食用河豚方面，宋人已有非常丰富的经验。比如欧阳修在《六一诗话》中评论此诗说：“河豚常出于春暮，群游水上，食絮而肥。南人多与荻芽为羹，云最美。”[1]关于江南食用河豚的方法，苏门四学士之一的张耒在历史琐闻类笔记《明道杂志》中有更为详细的记载：

> 余时守丹阳及宣城，见土人户食之。其烹煮亦无法，但用蒌蒿、荻笋、菘菜三物，云最相宜。用菘以渗其膏耳，而未尝见死者。……此鱼出时必成群，一网取数十。初出时，虽其乡亦甚贵。在仲春间，

1 〔宋〕欧阳修著，郑文校点：《六一诗话》，人民文学出版社，1962年，第6页。

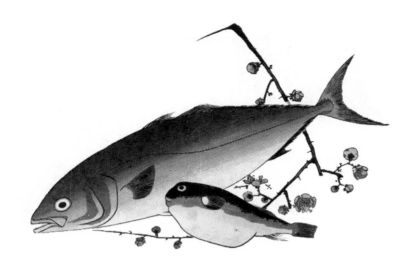

〔日〕歌川广重，河豚

图中小者为河豚，河豚味美但有剧毒，唐宋人已知解毒之法。北宋时吴人仲春会客，无此鱼则非盛会，时人爱之不尽。河豚在日本也很受欢迎。

　　吴人此时会客，无此鱼则非盛会。[1]

　　这则材料告诉我们，北宋时期在苏吴一带，河豚乃是名贵的食材。仲春时节大宴宾客，如果没有河豚，都称不上是盛会。而烹饪河豚的方法，却是以蒌蒿、荻芽、菘菜三物同煮，仿佛此三者能解毒一般。

1　〔宋〕张耒著：《明道杂志》，中华书局，1985 年，第 3-4 页。

〔清〕虚谷《杂画册》，蔬笋河豚

长锥形的小笋与圆肚鼓鼓的河豚置于一处，妙趣横生。小笋炖河豚可能是清代人吃河豚的方法。

与河豚同煮的三种蔬菜中，菘菜是我们今天常见的十字花科芸薹属的小白菜。荻是禾本科荻属的多年生草本，荻芽即其嫩芽，类似小笋，可直接食用，用来做菜或罐头。"蒌蒿满地芦芽短"中的"芦芽"，应该就是荻芽。从唐代的艾草，到宋代的蒌蒿、荻芽、菘菜，可见人们在河豚烹饪方法上的变化。而艾草与蒌蒿同为蒿属植物，是其中一脉相承之处。所以，"蒌蒿满地芦芽短，正是河豚欲上时"，写的是一道菜。可别忘了，苏轼的另一个身份是美食家。

清末著名花鸟画家虚谷所画《杂画册》中有一幅《蔬笋河豚》，画中的"笋"大概就是"芦芽"。长锥形的小笋与圆肚鼓鼓的河豚置于一处，妙趣横生。这位画家早年入伍，后出家为僧，往来于苏沪江浙之间卖画为生，是与任伯年、蒲华、吴昌硕齐名的一代名家。想必虚谷吃过河豚，他将小笋与河豚画在一起，可见宋人以蒌蒿、荻芽、菘菜三物同煮河豚的吃法，延续至清代。

南宋绍兴年间进士林洪写有一本极有趣的烹饪著作《山家清供》，共记 104 道菜品，其中就有"蒿蒌菜（蒿鱼羹）"：

> 旧客江西林山房书院，春时多食此菜。嫩茎去叶，汤焯，用油、盐、苦酒沃之为茹，或加以肉燥，香脆，良可爱。后归京师，春辄思之。[1]

《山家清供》的书名取自唐代杜甫《从驿次草堂复至东屯二首·其二》："山家蒸栗暖，野饭谢麋新。"书中所记菜品以素食为主，多为山居待客所用的清淡饮馔。蒌蒿作为山野时蔬，自然入选在列。有趣的是，林洪这段关于蒌蒿吃法的记载——或汤焯，或加肉，已与今日相去不远。当年林洪客居江西，年年春天都能吃到蒌蒿，后来回到京师就没得吃，春天一来就会想念这道菜。

蒌蒿之美，可见一斑。

1　〔宋〕林洪撰，章原编著：《山家清供》，中华书局，2013 年，第 71 页。"肉燥"即臊子，指细切的肉。

天气渐暖，山桃一开，北国的春天正式来了。此时赏花，公园里、山野里都是蔷薇科的天下。桃花、樱花、杏花、梨花、李花，如何区分？说来话长。只要记住，樱花花瓣有豁口，杏花萼片反折，而梨花花瓣洁白、花药紫色。掌握这些，至少能辨认 3 种。

这些蔷薇科的花中，梨花因冰清玉洁，又谐音"离"，被赋予极为丰富的文化内涵。比如我们耳熟能详的唐代白居易《长恨歌》："玉容寂寞泪阑干，梨花一枝春带雨。"雨水落在梨花上，花瓣如人脸，雨水为泪珠，以此来形容杨贵妃含泪时楚楚可怜的情态，十分贴切。此后，"梨花带雨"便成为描写美人垂泪时的常用典故。历史上写梨花的诗词很多，很美。

1. 压沙寺后千株雪

梨花开始出现于诗词时，寓意比较单一，多被用于比喻雪。南朝王融《咏池上梨花》曰："芳春照流雪，深夕映繁星。"池边梨花盛开，早春的阳光下，微风拂过，梨花如流动的雪；等到夕阳西沉、夜幕落下的时候，它们又像繁星一样缀满夜空。唐代诗人司空图《杨柳枝寿杯词十八首·其十七》，将江堤上盛放的梨花比之于晴朗冬日的雪松：

> 大堤时节近清明，霞衬烟笼绕郡城。
>
> 好是梨花相映处，更胜松雪日初晴。

除了外形似雪，历来吟咏梨花香味的诗词也不少，如唐代诗人李白《宫中行乐词》"柳色黄金嫩，梨花白雪香"、唐代诗人丘为《左掖梨花》"冷艳全欺雪，余香乍入衣"。宋代诗人黄庭坚《压沙寺梨花》则气势不凡：

> 压沙寺后千株雪，长乐坊前十里香。
> 寄语春风莫吹尽，夜深留与雪争光。

压沙寺后的千树梨花，盛开时如千树雪一般。岑参则反其道而行之，将塞外纷飞的大雪，比作江南春日漫山遍野的梨花。其《白雪歌送武判官归京》云：

> 北风卷地白草折，胡天八月即飞雪。
> 忽如一夜春风来，千树万树梨花开。

盛唐时边塞诗人的雄奇瑰丽，可见一斑。岑参，湖北江陵人，早岁孤贫，唐玄宗天宝三载（744）中进士，初为率府兵曹参军，后两次从军边塞。他常以梨花入诗，想必早年时故乡多梨花，因此对梨花很有感情。

上文提到，不少诗歌都写到梨花的香味。梨花带香，这一点是樱花、李花、杏花、桃花比不了的。所以清代李渔在《闲情偶寄·种植部》中盛赞："雪为天上之雪，此是人间之雪；雪之所少者香，此能兼擅其美。"[1]

---

1 〔清〕李渔著，江巨荣、卢寿荣校注：《闲情偶寄》，上海古籍出版社，2000年，第295页。

〔日〕细井徇《诗经名物图解》，梨

《诗经·秦风·晨风》"山有苞棣，隰有树檖"，"檖"又名杨檖、赤罗、鼠梨，果实如梨而小，脆美可食。图中题名为"梨"，其花药应为紫色。

　　但不少人认为梨花的味道并不好闻，我也有切身的体会。一年四月中旬去北京汉石桥湿地公园观鸟，路过一片果园，一阵怪味扑面而来。走近细看，花药紫色，正是梨花。那味道绝对谈不上香，难道古人所见梨花与今之品种不同？后来看明代高濂所著《遵生八笺》，才知道这梨花：

有香臭二种。其梨之妙者，花不作气，醉月欹风，含烟带雨，潇洒丰神，莫可与并。[1]

2. 雨打梨花深闭门

相比于杏花、李花，梨花开得较晚，北方的梨花一般开在清明前后。所以梨花落去的时候，春天也即将过去。面对梨花飘零，文人不免感时伤怀。南宋词人汪元量《莺啼序·重过金陵》曰："更落尽梨花，飞尽杨花，春也成憔悴。"

因此，在表现春愁宫怨的诗词中，梨花是常见的意象，尤其是雨中的梨花。北宋宣和年间，李重元写有一组《忆王孙》，共有春夏秋冬四首，收于《全宋词》。其春词最为人知：

> 萋萋芳草忆王孙，柳外楼高空断魂。杜宇声声不忍闻。欲黄昏，雨打梨花深闭门。

这首词融芳草、柳树、高楼、杜鹃、梨花等意象为一体，说的其实是一个古老的话题：春愁闺怨。夜来一场风吹雨，洁白无瑕的梨花便"零落如泥碾作尘"，正如那些在等待中耗尽青春的女子一样。所以"雨打梨花"，多比喻容颜易老、青春易逝，而紧闭的院门更加深了孤寂与冷清。词的最后一句，化用了唐代诗人戴叔伦《春怨》：

---

1 〔明〕高濂编撰，王大淳校点：《遵生八笺》，巴蜀社社，1992年，第648页。

〔宋〕佚名《梨花鹦鹉图》（局部）

雪白的梨花枝头，一只艳丽的鹦鹉俯身向前，似在细闻花香。工笔画崇尚写实，梨花本来的紫色花药，恐因年代久远而消失不见，今人临摹此图时已补上。

金鸭香消欲断魂，梨花春雨掩重门。

欲知别后相思意，回看罗衣积泪痕。

"梨"谐音"离"，所以同杨柳一样，在诗词中梨花多用来表现离愁。而在送别诗中，梨花与杨柳也是经典搭配，李白（一说岑参）的《送杨子》是一个很好的例子：

斗酒渭城边，垆头耐醉眠。

梨花千树雪，杨叶万条烟。

惜别添壶酒，临岐赠马鞭。

看君颖上去，新月到家圆。

"垆头"是酒坊。诗的颔联写梨花似雪、杨柳堆烟，虽然都是景物描写，但意象本身就寄寓离别之意。诗的最后一句"新月到家圆"令人回味无穷：一则暗示友人此行路途遥远；二则从新月到圆月，也寄寓着诗人美好的祝愿。

3. 梨花若是多情种

近代花鸟画大师齐白石对梨花和梨的感情很不一般。2018 年中国美术馆"盛世花开"花鸟画精品展上，曾展出过齐白石《衰年泥爪图册》。那时我是志愿者讲解员，对这本图册印象很深。这本图册是白石老人 85 岁时所作，共 14 幅，均为水墨简笔花鸟蔬果。第一幅就是一只梨，左侧题字："老萍亲种梨树于借山馆，味甘如蜜，重约廿又四两。戊、己二年避乱北窜，不独不知梨味，而且辜负梨花。"

"老萍"是白石老人自称。齐白石早年学习雕花木工，后来学画肖像。36 岁时卖画挣了一笔钱，在老家附近的莲花峰租下梅公祠，院内盖一书房，名曰"借山吟馆"，也叫"借山馆"，在房前屋后种了好些梨树。1917 年，53 岁的齐白石为避匪乱奔赴北京，在那里结识了文化界名流陈师曾等人，从此声名鹊起，两年后定居北京。创作《衰年泥爪图册》时，他已是八旬老翁。30 年间，齐白石回乡的次数不多，家中梨的滋味已记不得。当年亲手种下的梨树，亦多年不见，想到此不觉心生歉疚，仿佛辜负了那梨花一般。

齐白石《衰年泥爪图册》，梨，现藏中国美术馆

只用三笔，梨的形象便跃然纸上。白石老人笔下的梨和梨花，寄托了他对故乡以及
早逝长孙的怀念。

现实生活中不得见，只有在梦中觅其踪迹。齐白石曾写过《梦家园
梨花》：

> 远梦回家雨里春，土墙茅屋霭红云。
> 梨花若是多情种，应忆相随种树人。

他梦见自己回到春雨绵绵的湘潭乡下，雨过天晴的傍晚，土墙茅草
搭建的旧屋沐浴在红色的晚霞中。他想，梨花如果像人一样多情，一定
会想起当年与我一起种树的人。那么，当年一起种树的人是谁？

诗的小引写道："余种梨于借山馆前后，每移花接木，必呼移孙携刀凿随行，此数年常事。去年冬十一月初一日，移孙死矣。"[1]"移孙"乃齐白石长孙齐秉灵，据白石老人回忆：

> 长孙秉灵，肄业北京法政专门学校，成绩常列优等，去年病后，本年五月又得了病，于十一月初一死了，年十七岁。回想在家乡时，他才十岁左右，我在借山馆前后，移花接木，他拿着刀凿，跟在我身后，很高兴地帮着我，当初种的梨树，他尤出力不少。我悼他的诗，有云："梨花若是多情种，应忆相随种树人。"秉灵的死，使我伤感得很。[2]

"齐白石画梨花，还画梨，表达他对故乡的眷恋和挚爱，还有对长孙早逝的痛惜与哀伤。"[3]回过头再看这幅画上的题字："不独不知梨味，而且辜负梨花。"短短两句，其实饱含深情。

4. 欲将君去醉如何

唐代有在梨树下饮酒赏花的习俗。《唐余录》云："洛阳梨花时，人多携酒其下，曰：'为梨花洗妆。'或至买树。"[4]"为梨花洗妆"，

---

1 娄师白著：《齐白石绘画艺术》，山东美术出版社，1988年，第116页。此诗作于1923年。
2 齐白石著：《齐白石自述：画出苦滋味》，天津人民出版社，2015年，第120-121页。
3 聂鑫森：《梨花应是多情种》，《青岛日报》，2016年3月1日。本节内容的写作对此文多有参考。
4 转引自〔唐〕冯贽著：《云仙杂记》，中华书局，1985年，第4页。

春辑　　　　　　　　梨花丨游子寻春半出城　　　　　　　　37

有一种解释是说，人们在梨花下宴饮集会，以取悦梨花，使其更为繁盛，在秋天结出更多的果实。如此看来，唐人踏青的方式还真是浪漫。韩愈《闻梨花发赠刘师命》写道：

> 桃溪惆怅不能过，红艳纷纷落地多。
>
> 闻道郭西千树雪，欲将君去醉如何。

他对友人刘师命说："桃花这么快就谢了，粉红的花瓣落了一地，随溪水流逝，真是令人惆怅。不过听说城西的梨花开了，一大片像下了雪一样，那么我们带上美酒，去梨花树下一醉方休吧！"这里的"醉"，不单是"暖风熏得游人醉"，更是"酒逢知己千杯少""轻衫醉卧紫荷田"。

洛阳人于梨花树下设宴饮酒的习俗，不知延续到何时；但梨花开时出游踏青的习俗，南宋时尚有。南宋后期诗人吴惟信《苏堤清明即事》记载了当时苏堤春游的情景：

> 梨花风起正清明，游子寻春半出城。
>
> 日暮笙歌收拾去，万株杨柳属流莺。

宋朝是一个浪漫的朝代，朝而往，暮而归，还有笙歌流莺作伴。今天我们春游，虽不会有古人花下饮酒、日暮笙歌的雅兴，但对于春天的感受、对于大自然的热爱，都是一样的。

我们那里的习俗，到了农历三月初三这一天要吃荠菜煮的鸡蛋。上小学时，每年的这一天，母亲都会采一把荠菜煮上一锅鸡蛋。这时候的荠菜已经开花，锅里的汤被熬成绿色，蛋壳也会染上绿色。

清明节前打电话回家，母亲说，学校食堂用荠菜煮了一锅鸡蛋，老师和学生们每人一个。我问她，这个习俗怎么流传下来的？她一时答不上来，笑着说是老一辈人传下来的，吃了荠菜煮的鸡蛋，脑壳不发昏。我查了一下，历史上关于荠菜的习俗可多着呢。

1. 驱虫与清目

荠 [*Capsella bursa-pastoris*（Linn.）Medic.] 是十字花科一年或二年生草本植物，广泛分布于全球温带地区。人们食用荠菜的历史由来已久，清代文人叶调元《汉口竹枝词》记载：

> 三三令节重厨房，口味新调又一桩。
>
> 地米菜和鸡蛋煮，十分耐饱又耐香。

"三三令节"即农历三月初三，如今荠菜在江城依然被称作地米菜，因其花小、色白如米粒。湖北之外，不少地方都有此习俗。传说荠菜鸡蛋可治头痛，但竹枝词中只说"十分耐饱"，可见在乡民的记忆中，荠菜鸡蛋果腹充饥是第一位的。

"三月初三"又称"上巳节"，这是一个逐渐被淡忘的节日。这一天人们要去水边洗浴，以除凶去垢。魏晋以后，该节日定为三月初三，并增加了祭祀宴饮、曲水流觞等内容。南朝宗懔《荆楚岁时记》载："三月三日，士民并出江渚池沼间，为流杯曲水之饮。"[1] 王羲之《兰亭集序》写的就是上巳节这一天的活动。杜甫《丽人行》有诗句"三月三日天气新，长安水边多丽人"，借此可以想象唐代长安上巳节的盛况。

但荠菜出现于上巳节，似乎是在宋代。一开始，人们用它来驱蚊避虫。北宋《物类相感志》载："三月三日，收荠菜花置灯檠上，则飞蛾、蚊虫不投。"明代高濂《遵生八笺》引《琐碎录》："三月三日，取荠菜花铺灶上及坐卧处，可辟虫蚁。"[2]《本草纲目·菜部》亦载："荠生济济，故谓之荠。释家取其茎作挑灯杖，可辟蚁、蛾，谓之护生草，云能护众生也。"[3] 荠菜的别名"护生草"由此而来。

此外，苏杭一带，三月三日这天人们将荠菜花戴在头上。明代田汝成《西湖游览志馀》卷 20 "三月三日俗"云："男女皆戴荠菜花。谚云：'三春戴荠花，桃李羞繁华。'"男女都戴荠菜花，应该不是为了装饰，具体用途是什么呢？

清代道光年间苏州文士顾禄所著《清嘉录》，给出了答案。是书以十二月为序，记述苏州及周边地区的节令习俗。其中对荠菜花的记载，

---

1 〔梁〕宗懔撰，〔隋〕杜公瞻注：《荆楚岁时记》，中华书局，2018 年，第 33 页。

2 〔明〕高濂编撰，王大淳校点：《遵生八笺》，巴蜀书社，1992 年，第 114 页。

3 〔明〕李时珍著，钱超尘等校：《本草纲目》，上海科学技术出版社，2008 年，下册，第 1043 页。

〔日〕岩崎灌园《本草图谱》，两种荠菜

荠菜开白花，果实呈倒心状三角形。旧时男女都将荠菜花戴在头上，有助于明目，荠菜花是以又名眼亮花。

综合了以上两种用途：

> 荠菜花，俗呼野菜花。因谚有"三月三，蚂蚁上灶山"之语，三日，人家皆以野菜花置灶陉上，以厌虫蚁。侵晨村童叫卖不绝。或妇女簪髻上，以祈清目，俗号眼亮花。或以隔年糕油煎食之，云能明目，谓之眼亮糕。[1]

所以，头戴荠菜花的作用是"清目"。据《本草纲目》等医书，荠

---

1 〔清〕顾禄撰，王迈校点：《清嘉录》，江苏古籍出版社，1999年，第57页。

〔日〕细井徇《诗经名物图解》，荠

《诗经·邶风·谷风》云"谁谓荼苦？其甘如荠"，可见先民对荠菜评价之高。苏轼赞曰："君若知此味，则海陆八珍，皆可鄙厌也。"

菜全草入药，有明目之功效。没想到如此平凡的一种野菜，竟有如此多的用途。所以吴其濬感慨说："伶仃小草，有益食用如此。"[1]

2.春在溪头荠菜花

荠菜作为寻常可见的野菜，从遥远的《诗经》时代开始，人们就开始食用。《邶风·谷风》云：

> 行道迟迟，中心有违。不远伊迩，薄送我畿。
>
> 谁谓荼苦？其甘如荠。宴尔新昏，如兄如弟。

《邶风》《卫风》都是殷商都城附近的民歌，这首诗与《卫风·氓》一样是一首弃妇诉苦的诗：谁说荼菜味道苦呢？比起被丈夫抛弃的苦楚，荼菜简直像荠菜一样甘甜。荼是菊科的苦荬菜（*Ixeris polycephala* Cass.），将荠菜与苦荬菜对比，可见在先民看来荠菜算是较为可口的一种野菜。《楚辞·九章·悲回风》有"故荼荠不同亩兮，兰茝幽而独芳"，将一苦一甜的"荼"和"荠"分别比作小人与君子。

荠菜的嫩苗可炒可凉拌，亦可做汤。在江城，春节后我们会用荠菜做馅儿包春卷。每年春节期间，小姨都会做给我们吃，那是早春山野的味道。

作为极易得且味道不错的一种野菜，荠菜也屡见于诗文。苏轼发现了荠菜之美，在写给徐十二的信中对它推崇备至：

---

1 〔清〕吴其濬著：《植物名实图考》，中华书局，2018年，第67页。

君若知此味，则陆海八珍，皆可鄙厌也。天生此物，以为幽人山居之禄，辄以奉传，不可忽也。

多年以后，南宋陆游晚年居乡间，吃到荠菜粥，想起与他一样命途多舛的苏轼，于是作了那首《食荠糁甚美，盖蜀人所谓东坡羹也》。诗云：

> 荠糁芳甘妙绝伦，啜来恍若在峨岷。
> 莼羹下豉知难敌，牛乳抨酥亦未珍。
> 异味颇思修净供，秘方常惜授厨人。
> 午窗自抚膨脬腹，好住烟村莫厌贫。

陆游是荠菜的忠实拥趸，以荠菜为题的诗就有好几首。如《食荠》云：

> 日日思归饱蕨薇，春来荠美忽忘归。
> 传夸真欲嫌莼苦，自笑何时得瓠肥。

荠菜味道之美，足以慰藉乡愁。但更多的时候，陆游通过食用荠菜表达晚年的安贫乐道。其《春荠》云：

> 食案何萧然，春荠花若雪。
> 从今日老硬，何以供采撷。
> 山翁垂八十，忍贫心似铁。
> 那须万钱箸，养此三寸舌。
> 软炊香粳饭，幸免烦祝噎。
> 一瓢亦已泰，陋巷时小啜。

荠菜开花之后，叶梗皆老，已不适合入菜。但八旬老翁仍采摘回来，像颜回一样，一箪食，一瓢饮，在陋巷而不改其乐。"山翁垂八十，忍贫心似铁"，不正像他那首《夜归》"八十老翁顽似铁，三更风雨采菱归"？

南宋辛弃疾也对荠菜偏爱有加，两首描写乡间早春图景的词中都出现了荠菜。其一《鹧鸪天·陌上柔桑破嫩芽》云：

> 陌上柔桑破嫩芽，东邻蚕种已生些。平冈细草鸣黄犊，斜日寒林点暮鸦。
>
> 山远近，路横斜，青旗沽酒有人家。城中桃李愁风雨，春在溪头荠菜花。

其二《鹧鸪天·游鹅湖醉书酒家壁》同样写春日农耕：

> 春入平原荠菜花，新耕雨后落群鸦。多情白发春无奈，晚日青帘酒易赊。
>
> 闲意态，细生涯，牛栏西畔有桑麻。青裙缟袂谁家女，去趁蚕生看外家。

南宋淳熙八年（1181）冬，41岁的辛弃疾遭遇弹劾后隐居上饶（今江西省上饶市），这两首词就作于此时。词人用白描的手法写出早春生机勃勃的山野风景，看似恬淡闲适的文字，实则暗藏隐忧。

两首词都提到"酒"，尤其第二首"多情白发春无奈"，不正是那句"可怜白发生"？南宋朝廷昏聩无能、偏安一隅，辛弃疾这样力主抗金的壮士，无法实现"了却君王天下事，赢得身前生后名"的人生抱负。尽管闲居乡间，但家国天下，中心藏之，何日忘之？

伶仃小草，历史如此悠久，故事如此之多！中国人民大学汇贤食府有一道菜"荠菜炒春笋"，荠菜切末，春笋切段，二者同炒。春笋似白玉，裹上翠绿的荠菜碎，端上桌，仿佛有乡野的清风吹来一般。前段时间特地回去品尝，与香椿炒鸡蛋一起。后来回家自己做，起锅前味道偏淡，于是放酱油，一不留神倒得多了。一位长辈看到我发的朋友圈，说我"糟蹋"了荠菜，像这样的野菜，就是要吃它的清香。

现在荠菜已经开花，"从今日老硬，何以供采撷"，只好等明年早春再试。

每周六下午，北京大学绿色生命协会都会组织物候观测活动。燕园草木茂盛，种类不少，在那里认识了不少植物，棣棠就是其中之一。认识棣棠之后才发现，在北京它是如此常见，公园里、马路旁、护城河边，都有它的身影。棣棠的花期长，能够灿烂地开过一整个春夏。

1. 棣棠的栽培史

棣棠花〔*Kerria japonica*（L.）DC.〕，蔷薇科棣棠花属落叶灌木。花色金黄，又名金旦子花、鸡蛋花、金钱花、鸡蛋黄等。江西称其为清明花，大概是因为它在清明节前后盛开。

棣棠花有单瓣和重瓣之分，重瓣品种很可能是由雄蕊瓣化而来。现在园艺栽培的多是此种，看不到花蕊，也不结果。棣棠的栽培种还有金边棣棠花（叶的边缘为黄色）、玉边棣棠花（叶具有白色边缘）。[1] 据《植物名实图考》，另有一种白棣棠："比黄棣棠花瓣宽肥，叶少锯齿，又别一种。"[2]

"棣棠"何以得名？连吴其濬也不甚清楚。它与另一种植物"棠棣"的名字正好颠倒，晚唐诗人李商隐就将二者相混淆。其诗《寄罗劭兴》曰"棠棣黄花发，忘忧碧叶齐"，开黄花的当是棣棠而不是棠棣。

---

1 〔清〕陈淏子辑，伊钦恒校注：《花镜》，农业出版社，1962 年，第 253 页，注释 1。
2 〔清〕吴其濬著：《植物名实图考》，中华书局，2018 年，第 658 页。

〔荷兰〕亚伯拉罕·雅克布斯·温德尔（Abraham Jacobus Wendel）绘，《荷兰园林植物志》（*Flora : afbeeldingen en beschrijvingen van boomen, heesters, eenjarige planten, enz., voorkomende in de nederlandsche tuinen*），棣棠，1868 年

棣棠分单瓣、重瓣，黄色、白色。宋代，棣棠花已用于庭院观赏。其花期长，今城市绿化所用多为黄色重瓣品种。

棣棠花原产我国，南北皆有。在宋代，这种开花灌木已用于庭院观赏和绿化。沈括《梦溪笔谈·补笔谈卷三·药议》载："今小木中却有棣棠，叶似棣，黄花绿茎而无实，人家庭槛中多种之。"[1] "无实"者当指重瓣棣棠，说明北宋已有园艺栽培种植。范成大《沈家店道傍棣棠花》写到棣棠：

> 乍晴芳草竞怀新，谁种幽花隔路尘？
>
> 绿地缕金罗结带，为谁开放可怜春？

由宋入金的高士谈的庭院也种有棣棠，此花一开，色如龙袍，激起他的亡国之思。其《棣棠》诗曰：

> 闲庭随分占年芳，袅袅青枝淡淡香。
>
> 流落孤臣那忍看，十分深似御袍黄。

清初园艺学著作《花镜》记载了棣棠的培育方法：

> 棣棠花藤木丛生，叶如荼蘼，多尖而小，边如锯齿。三月开花金黄色，圆若小球，一叶一蕊，但繁而不香。其枝比蔷薇更弱，必延蔓屏树间，与蔷薇同架，可助一色。春分剪嫩枝，扦于肥地即活。其本妙在不生虫螬。[2]

---

1 〔宋〕沈括撰，施适校点：《梦溪笔谈》，上海古籍出版社，2015 年，第 219 页。
2 《花镜》，第 253 页。

《花镜》的作者是陈淏子，明末清初人士，明亡后不愿在清朝为官，于是退隐田园，从事花草果木栽培，并兼授徒为业。该书完成于1688年，彼时作者已77岁高龄。陈淏子写作本书的目的，乃是有感于"世人鹿鹿，非混迹市尘，即萦情圭组，昧种植之理"（《花镜·自序》）。不同于以往的农书，《花镜》专论观赏植物、果树的栽培。作者通过亲身实践、寻访嗜花友与卖花佣，总结了许多园艺栽培经验。[1] 比如"棣棠"这一段，作者就告诉我们，当时的人们多将棣棠与蔷薇种在一起，以扦插的方法进行繁殖。

　　但作者说"棣棠"是藤木，与事实不符。据明人高濂《遵生八笺》："花若金黄，一叶一蕊，生甚延蔓，春深与蔷薇同开，可助一色。"[2] 此段文字与《花镜》有重合之处，可见《花镜》参考了《遵生八笺》。《遵生八笺》说棣棠"生甚蔓延"，《花镜》很可能是据此认为棣棠为"藤木"一类。

　　棣棠花期长，花瓣是耀眼的金黄色。不仅公园中多种棣棠，在城市绿化中也寻常可见。这种灌木丛生高可达1-2米，正好可作绿篱，在北京左安门附近的护城河、马路边都有，恰如范成大所说"谁种幽花隔路尘"。

　　除了观赏外，据《中国植物志》，棣棠"茎髓作为通草代用品入药，有催乳利尿之效"。这里的"通草"指的是五加科通脱木，这种植物的

1　关于《花镜》的介绍，参见伊钦恒《校注花镜引言》。
2　〔明〕高濂编撰，王大淳校点：《遵生八笺》，巴蜀书社，1992年，第649页。原文条目名作"棠棣花"，应是"棣棠花"之误。

茎髓纯白饱满，可作纸张，用于作画。清朝时广州出产的"通草画"，即以此得名。[1] 棣棠的茎中也有类似的白瓤，但无法用于作画。《植物名实图考》："按棣棠有花无实，不知其名何取，其茎中瓤白如通草，但细小，不堪剪制。"[2]

2. 棣棠花在日本

棣棠花在日本也有种植，历史亦悠久。江户时代毛利梅园《梅园百花画谱》中绘有多个品种的棣棠，其单瓣品种名为"山吹"，又名荼蘼花、酴醾。[3]

"山吹"一名极富诗意，让人想到山谷里风吹棣棠、花落缤纷的景象。江户时代著名诗人松尾芭蕉就在一首俳句里描写了这种意境：

> 山吹凋零，悄悄地没有声音，飞舞着，泷之音。

这首诗也被翻译成："激湍漉漉，可是棣棠落花簌簌？"河中流水湍急，声势浩大；岸上棣棠花落，悄无声息。诗人将大自然中一静一动两种景象置于同一时空，流水之动更能反衬出棣棠凋零的寂静之美，两三句就写出了禅意。

---

1 在通草纸上所作的水彩画，具有宣纸所没有的立体感，在 18、19 世纪，绘有清代社会风俗的通草画曾行销海外、风靡一时。
2 《植物名实图考》，第 658 页。
3 酴醾在日本曾被认为是山吹（棣棠），例如京都市宇治十二景之一的"春岸酴醾"，实际上是岸边的棣棠花。现在酴醾指的是某种蔷薇科观赏花卉。

〔日〕毛利梅园《梅园百花画谱》，山吹

〔日〕毛利梅园《梅园百花画谱》，白山吹

黄色棣棠在日本又名"山吹"，以其花瓣所染成的颜色名山吹色，是日本传统颜色之一。"山吹"一名极富诗意，让人联想到山谷里风吹棣棠、落花簌簌。

日本传统颜色中的"山吹色"，指的就是棣棠花的颜色。这种温暖的黄色在折扇、和服、屏风、漆器等日常用具上都能见到，很受民间欢迎。关于棣棠花所染成的颜色，日本古典文学《枕草子》中讲了一个以花传情的故事。

《枕草子》是日本平安时期女作家清少纳言创作的随笔集，约成书于 1001 年。清少纳言（"清"乃是取自家族姓氏"清原"，"少纳言"则为宫中官职）曾在宫廷做过七年女官，侍奉平安时代第 66 代天皇的皇后中宫定子。两人虽为主仆，但感情至深。中宫去世后，她便离开皇宫，不再侍奉他人。晚年独居，她回忆起先前的宫廷生活，点点滴滴，念兹在兹，便写下了《枕草子》。在"棣棠花瓣"一节中，她回忆道：

> 好久没有得到中宫的消息，过了月余，这是向来所没有的，怕中宫是不是也在怀疑我呢，心中正在不安的时候，宫里的侍女长却拿着一封信来了。
>
> ……
>
> 打开来看的时候，只见纸上什么字也没有写，但有棣棠花的花瓣，只是一片包在里边。在纸上写道："不言说，但相思。"[1]

"不言说，但相思"一句出自《古今六帖》，全首歌词云：

> 心是地下逝水在翻滚了，

---

[1] 〔日〕清少纳言著，周作人译：《枕草子》，中国对外翻译出版公司，2000 年，第 231 页。

不言语，但相思，

还胜似语话。[1]

只一片棣棠花瓣，只一句短诗，清少纳言的疑虑瞬间烟消云散。但这里为何要用棣棠花？难道在日本文化中，棣棠如同我们的青鸟，可以传达相思之情？其中的缘由，周作人在译本中解释如下：

> 棣棠花色黄，有如栀子，栀子日本名意云"无口"，谓果实成熟亦不裂开，与"哑巴"字同音，这里用棣棠花片双关不说话，与歌语相应。[2]

栀子的果实，更准确地说是单瓣栀子的果实，在我国自秦汉时起就是重要的黄色染料。在日本，栀子与山吹一样，也是传统颜色之一。在日本的传统颜色中，不少以植物命名，诸如红梅、桃、萱草、菖蒲、紫藤、葡萄等。按照周作人的解释，栀子果实成熟时不裂开，其日本名为"无口"，与"哑巴"同音，正好对应诗中的"不言语"；又因为栀子色与棣棠花色相近，用棣棠代替栀子，可婉转地传递心意。[3]这比我们在信中寄一片当归，要更为含蓄。

1　《枕草子》，第247页，注释105。

2　《枕草子》，第247页，注释104。

3　本文关于《枕草子》中棣棠花传情相关内容的写作，参考了杨月英《棠棣和棣棠》一文（《文汇报》，2017年4月19日）。

上文我们说到棣棠，此名与另一种植物"棠棣"正好颠倒。此外还有常棣、唐棣，名称皆相近，容易混淆。这些植物名称所对应的都是何种植物？它们之间有何关系？

1. 常棣

"常棣"一名出自《诗经·小雅·常棣》："常棣之华，鄂不韡韡。"《小雅·采薇》曰："彼尔维何？维常之华。"这里的"常"，《毛传》也释为"常棣"。

常棣是何种植物？《尔雅》《毛传》均释为"棣"，《说文解字》："棣，白棣也。"陆玑《毛诗草木鸟兽虫鱼疏》有详细的描述：

> 许慎曰"白棣树也"。如李而小，子如樱桃，正白，今官园种之。又有赤棣树亦似白棣，叶如刺榆叶而微圆，子正赤，如郁李而小，五月始熟。自关西、天水、陇西多有之。[1]

郭璞《尔雅注》与陆玑的描述相近："今山中有棣树，子如樱桃，可食。"从以上文献推断，可知常棣是白棣，其树比李树要小，子如樱桃，色白。另有一种树与之相似，名叫赤棣，果实比郁李稍小。

---

1 转引自〔晋〕郭璞注，〔宋〕邢昺疏：《尔雅注疏》，北京大学出版社，1999年，第277-278页。

〔日〕细井徇《诗经名物图解》，郁

《诗经·豳风·七月》"六月食郁及薁"，"郁"即郁李。《诗经》中的"常""常棣""棣""唐棣"多指郁李一类的植物，花开时，艳丽繁盛。

　　陆玑在此提到的郁李，其种子名为郁李仁，见于《神农本草经》下品。《豳风·七月》"六月食郁及薁"，《毛传》曰："郁，棣属。"唐孔颖达《毛诗正义》引东汉末年刘桢《毛诗义问》曰："其树高五六尺，其实大如李，正赤，食之甜。"又引《本草》曰："郁，一名雀李，一名车下李，一名棣。生高山川谷或平田中，五月时实。"[1] 后世多认为这里的"郁"就是郁李。日本森立之《本草经考注》曰："其树矮小，实亦小，故有车下李、雀李之名耳。"[2]

据《中国植物志》，郁李〔Cerasus japonica（Thunb.）Lois.〕与樱桃是近亲，两者同为蔷薇科樱属，但樱桃是小乔木，而郁李是灌木，高 1-1.5 米，果实深红色，直径约 1 厘米。明人高濂《遵生八笺》说郁李："有粉红、雪白二色，俱千叶，花甚可观，如纸剪簇成者。子可入药。"[3] "千叶"是重瓣品种，以"纸剪簇成"来比喻甚是形象。

"郁"是郁李，历史上也多将常棣释为郁李一类的植物。如果《诗经》的时代已有重瓣郁李，则开花时较为繁盛，放在诗中是很合适的。如"彼尔维何？维常之华"，东汉郑玄《毛诗传笺》云："此言彼尔者乃常棣之华，以兴将率车马服饰之盛。""常棣之华，鄂不韡韡"，郑玄的解释是："韡韡"是光明华美貌，"鄂不"是指花萼与花蒂，以花萼与花蒂紧紧相依，比喻兄弟患难与共[4]。这是周人在宴会上歌颂兄弟之情的诗，所谓"凡今之人，莫如兄弟"，因此，后世多用"棣华""棣萼"

---

1 〔唐〕孔颖达撰：《毛诗正义》，北京大学出版社，1999 年，第 503-504 页。

2 〔日〕森立之撰，吉文辉等点校：《本草经考注》，上海科学技术出版社，2005 年，第 563 页。

3 〔明〕高濂编撰，王大淳校点：《遵生八笺》，巴蜀书社，1992 年，第 648 页。

4 由于郁李花通常簇生，所以余冠英认为："诗人以常棣的花比兄弟，或许因其每两三朵彼此相依，所以联想。"见余冠英注译：《诗经选》，人民文学出版社，1979 年，第 172 页。

〔日〕岩崎灌园《本草图谱》，郁李

《诗经·小雅·常棣》"常棣之华，鄂不韡韡"，以郁李之花萼与花蒂紧紧相依，比喻兄弟患难与共。因此，后世多用"棣华""棣萼"比喻手足情深。

比喻手足情深。如晚唐高骈的边塞诗《塞上寄家兄》云：

> 棣萼分张信使希，几多乡泪湿征衣。
>
> 笳声未断肠先断，万里胡天鸟不飞。

郭沫若创作于 1920 年的话剧《棠棣之花》即以此命名。该剧改编自西汉司马迁《史记·刺客列传》聂政受严仲子之托刺杀韩相的故事。史书中，聂政刺杀任务完成后，"自皮面决眼，自屠出肠"。韩人暴其尸于市，能认出刺客身份者，悬以重金。聂政的姐姐聂荣得知此事，猜到刺客正是聂政，前往认尸时说："妾其奈何畏殁身之诛，终灭贤弟之名！"随后自尽于聂政身旁，时人称其为烈女。

郭沫若创作这部话剧时正值五四运动之后，他将原故事中的刺杀行动由"士为知己者死"，上升到舍身报国的高度。话剧开篇重点刻画的即是姐弟两人为国捐躯、死而后已的英雄形象，例如第一幕第二场聂嫈（即《史记·刺客列传》中的聂荣）的誓言：

> 不愿久偷生，但愿轰烈死。
>
> 愿将一己命，救彼苍生起！
>
> 苍生久涂炭，十室无一完。
>
> 既遭屠戮苦，又有饥馑患。
>
> ……
>
> 我想此刻天下底姐妹兄弟们一个个都陷在水深火热之中，假使我们能救得他们，便牺牲却一己底微躯，也正是人生底无上幸福。
>
> ……

我望你鲜红的血液，迸发成自由之花，开遍中华！

为何郭沫若将话剧命名为"棠棣之花"？大概也是取聂嫈、聂政姐弟两人的手足之情。

2. 唐棣

"唐棣"亦见于《诗经》，《召南·何彼襛矣》曰："何彼襛矣，唐棣之华。曷不肃雍，王姬之车。"这是周初齐侯之女出嫁，国人美之而作的诗。[1] 按照郑玄《毛诗传笺》的解释，首句以唐棣花起兴，"喻王姬颜色之美盛"。此外，《秦风·晨风》曰："山有苞棣，隰有树檖。"这里的"棣"，《毛传》亦释为"唐棣"。

唐棣是何种植物？历来争议较多。《尔雅》《毛传》均解释为"栘"，《说文解字》曰："栘，棠棣。""棠棣"又是何物？与"常棣"有何关系？清代段玉裁《说文解字注》认为："棠"同"唐"，棠棣就是唐棣。陆玑对"唐棣"的解释如下：

> 奥李也，一名雀梅，亦曰车下李。所在山皆有。其华或白，或赤。六月中熟，大如李子，可食。[2]

按陆玑所说，唐棣又名雀梅、车下李，与上文《毛诗正义》所引《本草》中的"郁"一致，因此唐棣就是"郁"。陆玑认为唐棣即是"奥李"，

---

1 袁行霈、徐建委、程苏东撰：《诗经国风新注》，中华书局，2018 年，第 81 页。
2 《尔雅注疏》，第 277 页。

〔日〕毛利梅园《梅园百花画谱》，图中题"《毛诗品物图考》棠棣、郁李树"

图中所绘棠棣为白花重瓣郁李。段玉裁认为"棠"同"唐"，棠棣就是唐棣，清代学者多认为唐棣是郁李一类的植物。

与"郁李"音同，当是同一个读音的两种写法。吴其濬《植物名实图考》就采纳了这种观点：

> 郁李，《本经》下品。即唐棣，实如樱桃而赤，吴中谓之爵梅，固始谓之秋李。有单瓣、千叶二种：单瓣者多实，生于田塍；千叶者花浓，而中心一缕连于蒂，俗呼为穿心梅。花落心蒂犹悬枝间，故程子以为棣。萼甚牢，《图经》合常棣为一，未可据。[1]

吴其濬指出，唐棣（郁李）与常棣并非一种。从陆玑将常棣与唐棣分别解释来看，两者存在微小的区别。许多清代的学者都持有这种观点，如陈奂判断唐棣是白棣，而常棣是赤棣。[2] 段玉裁认为花赤者为唐棣、棠棣，花白者为常棣，"皆即今郁李之类，有子可食者"。[3] 王先谦则认为："唐棣子名郁李，其大如李，常棣子如郁李而小其实，皆棣树而种微异耳。"[4]

唐棣与常棣虽然有所区别，但都是棣树的不同种类，果实皆可食用。另有一种观点认为，唐棣似杨柳科的白杨，白杨与郁李的区别就大了。

---

1 〔清〕吴其濬著：《植物名实图考》，中华书局，2018 年，第 786-787 页。

2 〔清〕陈奂撰，滕志贤整理：《诗毛氏传疏》，凤凰出版社，2018 年，第 77 页。

3 〔清〕段玉裁《说文解字注·栘》："《释木》曰：'唐棣，栘。常棣，棣。'唐与常音同，盖谓其花赤者为唐棣，花白者为棣，一类而错举。……《小雅》常棣、《论语》逸诗唐棣，实一物也。"

4 〔清〕王先谦撰，吴格点校：《诗三家义集疏》，中华书局，1987 年，第 117 页。

● 唐棣 | 何彼襛矣，唐棣之华

同样是《诗经》中的植物，唐棣的解释要比常棣复杂许多。《尔雅》《毛传》对于唐棣的解释均为"栘"。"栘"是什么植物？除了郁李和白杨之外，还有一种观点认为是蔷薇科开白花的小乔木，《中国植物志》就采纳了这一说法。

1.《尔雅注》与"似白杨"之说

"唐棣"似白杨的说法始于郭璞《尔雅注》："似白杨，江东呼夫栘。""夫栘"具体长什么样？

《本草纲目·木部》认为西晋崔豹《古今注》中的"栘杨"就是江东的"夫栘"。《古今注·草木第六》："栘杨，圆叶弱蒂，微风大摇。一名高飞，一名独摇。"[1]《本草纲目·木部》引唐代陈藏器《本草拾遗》曰："枎栘木生江南山谷。树大十数围，无风叶动，花反而后合，《诗》云'棠棣之华，偏其反而'是也。"[2] 此外无更多的形态描述。

日本江户时代本草学者岩崎灌园《本草图谱》中绘有枎栘，排在白杨和松杨之间。作者画出了杨柳科植物所具有的柔荑花序，并涂上了鲜艳醒目的深红色。据图中文字介绍，此木多用于佛像的雕刻。《本草图

1　〔西晋〕崔豹撰：《古今注》，上海古籍出版社，2012 年，第 130 页。
2　〔明〕李时珍著，钱超尘等校：《本草纲目》，上海科学技术出版社，2008 年，下册，第 1292 页。《论语》引《诗》作"唐棣之华，偏其反而"。

〔日〕岩崎灌园《本草图谱》，枫杨

《本草图谱》依据《本草纲目》，将枫杨排在白杨和松杨之间，颜色深红的柔荑花
序是杨柳科植物的重要特征。据图中文字介绍，此木在日本多用于佛像的雕刻。

谱》可看作是《本草纲目》的药物图鉴，岩崎灌园判断《本草纲目·木部》
所谓的"枫杨"，就是日本用于佛像雕刻的某种杨树。

但枫杨是否是白杨一类的树呢？段玉裁《说文解字注》从《诗经》
文义的角度驳斥了上述说法：

> 白杨，大树也。《古今注》云："杨杨亦曰杨柳，亦曰蒲杨，
> 圆叶弱蒂，微风善摇。"此正今之白杨树。安得有辗辗偏反之花耶？
> 因一杨字混合之。

杨柳科植物的柔荑花序，先叶开放，像毛毛虫一样挂在树枝上，其

美丽程度无法与蔷薇科的郁李花相提并论。放回《诗经》中，以其起兴贵族女子"颜色之美盛"，实在有些匪夷所思。所以，段玉裁的说法有其道理。

但郭璞"似白杨"说法的影响不小，唐代孔颖达《毛诗正义》[1]、南宋朱熹《诗集传》[2]皆从此说。陆文郁《诗草木今释》首次用现代植物分类学的方法梳理《诗经》中的植物，该书亦承袭以上观点，将唐棣归为杨柳科。[3]

2.《清稗类钞》与日本近代植物学

古人在辨析"唐棣"时，还会提到《论语·子罕》中的两句诗："唐棣之华，偏其反而。岂不尔思？室是远而。"上文《本草拾遗》《说文解字注》中均有提及。这两句不见于今本《诗经》，称为逸诗，字面意思是"唐棣树的花，翩翩地摇摆。难道我不想念你？因为你家住得太远"。[4]杨伯峻注"唐棣"时指出了陆玑与李时珍两人观点的差异："唐棣，一种植物，陆玑《毛诗草木鸟兽虫鱼疏》以为就是郁李（蔷薇科，落叶灌

<hr>

1　《毛诗正义·何彼襛矣》释"唐棣"时，引郭璞《尔雅注》，而未引陆玑《毛诗草木鸟兽虫鱼疏》。见〔唐〕孔颖达撰：《毛诗正义》，北京大学出版社，1999年，第103页。
2　"唐棣，栘也，似白杨。"见〔宋〕朱熹撰，赵长征点校：《诗集传》，中华书局，2017年，第20页。
3　陆文郁编著：《诗草木今释》，天津人民出版社，1957年，第94页。
4　"'唐棣之华，偏其反而'似是捉摸不定的意思……或者当时有人引此诗（这是'逸诗'，不在今《诗经》中）意在证明道之远而不可捉摸，孔子则说，你不曾努力罢了，其实是一呼即至的。"见杨伯峻译注：《论语译注》，中华书局，1980年，第96页。

木），李时珍《本草纲目》却以为是枕栘（蔷薇科，落叶乔木）。"[1]

此处蔷薇科落叶小乔木，就是《中国植物志》中的唐棣［*Amelanchier sinica*（Schneid.）Chun］，又名枕栘、红栒子，美丽观赏树木，花穗下垂，花瓣细长，白色而有芳香，栽培供观赏。从外形来看，此蔷薇科小乔木无论与郁李还是白杨都相距甚远。《中国植物志》的依据是什么？

这个问题一直困扰着我，直到我在《清稗类钞·植物类》中发现一则关于"枕栘"的材料。从其描述来看，正是《中国植物志》中的"唐棣"：

> 枕栘为落叶乔木，干高一二丈，叶为椭圆形，面有白毛。春暮开白花，五瓣，狭长。实赤色，大如小豆。旧说谓即唐棣，或云与白杨同类异种，博物学家属之蔷薇科。[2]

《清稗类钞》初刊于 1917 年，书中"蔷薇科"乃现代植物学专业术语。翻阅《清稗类钞·植物类》就会发现，这类专业术语随处可见。诸如开篇说植物类别时说到被子植物、裸子植物，描述乌菽莓时提到"聚伞花序"，介绍芸香时用"羽状复叶"等等。这些术语从何而来？

我国现代植物学专业术语主要有两大来源：一为我国本土的译著，早期有近代植物学家李善兰与英国传教士韦廉臣、艾约瑟合译的《植物学》（1858）；一为日本近代植物学著作，早期以日本江户时代兰学家

1　《论语译注》，第 96 页。

2　〔清〕徐珂编撰：《清稗类钞》，中华书局，1981 年，第 12 册，第 5881 页。

宇田川榕庵《植学启原》（1834）为代表。这两部书中的术语成为我国近代植物学最初的基本部分。《清稗类钞·植物类》中的许多专有名词如"苞""复叶""雌蕊""核果"等，就仅见于《植学启原》而不见于《植物学》。[1] 也就是说，《清稗类钞·植物类》一定受到日本植物学的影响。

李善兰《植物学》出版后，并未引起国人重视。一直到 20 世纪初，我国植物学学者在编译教科书时，所依据的依然是日本植物学著作。"日本植物学界、学人和著作对我国近代植物学的发轫起到一定的启蒙作用。"[2]

《清稗类钞·植物类》所参考的植物学文献，很可能从日本译介而来，上述引文中提及的某博物学家，亦当来自日本。此博物学家为何认定枑栘就是此蔷薇科小乔木呢？"枑栘"一词源于中国，是《诗经》植物唐棣的别名，这就涉及日本《诗经》研究者如何解释唐棣。

1　朱京伟：《日本明治时期以后近代植物学术语的形成》，《日本学研究》，1999 年，第 143 页。作者将明治维新时期文献所涉及的植物学专业术语，与《植物学》《植学启原》中的术语相对照，发现单独见于《植学启原》的术语有 54 词，单独见于《植物学》的有 34 词，共同见于两者的有 14 词。

2　叶基桢《植物学》"同黄明藻的《应用徒薪植物学》极有可能均是依据日本第一代的植物学家三好学的植物学著作而加以编译的，我国早期的植物学学者多出于三好学门下。日本植物学界、学人和著作对我国近代植物学的发轫起到一定的启蒙作用。再如，1908 年，姚昶绪翻译三好学的《植物学实验初步》；1911 年，奚若和蒋维乔编写的《植物学教科书》以及 1918 年出版的《植物学大辞典》（孔庆莱、黄以仁、杜亚泉等 13 人）亦是如此"。见陈德懋、曾令波：《中国植物学发展史略（续）——植物分类学发展史》，《华中师范大学学报》，1988 年第 4 期，第 482 页。

3.《毛诗品物图考》与日本《诗经》名物研究

《诗经》在 5 世纪已传入日本，到 18 世纪开始出现《诗经》名物学研究。其中以稻生若水《诗经小识》（1709）为首，而图解类著作则有渊在宽《陆氏草木鸟兽虫鱼疏图解》（1779）和冈元凤撰、橘国雄绘《毛诗品物图考》（1785）等。

《毛诗品物图考》初刻于日本天明五年（1785）。其为唐棣所配插图，正是上述蔷薇科小乔木。该书对每一种名物都有简短的介绍，对"唐棣"的解释如下：

> 《传》："唐棣，栘也。"《集传》："似白杨。"《名物疏》："唐棣、常棣是二种。《尔雅》云：'唐棣，栘。'《本草》谓之枎栘木。一名高飞，一名独摇，自是杨类。虽得名棣，而实非棣也。"[1]

除了引用中国典籍（以《诗集传》为最）外，《毛诗品物图考》还参考了日本近代《诗经》、本草、博物学方面的研究成果，可以看作是当时日本《诗经》名物研究的集大成者。而对于"唐棣"，《毛诗品物图考》并未引用任何日本文献，只是遵从朱熹之说，认为唐棣为杨类。

可见，很有可能是《毛诗品物图考》首先将此蔷薇科小乔木与唐棣等同起来。《毛诗品物图考》问世后畅销不衰，多次再版，后来传入我国，

---

1 〔日〕冈元凤撰，橘国雄绘：《毛诗品物图考》，浙江人民美术出版社，2017 年，第 152 页。

〔日〕冈元凤、橘国雄《毛诗品物图考》，　　　〔日〕细井徇《诗经名物图解》，唐棣
唐棣

《毛诗品物图考》中的文字解释为白杨，但配图却是蔷薇科小乔木。《诗经名物图解》
的编写以《毛诗品物图考》为蓝本，两者所绘唐棣一致。

〔日〕毛利梅园《梅园百花图谱》，扶栘

此扶栘花瓣洁白细长，接近蔷薇科小乔木，植物名却标示来源于《本草纲目》。《梅
园百花图谱》成书晚于《毛诗品物图考》，或是受其影响。

可以想见它在日本《诗经》名物研究界的影响。半个多世纪后，细井徇《诗经名物图解》以之为蓝本，对唐棣的配图亦与之保持一致。

上文提及的那位日本近代博物学家，很有可能也看过《毛诗品物图考》，但同时发现了其中的问题。他运用现代植物学的分类方法，将配图中的植物重新鉴定为蔷薇科，但是保留了它在中国文献中的名字"栜栘"。所以《清稗类钞·植物类》将"栜栘"作为条目名，并在介绍植物形态后补充说："旧说谓即唐棣，或云与白杨同类异种。"《中国植物志》很可能也受此影响，以"唐棣"作为此蔷薇科小乔木的正式名，以"栜栘"为别名。而这一切的源头，或许只是因为《毛诗品物图考》中的一个失误。

因此，综合此文与上一篇文章，可以推测，《诗经》《尔雅》中的唐棣，并非白杨一类或蔷薇科小乔木，而应当从陆玑之说释其为郁李一类的植物。

工作之后，我会选择在五一假期回家，这时候的江城正处于草木葱茏的暮春时节。房前屋后的金银花和野蔷薇正静悄悄地开放，门前的楝树和樟树也正开花，这些味道混合在一起，在日落之后越渐浓郁。这其中，樟树的花香尤其让我想念。

在老家，樟树又名香樟，是最为常见的行道树。江边的小镇，老街两旁都是高大茂盛的香樟；在有些年头的校园里，浓荫密布的樟树寻常可见。樟树的花很小很不起眼，但花开的时候，香飘满城，一下火车就能闻到。这在北方的城市是没有的。

1. 樟树之得名

"樟"这个字，东汉许慎《说文解字》并未收入。因为在那之前的文献中，例如《左传》《庄子》《淮南子》，这种乔木的名字是"豫章"。据清人段玉裁《说文解字注》，"豫"的本义是"象之大者"，后引申为"凡大皆称豫"。"章"在商周金文中可能是"以刀具治圆形玉器的象形，也就是'璋'或'彰'的表意初文"，"纹理""文章"（花纹，如"黑质而白章"）等是其引申义。[1]《本草纲目·木部》解释"樟"，认为"其木理多文章，故谓之樟"[2]，用的就是其引申义。

---

1 李学勤主编：《字源》，天津古籍出版社，2012 年，第 198 页。

2 〔明〕李时珍著，钱超尘等校：《本草纲目》，上海科学技术出版社，2008 年，下册，第 1234 页。

对此，夏纬英持不同观点：樟树香气甚著，名曰樟，与同样有着香气的动物之名"獐"一样；樟树虽为木材，但纹理不如气味明显，因此"樟"应取香义。[1] 按夏先生的观点，"豫章"的本义是大而香的树，可备一说。

西汉开国，"豫章"成为一个地名。汉高祖刘邦在今江西设豫章郡，名曰"豫章"，是因为此地樟树甚多。北魏郦道元《水经注》卷39引东汉应劭《汉官仪》："豫章，樟树生庭中，故以名郡矣。"[2] 隋开皇九年（589），罢豫章郡、置洪州府。所以"初唐四杰"之首王勃《滕王阁序》才说"豫章故郡，洪都新府"，滕王阁位于江西南昌，豫章后成为南昌的别称。此外，与景德镇并称江西四大古镇之一的樟树镇，也是以树命名。可见，在历史上，江西的樟树非常多。

不仅江西，樟树广泛分布于长江流域、西南地区，因其枝叶均有香味，可提取樟脑，可做良材，夏可纳凉，终年常绿，因此为人们普遍种植。或许正是因为樟树的广泛分布和诸多益处，它被37个地级城市定为市树，在全国所有市树中名列第一，其中以湖南、江西、浙江最多；地级市之外，以樟树命名的村寨就更多了。[3]

---

1 夏纬英著：《植物名释札记》，农业出版社，1990年，第42页。

2 〔北魏〕郦道元著，陈桥驿校证：《水经注校证》，中华书局，2013年，第878页。

3 纪永贵：《樟树意象的文化象征》，《阅江学刊》，2010年第1期，第130页。这篇文章对樟树古文献的梳理与文化分析是本文的重要参考，笔者在其基础上又补充了一些材料，整理后加以分类，主要见于第二节。

2. 古籍中的樟树形象

樟树如此受欢迎，它在古籍中的形象也都是正面的。例如《庄子》就将樟树与楠、梓这类"端直好木"放在一起，并与"柘棘枳枸"等"有刺之恶木"作对比。[1] 而在《左传》中，楚国白公熊胜发动叛乱，公子结（字子期）拔起樟树力战而亡，樟树成为正义之士的武器。[2] 古籍中对于樟树的记载很多，其形象、特征可以归纳如下：

生于深山，远离人烟。《太平御览》卷 957 引西汉陆贾《新语》云："贤者之处世，犹金石生于沙中，豫章产于幽谷。"[3] 引西晋皇甫谧《高士传》曰："尧聘许由为九州长，由恶闻，洗耳于河。巢父见，谓之曰：'豫章之木，生于高山，工虽巧而不能得。子避世，何不藏深？'"[4] 由此可见，

1　《庄子·山木》："王独不见夫腾猿乎？其得楠梓豫章也，揽蔓其枝而王长其间，虽羿、蓬蒙不能睥睨也；及其得柘棘枳枸之间也，危行侧视，振动悼栗，此筋骨非有加急而不柔也，处势不便，未足以逞其能也。今处昏上乱相之间，而欲无惫，奚可得邪？此比干之见剖心，征也夫。"〔唐〕成玄英疏："楠梓豫章，皆端直好木也。""柘棘枳枸，并有刺之恶木也。"见〔晋〕郭象注，〔唐〕成玄英疏，曹础基、黄兰发点校：《庄子注疏》，中华书局，2011 年，第 368 页。

2　《左传·哀公十六年》曰："吴人伐慎，白公败之。请以战备献，许之，遂作乱。秋七月，杀子西、子期于朝，而劫惠王。子西以袂掩面而死。子期曰：'昔者吾以力事君，不可以弗终！'抶豫章以杀人而后死。"杨伯峻注："抶，拔取也。豫章即今樟木，可为建筑材，亦可作器物，朝廷自无此树，或生于庭，子期多力，拔取此树以杀人而死。"见杨伯峻编著：《春秋左传注》（修订本），中华书局，2016 年，第 1901 页。

3　此句为今本《新语》佚文。〔宋〕李昉等撰：《太平御览》，中华书局，1960 年，第 4250 页。

4　《太平御览》，第 4250 页。《高士传》原文作"巢父曰：'子若处高岸深谷，道不通，谁能见子？子故浮游，欲闻求其名誉，污吾犊口。'"与樟树无涉。

〔日〕岩崎灌园《本草图谱》，樟

樟树的花、枝、叶均有香味，可提取樟脑，可做良材，夏可纳凉，终年常绿，被37个地级城市定为市树，在全国所有市树中名列第一。

一开始，樟树多生于人迹罕至的地方，故用来比喻隐者避世。

高大粗壮，浓荫密布。《水经注》曰："豫章，城之南门曰松杨门。门内有樟树，高七丈五尺，大二十五围，枝叶扶疏，垂荫数亩。"[1]明人李诩《戒庵老人漫笔》载："江西都司府樟树极大，曾大比年巡按会考，各府州县科举诸生约三千人，皆荫蔽于下。有德兴举人亲与者说。"[2]"大

1　〔北魏〕郦道元著，陈桥驿校证：《水经注校证》，中华书局，2013年，第878页。
2　〔明〕李诩撰，魏连科点校：《戒庵老人漫笔》，中华书局，1982年，第47页。

比年"即举子赶考之年。听上去有些夸张，但足以说明，樟树可以生得多么高大茂盛。

营建宫室，栋梁之材。如此高大的樟树，正好可做栋梁之材。南朝梁任昉《述异记》："豫章之为木，生七年而后与众木有异……宝鼎元年，立豫章宫于昆明池中，作豫章水殿。"[1]《陈书·高祖本纪下》载，梁朝侯景叛乱被平定时，太极殿被焚。梁元帝萧绎想要重建，独缺一柱。至陈时，陈武帝陈霸先任命沈众为掌管宗庙、宫室营造的起部尚书，以大十八围、长四丈五尺之樟木建太极殿。

唐诗中亦提到樟木此用。白居易《寓意诗五首·其一》曰："豫樟生深山，七年而后知。挺高二百尺，本末皆十围。天子建明堂，此材独中规。"元稹《谕宝二首》曰："千寻豫樟干，九万大鹏歇。栋梁庇生民，艅艎济来哲。"

一直到明朝，北京皇宫的营造亦用到樟木。《植物名实图考》引《明兴杂记》载："神木厂有樟扁头者，围二丈，长卧四丈余，骑而过其下，高可以隐，虽不易觏，而合抱参天，万牛回首。"[2]神木厂是明初朱棣营建紫禁城时用来堆放木料的地方，这些木料多是从四川、两湖、两广等地采办而来的上好木料。"万牛回首"典出杜甫《古柏行》"大厦如倾要梁栋，万牛回首丘山重"，这里指樟木木料巨大，一万头牛都拉不动。

制作棺椁，贵族尊享。除了可以营建宫室外，樟木还可作棺椁，并

---

1 〔南朝〕任昉撰：《述异记》，中华书局，1985年，第19页。
2 〔清〕吴其濬著：《植物名实图考》，中华书局，2018年，第790-791页。

为王公贵族所尊享。《后汉书·礼仪志下》："诸侯王、公主、贵人皆樟棺，洞朱，云气画。公、特进樟棺黑漆。"[1]《宋书·礼志二》曰："宋孝武大明五年闰月，皇太子妃薨。樟木为椟，号曰樟宫。"[2]樟木还可用于造船，《淮南子·修务训》曰："梗楠豫章之生也，七年而后知，故可以为棺舟。"[3]《酉阳杂俎》载："樟木，江东人多取为船，船有与蛟龙斗者。"[4]

高大古老，富有神话色彩。高大而古老的樟树，也少不了被赋予神话色彩。西汉东方朔《神异经》曰："东方荒外有豫章焉。此树主九州，其高千丈，围百丈，本上三百丈。……有九力士操斧伐之，以占九州吉凶。斫之复生，其州有福。创者，州伯有病。积岁不复者，其州灭亡。"[5]这是以樟木被砍伐后复生与否来预测吉凶。东晋干宝《搜神记》曰："吴先主时，陆敬叔为建安太守，使人伐大樟树。下数斧，忽有血出。树断，有物人面狗身，从树中出。敬叔曰：'此名彭侯。'乃烹食之，其味如狗。"[6]《宋书·符瑞志上》曰："豫章有大樟树，大三十五围，枯死积久，永嘉中，忽更荣茂。景纯并言是元帝中兴之应。"[7]樟树死而后生，被认为是王朝中兴之兆。

总的说来，古籍中对于樟树的记载主要体现在其实用性方面。但这

1 〔宋〕范晔撰：《后汉书》，中华书局，2012年，第11册，第3152页。

2 〔梁〕沈约撰：《宋书》，中华书局，2013年，第2册，第397页。

3 〔西汉〕刘安等著：《淮南子》，岳麓书社，2015年，第211页。

4 〔唐〕段成式撰：《酉阳杂俎》，中华书局，1981年，第173页。

5 〔西汉〕东方朔著：《神异经》，上海古籍出版社，2012年，第91页。

6 〔晋〕干宝撰：《搜神记》，上海古籍出版社，1998年，第175页。

7 《宋书》，第3册，第783页。

些实用性均非樟树所独有，樟树并没有像松、柏一样，被古人赋予高尚的品格，也不像槐和棘（酸枣树）一样，象征三公九卿与功名利禄。与樟树有关的神话传说，也并未像月亮中的桂树一样广为人知。纪永贵认为，这或许与樟木一开始生于深山幽谷，远离北方的政治中心有关。

同样，樟树也不见于《诗经》《楚辞》。纪永贵这样解释："主要取材于黄河流域的《诗经》中没有出现樟树不必奇怪，因为樟树的生长从不过淮河……樟为深山乔木，而《楚辞》多取湖、沼、洲、渚之芳草，虽然樟树木香，但离人间太远，是不易引起泽国行吟的屈原等人的注意的。"[1]

3. 樟树多古木

樟树之所以能"挺高二百尺，本末皆十围"，在于它树龄长，故能"枝叶扶疏，垂荫数亩"。清代钱泳《履园丛话》载："初，无锡惠山寄畅园有樟树一株，其大数抱，枝叶皆香，千年物也。"[2]《植物名实图考》亦云："樟公之寿，几阅大椿。社而稷之，洵其宜也。"[3]这样的古树很适合用于祭祀拜神。江西婺源等地如今还有奉古樟树为神、修"樟神庙"、祭树攘灾的习俗。[4]

樟树为百姓所喜闻乐见，历史上一定也曾广为种植。一些古樟幸运

---

1 《樟树意象的文化象征》。

2 〔清〕钱泳撰，孟裴校点：《履园丛话》，上海古籍出版社，2012 年，第 11 页。

3 《植物名实图考》，第 791 页。"大椿"是《庄子·逍遥游》中有名的长寿之木："上古有大椿者，以八千岁为春，以八千岁为秋。"

4 刘易鑫等：《略论婺源古樟的树木文化》，《科学通报》，2013 年 S1 期，第 64 页。

地存活了下来，如今依然枝繁叶茂、生机勃勃。樟树中的"老前辈"在中国台湾省南投县信义乡，位于台湾岛中部山区，树龄达 3000 年，需 15 人手拉手方可合抱。[1]

除了中国，樟树也分布于日本。"日本的樟树也多，古树也不少，也多在寺院附近，鹿儿岛县有大樟一株，离地 1.5 米处的树干周长达 22.7 米，树高达 30 米，树龄超过千年。"[2] 鹿儿岛县位于日本九州岛最南端，亚热带气候，森林植被茂密，被誉为日本的世外桃源。樟树在日本也颇受欢迎，当地人种樟树以绿化并提取樟脑。它也是日本著名港口城市——名古屋的市树。

在电影《龙猫》中，小梅正是在一棵樟树下的洞穴里发现龙猫的。[3] 电影中龙猫住的那棵樟树，就是一棵极为粗壮的参天古木。树干上系着一根绳子，那是日本神社中常见的注连绳，一般悬挂于鸟居、本殿和神树之上，作为神圣区域与世俗区域的分界。[4] 注连绳上等距离挂着一些白

---

1 汪劲武编著：《植物世界拾奇》，湖南教育出版社，1997 年，第 217 页。

2 《植物世界拾奇》，第 218 页。

3 小梅带着姐姐和爸爸去寻找龙猫，找到那棵树之后，姐姐说："快看，好大一棵樟树！"本片在国内上映时，字幕译作"樟树"。

4 "日本所谓'注连绳'，又叫'七五三绳'、'标绳'。注连绳有七股拧成的，也有五股或三股拧成的，故名'七五三绳'。用注连绳围成一个正方形的场域，场域内外分彼、此，故名'标绳'。一般情况下，神社的鸟居（'开'字门）或本殿常常挂着注连绳。祭礼期间以及正月里在门前也悬挂注连绳，以区别内外，将神圣的区域与世俗的区域分别开来。注连绳里面，可以谓之'圣域'；注连绳外面，谓之'俗域'。"见麻国钧：《青绳兆域　注连为场——中日古代演出空间文化散论（一）》，《中华戏曲》第 46 辑，文化艺术出版社，2013 年，第 52 页。

色的"之"字形飘带，那是用纸裁成的纸垂，称为"御币"。[1] 树的旁边有一间小木屋，这是一个小型的神社。神社前正中放着一个木箱，上面从右往左隐约写着"奉纳"二字。这个木箱叫赛钱箱，赛钱箱的正上方是一根垂下来的绳子，绳子上系着铃铛。参拜神社时，先往赛钱箱里投钱，然后摇绳、打铃、击掌，召唤神灵然后祈福[2]。

这间神社应该就是为这棵古老的樟树而建。但在电影中，神社已然废弃。散落在周围的一些石头，是神社中常见的用来照明和驱邪的石灯笼。其中一块倒在地上，上面也刻着"奉纳"二字，可能是由信徒敬献给神灵的。可以想见，这间神社废弃前，附近的村民也曾在重要的节日前来参拜敬神、求福许愿。这与今天江西婺源奉古樟树为神、修"樟神庙"以祭树攘灾的风俗，有相似之处。

而在日本，樟树被视为圣树，常种植于寺庙中。所以，在电影中巨大的樟树下面，才会住着龙猫这样的精灵。

1　"日本的币称为'御币'，'币'前加一'御'字表示对神灵、神事的崇敬。御币用切纸，通常用白色，而在特殊情况下用五色纸。纸切的御币或用竿子挑起，或悬挂在注连绳上，作为围域必用的神物。有时在某些神社祭祀正式举行之前，由宫司等站在神社正殿前向观众挥动御币，以祓灾纳福。"见《中华戏曲》第46辑，第53页。

2　"老百姓的祭祀节日多数不属于国家神道。在这种节日里，老百姓拥至神社，每个人都漱口祛邪，拽绳、打铃、击掌，召唤神灵降临。接着，他们恭恭敬敬地行礼，礼毕再次拽绳、打铃、击掌，送回神灵。然后，离开神社殿前，开始这一天的主要活动。这就是在神社院子里小摊贩上购买珍品玩物，看相扑、袚术以及有小丑插科打诨逗笑的神乐舞。"见〔美〕鲁思·本尼迪克特著，吕万河、熊达云、王智新译：《菊与刀》，商务印书馆，2016年，第83页。

4. 樟树还是橡树?

不过,从其他方面来看,这棵树可能并不是樟树。比如,小梅在进入树洞前,电影对树洞入口处的落叶和种子作了特写。这枚种子当是壳斗科栎属植物的果实,即我们常说的"橡子"。樟树的果实呈球形,豌豆般大小,与此决然不同。当然,这枚种子有可能是其他小精灵带到这里的。

再看叶子,脉络分明、微微凸起,主脉两侧的叶脉较短。而樟树叶片中两侧的叶脉长,与此区别较大。它会不会是橡树的树叶呢?

橡树和樟树一样,拥有极长的树龄,可达千年之久。这种壳斗科乔木种类繁多,就像"樟树"一样,"橡树"也是通称。提到橡树,我们知道,它的果实橡子是松鼠们的最爱,橡木制成的酿酒桶,可为葡萄酒增加单宁。与樟树一样,橡树在西方有着同样久远丰富的文化意蕴。"在古希腊,橡树是最强神宙斯的树,人们通过聆听多多纳城里橡树叶的沙沙声响来接收他传达的神谕。在北欧神话中,橡树属于雷神托尔。"[1] 由于橡树质地坚硬结实、高大挺拔,一直以坚忍不拔的品格而备受敬仰。在德国,橡树代表国家力量,作为统一的象征;而在 18 世纪的英国,橡树被盛赞为"男子气概的完美形象"。在英国文化中,橡树"是万树之王,是整个文明的头脑、心灵和栖居之所"。[2]

---

[1] 〔英〕菲奥娜·斯塔福德著,王晨、王位停译:《那些活了很久很久的树:探寻平凡之树的非凡生命》,北京联合出版公司,2019 年,第 105 页。

[2] 《那些活了很久很久的树:探寻平凡之树的非凡生命》,第 106 页。

古橡树以及树下的男子，作于 1857 年
据 CC BY 4.0（https://creativecommons.org/licenses/by/4.0）协议许可使用，图片来源:
https://wellcomecollection.org/works/mq5scmqr

一棵橡树的树龄可达千年之久，质地坚硬结实、高大挺拔，在西方被尊为"万木之王"。

《龙猫》的灵感来源于宫泽贤治的童话作品《橡子与山猫》。橡子在电影中多次出现，是推动情节发展的重要线索。例如，一家人刚搬进那间旧房子时，小梅就在地板上捡到一颗橡子。之后，小梅在草地上拾橡子时遇见一只小精灵，正是跟着它，小梅才得以进入树洞、见到龙猫。那之后，龙猫和两只小精灵进入姐妹俩的梦乡，他们站在苗圃旁施以魔法，让刚刚种下的橡子在一瞬间长成参天大树，成为电影中最为激动人心的时刻之一。

从电影《龙猫》的日语配音来看，龙猫住的那棵树就是樟树。而樟树和橡树的日文拼写和发音都很相近，会不会是电影制作人员弄混了呢？不过，到底是什么树并不重要，重要的是这部电影所传达出来的人与自然之间的关系。

5.《龙猫》的自然观

小梅在树洞发现龙猫之后，带着爸爸和姐姐来到大树和神社前。接下来，他们之间有一段精彩的对话：

小梅：真的有啦，刚才真的有大龙猫！我没有骗你们。

爸爸：小梅……

小梅：人家没有骗你们。

爸爸：其实，爸爸和姐姐，也没有说你在骗人啊。小梅刚才一定是遇到森林的主人，这就表示小梅运气很好。不过，这种机会并不常有哦。来，我们去跟它打个招呼吧！

姐姐：打招呼？

爸爸：现在，向大树出发喽！

姐姐：爸爸，你看那棵樟树，好大的一棵树！

小梅：它（龙猫）在那里面！

姐姐：是这棵吗？爸爸，快过来！

小梅：那个洞不见了，可是我是在这里看到的啊？

姐姐：真的是这里吗？

小梅：是啊！

姐姐：小梅她说树洞不见了。

爸爸：所以啦，不是想看随时就能看得到的。

姐姐：还会看到吗？

爸爸：会啊。

姐姐：我也想看！

爸爸：急不得，那得碰运气喽。这棵树还真大啊，一定是几百年前就已经长在这里了。孩子们，很久很久以前，树木跟我们人类的感情非常好。爸爸就是因为看到这一棵树，才会这么喜欢现在这个家的，而且我知道，妈妈一定也会喜欢这里。来，我们谢谢它，然后回家，也该吃饭啰！……立正，站好！多谢您照顾我们家小梅，从今以后请您多多关照。

上述对话中，爸爸说很久以前树木与人类的感情非常好，反映了人们过度砍伐、破坏森林的社会现实。宫崎骏电影《幽灵公主》里也有类似的表达。同样，这间废弃已久的神社也传递出这样一个信息：现在人们已不再敬奉古树为神灵。而当爸爸提议去跟这个树打招呼时，姐姐发出疑问："打招呼？"她一定是感到惊讶：树又不是人，怎么能打招呼呢？

随后，爸爸带着孩子们来到这棵树前，瞻仰它，赞美它，然后向它鞠躬以示感谢。爸爸以这种方式教育孩子们，要敬畏大自然，要爱护树木，树木也有灵魂，它们与我们人类的感情曾经非常好。通过爸爸与孩子们的对话，电影把人与自然和谐相处、"万物有灵"的观念，潜移默化地传递给了每一位观众。

仔细体会上面的对话，爸爸在回答孩子们的提问时，是那样耐心又富有智慧。人类文化中对于大自然的敬畏，就是通过这样的方式代代相传的吧。

一年四月中旬，去北京汉石桥湿地公园观鸟。在河边的一块荒地上，第一次见到开黄花的地黄，整个花冠都是橙黄色。《本草图谱》中绘有两种地黄，一种花冠为常见的紫红色加黄色，另一种便是这种花冠全黄的品种。一位观鸟的朋友告诉我，花色全黄的品种比较少见。

提起地黄，很多人都会想到"六味地黄丸"。小时候看电视，从广告里知道了很多中药名，诸如川贝枇杷膏、六味地黄丸，印象很深。那时不知地黄为何物，以为是多么罕见的药材。几年前我才正式认识了它，就在颐和园后山的荒地上，当时感叹，原来这就是传说中的地黄啊！

1. 晴雯的药方

地黄〔*Rehmannia glutinosa*（Gaetn.）Libosch. ex Fisch. et Mey.〕是玄参科地黄属多年生草本植物，地黄属现知 6 种，均产于我国。其外形的特点是花、叶和茎上都是柔毛，筒形花冠引人注目，里面的花蜜可供食用。《植物名实图考》载："余尝寓直澄怀园，阶前池上皆地黄苗，小儿摘花食之，诧曰蜜罐。"[1]一次去安阳旅行，在殷墟博物馆外的草地上看到许多地黄。我特地摘下一朵尝了尝，的确很甜。

对于地黄的外形，《本草纲目·草部》有详细的描述：

> 其苗初生塌地，叶如山白菜而毛涩，叶面深青色，又似小芥叶

---

1 〔清〕吴其濬著：《植物名实图考》，中华书局，2018 年，第 257 页。

〔日〕岩崎灌园《本草图谱》，两种花色的地黄

相比于红花地黄，黄花品种较为罕见，作为药用的是其根部，鲜时呈黄色，古时用以染黄，"地黄"由此得名。`

而颇厚，不叉丫。叶中撺茎，上有细毛。茎梢开小筒子花，红黄色。结实如小麦粒。根长四五寸，细如手指，皮赤黄色，如羊蹄根及胡萝卜根，曝干乃黑，生食作土气。[1]

在《尔雅》中，地黄名为"苄"。此外它还有很多别的名称，如"牛

---

1 〔明〕李时珍著，钱超尘等校：《本草纲目》，上海科学技术出版社，2008年，上册，第668页。

奶子""婆婆奶""狗奶子"。为何会有这样的名字？如果你见过地黄的花苞，你就会同意《中华本草》的解释："其欲开之花蕾末端略膨大若乳头，形似而喻之为牛奶子、狗奶子。"[1]

地黄的药用部分是其块根，鲜时呈黄色，古时用以染黄，"地黄"之名由此而来，其别名"地髓"也以地下根茎得名。按加工方法，地黄可分为鲜地黄、生地黄、熟地黄3种。鲜地黄即刚出土者，乘鲜储藏于沙土中；鲜地黄晒干或者烘干，颜色由黄而黑，就得到生地黄；生地黄蒸过之后再次晒干，就是熟地黄。《神农本草经》上品载"干地黄"，可能包括生地黄和熟地黄。以上3种药效略有不同，鲜地黄清热凉血，生地黄凉血止血，熟地黄则滋阴补血。[2]

六味地黄丸用的是熟地黄。所谓"六味"，指的是熟地黄、山茱萸、牡丹皮、山药、茯苓、泽泻。地黄为"君药"，起主要作用，故其名单列。

《红楼梦》第53回"宁国府除夕祭宗祠　荣国府元宵开夜宴"，晴雯带病连夜缝补孔雀裘，以致"力尽神危"。王太医把脉，诊断为："劳了神思。外感却倒轻了，这汗后失调养，非同小可。"于是换了一服药，其中便有"茯苓、地黄、当归等益神养血之剂"。此处的地黄当是熟地黄。

地黄功效如此，苏轼晚年曾亲自种植，熬制汤药以自我调养。其《地黄》诗云：

1　国家中医药管理局编委会：《中华本草》，上海科学技术出版社，1999年，第7册，第376页。

2　《全国中草药汇编》（第二版），人民卫生出版社，1996年，上册，第349页。

地黄饲老马，可使光鉴人。

吾闻乐天语，喻马施之身。

我衰正伏枥，垂耳气不振。

移栽附沃壤，蕃茂争新春。

北朝农学家贾思勰《齐民要术》中记载有种地黄之法，说明唐以前，黄河流域已开始人工种植这种草药。《植物名实图考》曰："地黄旧时生咸阳、历城、金陵、同州。其为怀庆之产，自明始，今则以一邑供天下矣。"[1] 后来，"怀庆地黄"成为地黄的别名。怀庆为今河南焦作等地，旧有"四大怀药"之说，地黄是其中之一，其他 3 种为山药、牛膝和菊花。

地黄为怀庆人带来可观的收益，"怀之人以地黄故，遂多业宋清[2] 之业，而善贾轶于洛阳……千亩地黄，其人与千户侯等；怀之谷，亦以此减于他郡。"但其种植也不易："植地黄者，必以上上田，其用力勤，而虑水旱尤甚。"[3]

2. 采地黄的人

地黄的根块可入药，亦可煮粥。南宋林洪《山家清供》云："宜用清汁，入盐则不可食。或净洗细截，夹米煮粥，良有益也。"[4] 地黄苗也可

---

1 《植物名实图考》，第 257 页。

2 宋清：唐代长安卖药人，轻财重义，时人称许，曰"人有义声，卖药宋清"。见〔唐〕李肇撰：《唐国史补》，上海古籍出版社，1979 年，卷中，第 46 页。

3 《植物名实图考》，第 257 页。

4 〔宋〕林洪撰，章原编著：《山家清供》，中华书局，2013 年，第 32 页。

食用，古人采以为蔬，也可做羹。唐代王旻《山居录》曰："地黄嫩苗，摘其旁叶作菜，甚益人。"[1]明代朱橚《救荒本草·地黄苗》曰："采叶煮羹食。"[2]

地黄煮粥、做羹的历史，可能比它药用的历史还要早。东汉许慎《说文解字》引《礼记》："铏毛：牛、藿，羊、苄，豕、薇。"在郑玄所注《礼记》中，"羊苄"写作"羊苦"，王念孙据此认为"苦"与"苄"通，此处均指地黄。[3]这是国君招待大夫时的饮食之礼，羹要放在"铏"这种小鼎中。用不同肉类做的羹，搭配的蔬菜也不同：牛肉羹放藿（豆叶），羊肉羹放苄（地黄），猪肉羹放薇（野豌豆苗）。既然藿和薇均为蔬菜，这里的"苄"当是地黄的嫩苗。羊肉羹为何要放地黄苗？可能是地黄性寒，而羊肉性温。

地黄可入药，能做菜，还能喂马。唐代白居易《采地黄者》云"与君啖肥马，可使照地光"，是说马儿吃了地黄，毛色油亮，光彩照地。这首诗写的是一位农民采地黄以换粮度荒：

> 麦死春不雨，禾损秋早霜。
>
> 岁晏无口食，田中采地黄。
>
> 采之将何用？持以易餱粮。

---

1 转引自《本草纲目》，上册，第 668 页。

2 〔明〕朱橚著，王锦秀、汤彦承译注：《救荒本草译注》，上海古籍出版社，2015 年，第 230 页。

3 〔清〕王念孙著，钟宇讯点校：《广雅疏证》，中华书局，1983 年，第 317 页。

凌晨荷锄去，薄暮不盈筐。

携来朱门家，卖与白面郎。

与君啖肥马，可使照地光。

愿易马残粟，救此苦饥肠！

　　春季大旱，秋日早霜，小麦和稻子都颗粒无收。到了岁末，家中没有粮食，只好去野外采地黄。"凌晨荷锄去，薄暮不盈筐"，说明采地黄的艰辛，也说明采地黄的人太多。在古代，自然灾害容易引发群体饥荒。卖地黄以喂马，换回马吃剩的粮食来活命。

　　一个寒冷的冬天，采地黄的人冒着风霜去荒野，夜幕时背着箩筐来到大户人家，轻叩朱门，低声问：能否用这半筐地黄，换取君家马儿吃剩的小米？可怜我家中老小，都还饿着肚子，等着我回去……

　　在白居易笔下，卖炭的老翁和采地黄的人有着相似的命运：

卖炭得钱何所营？身上衣裳口中食。

可怜身上衣正单，心忧炭贱愿天寒。

五一假期回家，推开房门，就闻到金银花的香味。知道我要回家，母亲提前一天采回来，插在灌满水的玻璃瓶里，摆在我的书桌上。她知道我一定会喜欢，这也是我以前常做的事。我问她，从哪里采的金银花？她说就在学校操场边的回廊那儿。

1. 金银花里的旧时光

在老家，野生的金银花很多，离家不远的菜园子里、池塘边的田埂上、山脚下的灌木丛里，都能找到它的身影。上大学之前，每当四五月金银花开，我都会拿起镰刀出门寻觅一番，所以村子周围哪里有金银花，我都熟知。有时候带上我最小的堂弟，他会问，为什么不是姐姐去摘花，而是哥哥？

金银花连同藤蔓一起"割"回来，先拿剪刀将小枝剪下，将长枝剪短，去除无花的枝叶，找来空瓶装满水。接下来就是最有趣的环节——插花，要好一阵摆弄，直到满意为止。当然，那时我尚不知插花是一门艺术，要讲究高低错落、疏密有致，还要发挥花材本身的特点。比如金银花是藤本，顶部的嫩枝弯曲盘旋，可以好好利用，达到一种舒展飘逸的效果。在每个房间都摆上金银花，那醉人的香味很快就充满整个屋子，令人心旷神怡，像是把大自然搬回了家。这个过程充满乐趣，是我顶喜欢做的一件事。

后来上初中，在镇上一户人家的院子里见到金银花，从栅栏上爬出来，叶片和花瓣都比野地里的肥厚。当时很惊讶，原来金银花是可以自己种的，可是怎么种呢？从野外连根挖回来吗？当时正好有一门"劳动技术课"，有一节内容专门介绍花木栽培与嫁接，其中讲到金银花可以扦插繁殖。具体操作是将手指粗细的枝条剪成筷子长短，靠近根部的一端朝下插在花盆里，不久之后它就能生根发芽。回到家，我照着做过一次，两周后，插下去的枝条竟全部长出了嫩叶！没想到金银花的繁殖像插柳条一样简单又神奇！

印象中，金银花的花期不是特别长，在武汉，一般进入六月就很少。高考那年前夕，我突然记起金银花，屋后是几处菜园，吃过晚饭就想着出去找找看。没想到在一片荒地上找到了，就长在石缝中，可能营养不良所以枝条精细如铁丝，花还开着，虽然不多且瘦，但一样很香。于是采了几枝回去泡在水里，似乎只有这样，这个春天才算是没有遗憾，也算是慰藉高考之前难熬的时光。回头看，高考到现在已经十多年，但关于高考的很多细节都还记忆犹新，石缝中采金银花是其中之一。

后来到北京上大学，教师公寓楼的一层被开辟成小花园，我时常在那里散步，然后很惊喜地发现了金银花，几乎是一眼就认出来。在北方还能见到它，觉得很惊喜，花期也比南方要迟，到毕业季的时候还很繁盛。于是，自然少不了在月黑风高的夜晚，飞速前去采几枝带回宿舍，或是送人，收到花的人很是欣喜。

金银花通常与野蔷薇、覆盆子、荆条等长在一起，如果旁边有构树、桑树这些小乔木，它就会爬上树梢，开花的时候热闹非凡，不走近看，还以为是一棵金银花树。一次回家，在一家农庄里进行家庭聚会。傍晚和舅舅、弟弟妹妹们在塘埂边采桑葚，看到不少"金银花树"。金银花与香樟、楝树、野蔷薇的花期相同，野蔷薇的味道稍淡一些，其他3种花香浓郁，混在一起，沁人心脾。

2. 忍冬纹与佛教装饰艺术

金银花是忍冬科忍冬属多年生藤本植物，其中文正式名就是忍冬（*Lonicera japonica* Thunb.），取"凌冬不凋"之意。[1]"不凋"指的是叶，而不是花。而关于"金银花"一名的由来，《本草纲目·草部》解释得很明白：

> 三四月开花，长寸许，一蒂两花二瓣，一大一小，如半边状，长蕊。花初开者，蕊瓣俱色白；经二三日，则色变黄。新旧相参，黄白相映，故呼金银花，气甚芬芳。[2]

金银花一开始是白色，后来转变为黄色。此外，《本草纲目·草部》还载有许多别名，如金银藤、鸳鸯藤、鹭鸶藤、老翁须、左缠藤、金钗股等，"其花长瓣垂须，黄白相半，而藤左缠，故有金银、鸳鸯以下诸名。金钗股，贵其功也"[3]。

上述名称中的"左缠"，是藤本植物的缠绕方向。面朝金银花枝干，从左手边的方向，往绕到被缠植物的后面，盘旋而上，就是"左缠"；

1 陶弘景曰："处处有之。藤生，凌冬不凋，故名忍冬。"转引自〔明〕李时珍著，钱超尘等校：《本草纲目》，上海科学技术出版社，2008年，上册，第856页。

2 《本草纲目》，上册，第856页。

3 《本草纲目》，上册，第856页。

相反就是"右缠"，比如紫藤。《中国植物志》关于藤本植物缠绕方向的专业术语是"茎左旋"和"茎右旋"，与《本草纲目·草部》正好相反。金银花的"左缠"，对应的是植物学上的"茎右旋"。

金银花在我国多地均有分布，其药用部分以花蕾为佳，作为中药历史悠久。此外，金银花的纹样——忍冬纹，很早就用于佛教的装饰艺术，在敦煌北朝时期的壁画和花纹砖上都能见到，通常与莲花一同出现，且各自都有寓意。《图说敦煌二五四窟》一书对此有详细的介绍：

> 忍冬与莲花是莫高窟北朝艺术的重要图案元素。在整窟四壁基层的装饰带上，绘有丰富的忍冬纹样，但并没有出现莲花图案；而当视线上升到窟顶，随着空间意向的转变，窟顶藻井中的图案变成了莲花为主，忍冬纹样配合其间，这种图案系统的变化似乎也呼应着整窟的空间象征性，从保持顽强的生命力、经冬不凋，逐步到达生命体验圆满自在的至高境界。[1]

忍冬纹出现在佛教装饰艺术中，正是取其名之"凌冬不凋"的含义。有学者提出质疑，因为在与佛学有关的文献比如佛学词典中，并没有关于忍冬的任何记载；此外，在古希腊的建筑和陶器上已出现忍冬纹样式，忍冬纹应源自古希腊，由掌状叶纹演化而来，随着罗马帝国的扩张传入印度，再通过印度佛教传入中国。[2] 不过仅从纹样本身看，忍冬纹与

---

1 陈海涛、陈琦著：《图说敦煌二五四窟》，生活·读书·新知三联书店，2017年，第193页。
2 倪建林：《从忍冬到卷草纹》，《装饰》，2004年第12期，第61页。

〔日〕岩崎灌园《本草图谱》，忍冬

忍冬俗名金银花，初开白色，二三日后变黄，新旧相参，黄白相映，故此得名。仿照忍冬花设计的忍冬纹，在佛教装饰艺术中常见。

〔日〕岩崎灌园《本草图谱》，金银木

金银木即金银忍冬，与金银花同为忍冬科忍冬属，二者花形相似，花色也是先白后黄。
忍冬为藤本，而金银木为灌木，秋结红果，至冬不凋，乃园林一景。

忍冬花瓣的确有几分相似。

忍冬属还有金银忍冬［*Lonicera maackii*（Rupr.）Maxim.］，又名金银木，为落叶灌木。它的花与金银花形态特征一样，稍小，且不如金银花香味浓。中国人民大学百家廊西边有几棵，我也是上大学之后才见到这种植物，当时就好奇，这种灌木开的花，怎么跟金银花一样呢？一年春天在北京大学参加绿色生命协会物候观测活动时，才真正认识它们。金银忍冬是北方公园里常见的观赏植物，春天开花，秋天结果，果实赤色如红豆，树叶落光后剩下满树的红果，又是一番风景。金银花也结果，熟时呈蓝黑色，有光泽，大小与金银忍冬果实相当。

假期的最后一天，傍晚时，记起妈妈说过的学校回廊，就决定去看一看。正好路过学校食堂，那天学校已开始上课，她正在食堂忙。见我去，她放下手里的活，以为我赶火车着急要走。我说不急，8点的车呢，我去看看金银花。走不多远就来至回廊前，果然，半边石栏杆都是，开得密密麻麻。顺手拍了一些照片，听见妈妈喊，说食堂忙完了，回去给我做点吃的，得早点走。

排骨汤煮面，吃完一碗，爸爸去开车，妈妈只说了一句路上注意安全，就转身收衣服去了，像往常一样。我也装作若无其事地往外走，不忍回头看她独自一人站在门口……在路上又闻到金银花的香味，想起妈妈这些天对我说的话，她朴素的心愿，还有她特地提前采好放在房间的金银花。突然很后悔刚才在回廊只顾拍照，都忘了采一些回去，她房里的那瓶已谢了大半，应该给换上新的。

我很小的时候就见过合欢，就在外婆家的老房子门前，那时它已长得高大粗壮。妈妈说，那是她爷爷——我太家公种下的。早晨在清脆的鸟叫声中醒来，睁开眼就看到窗外的合欢花，跟别的花很是不同。粉红色的绒线团生在绿叶间，像是落了一层烟霞，仔细看，又像《西游记》里仙女们用的扇子，印象很深。

那时我还不知道它的名字，等到我上小学想起来问的时候，它已变成三舅婚房里的一批家具，整棵树只剩下一个圆形的树桩，可以清晰地看到年轮。自那以后，很少再见到合欢。

1. 合欢与含羞草

合欢（*Albizia julibrissin* Durazz.）是豆科合欢属落叶乔木，合欢叶与含羞草很相像，都是二回羽状复叶，叶片小且排列得密集整齐。实际上，合欢就是含羞草亚科。

关于合欢的外形特征，古人已经描述得详尽且富有诗意。唐代苏敬等人《唐本草》曰：“此树叶似皂荚及槐，极细。五月花发，红白色，上有丝茸。秋实作荚，子极薄细。”北宋苏颂《本草图经》曰：“木似梧桐，枝甚柔弱。叶似皂角，极细而繁密，互相交结。每一风来，辄自相解了，不相牵缀。”[1] 至于它的花，北宋寇宗奭《本草衍义》曰：“其

---

1 转引自〔明〕李时珍著，钱超尘等校：《本草纲目》，上海科学技术出版社，2008 年，下册，第 1275 页。

色如今之醮晕线，上半白，下半肉红，散垂如丝，为花之异。"[1]其特别之处就在于那些细长的丝茸，不是花瓣，而是花丝，是雄蕊的组成部分，上面托举着花药，长成这样是为了便于传粉。合欢是以又名绒花树。

含羞草的花也有花丝，较合欢短，头状花序圆球形，一样的粉红色。如果只是看花，很难相信合欢和含羞草属于豆科。毕竟，蝶形花冠才是豆科植物的"招牌"，不过它们的果实都是荚果。含羞草的小枝和叶被轻轻触碰后会闭合然后下垂，合欢的小叶也有类似的特点，只不过是晚上闭合、白天展开，所以合欢又名夜合、合昏[2]。

2. 合欢的文化内涵

"合欢"一名始见于《神农本草经》，位列中品："味甘平。主安五脏，和心志，令人欢乐无忧。久服轻身，明目，得所欲。"[3]可见合欢一名与其药效也有关系，其花与树皮皆可入药，皆可安神解郁。

古人对此深信不疑，如三国时期嵇康《养生论》曰："合欢蠲忿，萱草忘忧。"西晋崔豹《古今注·草木第六》曰："树之阶庭，使人不忿。"[4]清代李渔《闲情偶寄·种植部》对合欢更是推崇备至：

---

1 〔宋〕寇宗奭著，张丽君、丁侃校注：《本草衍义》，中国医药科技出版社，2012年，第 57 页。
2 〔唐〕陈藏器："其叶至暮即合，故云合昏。"夏纬瑛指出："合欢一名可能由'合昏'转化而成。"见夏纬瑛著：《植物名释札记》，农业出版社，1990年，第 38 页。
3 〔日〕森立之辑，罗琼等点校：《神农本草经》，北京科学技术出版社，2016年，第 48 页。
4 〔西晋〕崔豹撰：《古今注》，上海古籍出版社，2012年，第 130 页。

> 合欢蠲忿，萱草忘忧，皆益人情性之物，无地不宜种之。……
> 凡见此花者，无不解愠成欢，破涕为笑。是萱草可以不树，而合欢
> 则不可不栽。[1]

此外，合欢名曰"夜合"，又有"洞房花烛夜"这层意思。"合欢被"是新娘出嫁时的嫁妆，"合欢酒"是新人用"合欢杯"所饮的交杯酒，因此合欢是夫妻情深的象征。杜甫《佳人》"合昏尚知时，鸳鸯不独宿。但见新人笑，那闻旧人哭"即取此意。《闲情偶寄·种植部》写合欢的栽植之法时说，合欢宜种在"深闺曲房"，"人开而树亦开，树合而人亦合"。

因此，合欢自古喜为人们种植。《唐本草》曰："所在山谷有之，今东西京第宅山池间亦有种者。"《本草图经》曰："今汴洛间皆有之，人家多植于庭除间。"[2]一年中秋去山西，在晋中王家大院就见到几株合欢，亭亭如盖。

清代纳兰性德家中种有两株合欢。康熙二十四年（1685）五月二十三日，纳兰性德与朱彝尊等友人在庭院宴会。那时阶前的两株合欢正开，暮色四合，暗香浮动，众人分题歌咏。纳兰性德这首五律《夜合花》写道：

> 阶前双夜合，枝叶敷华荣。
>
> 疏密共晴雨，卷舒因晦明。

---

1 〔清〕李渔著，江巨荣、卢寿荣校注：《闲情偶寄》，上海古籍出版社，2000 年，第303—304 页。
2 转引自《本草纲目》，下册，第1275 页。

〔日〕岩崎灌园《本草图谱》，合欢

从其荚果可判断合欢是豆科植物。它的花垂散如丝，甚为特别，又名绒花树。古人认为合欢可以解忧，在诗文中多象征夫妻情深、家庭和睦。

影随筠箔乱，香杂水沉生。

对此能销忿，旋移近小楹。

彼时纳兰已染病多日，7 天后便与世长辞，去世时年仅 30 岁，这首诗遂成为他的绝笔。[1] 诗的最后一句，词人欲借合欢以销忿，恐怕也与疾病有关吧。而在 8 年前，妻子卢氏难产去世后，纳兰曾作词《生查子》以悼念，其中也提到庭院阶前的合欢：

惆怅彩云飞，碧落知何许。不见合欢花，空倚相思树。

总是别时情，那待分明语。判得最长宵，数尽厌厌雨。

"不见合欢花，空倚相思树"又作"当日合欢花，今日相思树"[2]，将"合欢花"与"相思树"对仗，以寄托对卢氏的思念。妻子亡故后，纳兰写了许多真切感人的悼亡之作。谁知他也英年早逝，留给后人无尽的慨叹。

3.《聊斋志异》里的合欢与爱情

说到合欢，不得不提清代蒲松龄《聊斋志异》中的名篇《王桂庵》。这是一个情节曲折、引人入胜的爱情故事，合欢在其中有着重要的象征意义。

---

1 关于纳兰性德此段生平，参见黄天骥著：《纳兰性德和他的词》，广东人民出版社，1983 年，第 29—30 页。

2 张草纫《纳兰词笺注》："此词有'惆怅彩云飞，碧落知何许'之语，当作于康熙十六年妻子卢氏去世后。"《瑶华集》作："当日合欢花，今日相思树。"以上转引自闵泽平编著：《纳兰词全集》（汇校汇注汇评），崇文书局，2015 年，第 57—58 页。

世家子弟王桂庵，南游时在江上邂逅风姿韶绝的船家女孟芸娘。他一见倾心，先是吟诗以引其注意，又投之以金锭、金钏。芸娘均不为所动，解缆径去。王桂庵望着远去的帆影，"心情丧惘，痴坐凝思"，返舟急追，已不知其踪，后"又沿江细访，并无音耗。抵家，寝食皆萦念之"。第二年，他又来到南方寻找芸娘。这次他特地买了一艘船住在江边，"日日细数行舟，往来者帆樯皆熟"，只是不见芸娘。半年之后，资罄而归，此后"行思坐想，不能少置"。至此，王桂庵痴情种的形象跃然纸上。

日有所思，夜有所梦。一天，王桂庵在梦里见到芸娘。梦境伊始，是对芸娘住处的环境描写，十分优美。合欢在这里首次出现：

> 一夜梦至江村，过数门，见一家柴扉南向，门内疏竹为篱，意是亭园，径入。有夜合一株，红丝满树。隐念：诗中"门前一树马缨花"，此其是矣。过数武，苇笆光洁。又入之，见北舍三楹，双扉阖焉。南有小舍，红蕉蔽窗。……有奔出瞰客者，粉黛微呈，则舟中人也。喜出望外，曰："亦有相逢之期乎！"

诗中的"马缨花"就是合欢，以其花散垂如丝，恰似马头上的红缨而得名。很快，芸娘的父亲回来，王桂庵惊醒。但这个梦是那样的真实，"景物历历，如在目前"。王桂庵也很珍惜这次梦中的相逢，"恐与人言，破此佳梦"。谁知最后竟变成现实，于是，合欢再一次出现：

> 又年余再适镇江。郡南有徐太仆，与有世谊，招饮。信马而去，误入小村，道途景象，仿佛平生所历。一门内，马缨一树，梦境宛

然。骇极，投鞭而入。种种物色，与梦无别。再入，则房舍一如其数。梦既验，不复疑虑，直趋南舍，舟中人果在其中。

上面两段引文都很精彩。在《聊斋志异》众多的爱情故事中，《王桂庵》别具一格。故事中没有狐鬼花妖，都是普通的凡人，但梦境与现实的完全重叠，也颇为传奇。也许就像明代戏曲家汤显祖《牡丹亭》里说的"生者可以死，死者可以生"，究其缘故，其实都在于一往而情深。

细读文本，虽然"种种物色，与梦无别"，但蒲松龄只写了"马缨一树"，其他梦中之景略而不提。春暮夏初那一树盛开的合欢，不仅是故事里美妙的风景，也成为梦境与现实的连接，有着重要的隐喻功能。多年后的重逢，男方备述相思之苦，女方也表明心迹，原来彼此都有意，她还留着那支金钏，为了等待他的出现，推掉了多门亲事。终于等到了，自然结为夫妻。

但这个故事还没讲完。此外，王桂庵在梦中默念的那句"门前一树马缨花"其实也大有用意，它原来的版本不是"马缨花"，而是"紫荆花"。为什么会从紫荆变成合欢呢？

上篇文章我们说到《聊斋志异》中的爱情故事《王桂庵》，男主人公王桂庵在江上邂逅女主人公孟芸娘后，求偶不得，寻觅无果，又念念不忘，终于在梦中见到心上人。在这个美丽的梦境开头，有"合欢一株，红丝满树"，男主人公默念：这就是诗中所说的"门前一树马缨花"吧。这句诗源于一首竹枝词，是一首民间情歌，它的另一个版本是"门前一树紫荆花"。为什么会有两个版本呢？我们首先认识一下紫荆。

1. 紫荆与洋紫荆

紫荆（*Cercis chinensis* Bunge）是豆科紫荆属丛生或单生灌木，早春开花时，紫红或粉红的蝶形花冠簇生于老枝和主干，将枝干团团包裹，密密麻麻，而那时绿叶尚未萌发，是以满树皆红，又名满条红。[1] 花落之后，枝干上就挂满了荚果，冬天也不脱落，特征很明显。

从紫荆拉丁名中的加种词 chinensis，可知它原产中国，与之相对的是洋紫荆（*Bauhinia variegata* L.）。洋紫荆一般可代指豆科羊蹄甲属的几种园林植物，在我国南方热带、亚热带省份广泛栽培，花或紫红，或白粉，几乎全年开花。中国香港特别行政区区旗上的图案即香港市花，就是一种洋紫荆，其中文正式名为红花羊蹄甲（*Bauhinia blakeana* Dunn），是园林杂交种，原产中国香港地区，很少结果。[2] 从花冠来看，紫荆和洋紫

1 〔清〕陈淏子辑，伊钦恒校注：《花镜》，农业出版社，1962 年，第 117 页。

2 刘仁林主编：《园林植物学》，中国科学技术出版社，2003 年，第 205 页。

荆区别很大，无法想象洋紫荆也是豆科植物。

唐代陈藏器《本草拾遗》中另有一种植物名为"紫荆花"，又名紫珠，可解蛇虫叮咬之毒。据考证，其原植物为马鞭草科紫珠属植物[1]，与豆科紫荆并非一物。但《本草纲目·木部》合二为一，《植物名实图考》已指出其误。[2]

紫荆是常见的栽培植物，也是清华大学的校花，南北皆有。《本草图经》曰："紫荆处处有之，人多种于庭院间。"[3]庭院间多种紫荆，与其文化内涵有关。

2. 紫荆的文化寓意

与合欢喻夫妻恩爱不同，紫荆是兄弟友爱的象征。《太平御览》卷959引南朝周景式《孝子传》："古有兄弟，忽欲分异。出门见三荆同株，接叶连阴。叹曰：'木犹欣然聚，况我而殊哉？'遂还，为雍和。"[4]

南朝吴均神话志怪小说集《续齐谐记》中也有类似的故事，说京兆田真兄弟三人分家产，堂前一株紫荆不好处理，兄弟三人商议将其截为

1 国家中医药管理局编委会：《中华本草》，上海科学技术出版社，1999 年，第 6 册，第 549 页。紫珠的原植物可能是杜虹花、白棠子树、华紫珠、老鸦糊。

2 "紫荆，《开宝本草》始著录。处处有之。又《本草拾遗》有紫荆子，圆紫如珠，别是一种。湖南亦呼为紫荆。《梦溪笔谈》未能博考，李时珍并为一条，亦踵误。"见〔清〕吴其濬著：《植物名实图考》，中华书局，2018 年，第 819-820 页。

3 转引自〔明〕李时珍著，钱超尘等校：《本草纲目》，上海科学技术出版社，2008 年，下册，第 1348 页。

4 〔宋〕李昉等撰：《太平御览》，中华书局，1960 年，第 4256 页。

三段。次日砍树时，"树即枯死，状如火然"。田真见此，对弟弟们说："树本同株，闻将分斫，所以憔悴。是人不如木也。"兄弟三人遂"悲不自胜，不复解树。树应声荣茂。兄弟相感，合财宝，遂为孝门"。[1]

后世诗文遂以"三荆""紫荆"寄托手足之情，如唐代杨炯《从弟去盈墓志铭》："三荆摇落，五都悲凉，痛门户之无主，悼人琴之两忘。"杜甫《得舍弟消息》："风吹紫荆树，色与春庭暮。花落辞故枝，风回返无处。骨肉恩书重，漂泊难相遇。犹有泪成河，经天复东注。"《红楼梦》第94回"宴海棠贾母赏花妖　失宝玉通灵知奇祸"，林黛玉以田家紫荆枯而复荣，推断海棠萎了一年之后反季节开放，必是喜事。

> 邢夫人道："我听见这花已经萎了一年，怎么这回不应时候儿开了？必有个原故。"……独有黛玉听说是喜事，心里触动，便高兴说道："当初田家有荆树一棵，三个兄弟因分了家，那荆树便枯了。后来感动了他兄弟们仍旧归在一处，那荆树也就荣了。可知草木也随人的。如今二哥哥认真念书，舅舅喜欢，那棵树也就发了。"贾母王夫人听了喜欢，便说："林姑娘比方得有理，很有意思。"

由此可知紫荆指代兄弟团结、手足情深，世家大族庭院中多植此树，即取此意。《闲情偶寄·种植部》介绍合欢的栽植之法时说，不同的植物当据其寓意，种在不同的地方：

1　〔南朝〕吴均撰：《续齐谐记》，上海古籍出版社，2012年，第227页。

〔日〕岩崎灌园《本草图谱》，紫荆

紫荆也是豆科，三四月开花，花朵簇生于老枝和主干，这是它的特别之处。与合欢喻夫妻情深不同，紫荆象征兄弟团结，古代庭院多种。

植之闺房者，合欢之花宜置合欢之地，如椿萱宜在承欢之所，荆棣宜在友于之场，欲其称也。[1]

合欢喻夫妇，宜种于闺房（女子住所）；椿树和萱草喻父母，宜种于父母居处（"承欢"指侍奉父母）；"荆"是紫荆，"棣"是《诗经·小雅·常棣》中的常棣，皆喻手足，宜种于兄弟居处（"友于"典出《尚书·君陈》，指代兄弟）。

一年四月中旬去安阳，就在号称"中原第一官宅"的马氏庄园中见到紫荆，花开荼蘼，簇于根部主干。当时并未留意，恐怕也是种在马氏家族子嗣们居住的院子里。

既然紫荆喻兄弟，合欢喻夫妻，在《聊斋志异·王桂庵》所引诗句中，合欢自然比紫荆要合适。但这并非蒲松龄所改，在他之前，就有人觉得合欢更符合诗意。这首诗及其背后的故事，同样也很美。蒲松龄在此引用这句诗，其实大有用意。

3. 从紫荆花到马缨花

"前门一树马缨花"出自何处？《聊斋志异》刊行后多家为之评注，冯镇峦认为此乃元代诗人虞集的作品。之后，吕湛恩注《聊斋志异》谓此句出自《水仙神》诗，全文如下：

> 钱塘江上是奴家，郎若闲时来吃茶。

1　〔清〕李渔著，江巨荣、卢寿荣校注：《闲情偶寄》，上海古籍出版社，2000年，第304页。

黄土筑墙茅盖屋，门前一树马缨花。[1]

虞集，字伯生，号道园，与杨载、范梈、揭傒斯合称"元诗四大家"且为四家之首，在元代文坛颇负盛名，"杏花春雨江南"即出其词《风入松·寄柯敬仲》。但据赵伯陶先生查阅，虞集作品《道园学古录》及有关总集中并没有这句诗。据他考证，"门前一树马缨花"这句引诗的原著作权，当归属元代诗人张雨。[2]

张雨，字伯雨，钱塘人，20岁出家为道士，诗文书法皆有名气，与虞集、揭傒斯等文士交友，且集中多有唱和之作。其《湖州竹枝词》与吕湛恩注中所引《水仙神》诗极为相似，只是末句植物为紫荆花，而非马缨花：

临湖门外是侬家，郎若闲时来吃茶。
黄土筑墙茅盖屋，门前一树紫荆花。

这首竹枝词同样出现在《南村辍耕录》卷4"奇遇"一则中，《南村辍耕录》是元末明初陶宗仪所著元朝史事札记，"奇遇"故事的主角正是上文所提"元诗四大家"之一的揭傒斯。

揭傒斯早年家贫，游湖湘间，夜泊江畔，一位容仪清雅的女子乘舟前来，自称商人之妇："妾与君有夙缘，非同人间之淫奔者，幸勿见却。"两人相见甚欢，及至天亮，揭傒斯还"恋恋不忍去"。临别时，妇人说："君大富贵人也，亦宜自重。"（此话日后应验，揭傒斯40岁后由布衣

---

1 〔清〕蒲松龄著，张友鹤辑校：《聊斋志异》（会校会注会评本），上海古籍出版社，2011年，第1633页。

2 赵伯陶：《门前一树马缨花》，《中国典籍与文化》，1996年第2期，第80、82页。

荐授翰林国史院编修官。）然后，她留下这首竹枝词：

> 盘塘江上是奴家，郎若闲时来吃茶。
> 黄土作墙茅盖屋，庭前一树紫荆花。

次日揭傒斯上岸沽酒，得知此地正是诗中所言盘塘镇，诗的后两句也成为现实：

> 行数步，见一水仙祠，墙垣皆黄土，中庭紫荆芬然。及登殿，所设象与夜中女子无异。

原来，江上出现的商人之妇，乃水仙祠中的仙女，《水仙神》一名大概由此而来。由以上情节可知，蒲松龄《王桂庵》一文明显参考了《南村辍耕录》。

比较《南村辍耕录》中仙女的临别赠诗、张雨《湖州竹枝词》和《聊斋志异》所引《水仙神》诗，会发现三者只在地名、植物名上有区别，很明显是同一首诗的三个版本，而且均出现于元代。可以推测，《湖州竹枝词》在先，它首先是一首民歌；之后出现在《南村辍耕录》中，该故事为陶宗仪根据揭傒斯的侄儿所述撰写而成[1]；再之后，有了这首《水仙神》诗，原本竹枝词中的"紫荆花"被改成"马缨花"，后被蒲松龄引入《聊斋志异》。

---

1 "余往闻先生之侄孙立礼说及此，亦一奇事也。今先生官至翰林侍讲学士，可知神女之言不诬矣。"见〔元〕陶宗仪撰，李梦生校点：《南村辍耕录》，上海古籍出版社，2012年，第47页。

4. 竹枝词里的爱情

为什么会将紫荆改为合欢呢？正是由于两者在文化寓意上的区别。竹枝词本是巴蜀一带民歌，经刘禹锡的加工而广为流传，后世诗人多以此为题书写爱情故事、乡土风俗。湖州地处太湖之滨，这首《湖州竹枝词》或许就是湖州一带的民歌。更重要的是，它很有可能是一首女子向男子表白心意、以身相许的情歌。

为何如此说？原因就在"吃茶"二字。在婚俗中，"吃茶"意味着许婚，例如《红楼梦》第 25 回"魇魔法姊弟逢五鬼　红楼梦通灵遇双真"，王熙凤打趣林黛玉道："你既吃了我们家的茶，怎么还不给我们家做媳妇？"说得众人都笑起来，林黛玉也红了脸。

仔细品读，这首情歌是那么真挚、含蓄又美好。女子对自己的心上人说："就在这个春天，你空闲的时候，就来我家提亲吧。我家就住在湖边，黄土筑的墙，茅草盖的屋，门前有一树盛开的马缨花。"紫荆喻兄弟，合欢喻夫妻，所以在这首竹枝词和《聊斋志异》的故事中，合欢要更为合适。这句诗不仅是梦境与现实中的环境描写，也暗示了情节的发展：现实中两人相见后互诉衷肠，孟芸娘要求王桂庵正式提亲，明媒正娶。梦里的合欢也是重要的征兆，预示着两人后来结为连理。

古诗《留别妻》曰："结发为夫妻，恩爱两不疑。"合欢和紫荆到此就讲完了，但《聊斋志异》里的故事才讲到一半。王桂庵与芸娘成亲后辞岳北归，途中取笑骗她说家中已有妻室，乃吴尚书之女。芸娘脸色大变，竟然投江自尽。所幸芸娘获救，数年后二人重逢，冰释前嫌，阖家团圆。这就是《聊斋志异》中一波三折的爱情故事，原文比上述的概括要精彩得多。

年初收到朋友寄来的《武汉植物笔记》，插图以手绘为主，其中一种花紫色，果如葡萄，羽状复叶有锯齿。"咦，这不就是以前老家旁边的那棵树吗？"那时我才知道它的名字——楝树。

1. 只怪南风吹紫雪

楝（*Melia azedarach* L.）是楝科楝属落叶乔木。楝科植物中，我们最熟悉的可能是香椿。在我国，楝属植物仅两种，另一种是川楝（*Melia toosendan* Sieb. et Zucc.）。两者只在花、叶和果的外形上有细微区别，川楝的果实稍大[1]。古人皆称楝，本文以"楝树"统而称之。

作为中药，"楝实"在《神农本草经》中位列下品，味苦寒。《本草图经》载其别名"苦楝"。奶奶告诉我，这种树叫苦朗果子树，大概也是果实苦的缘故。夏天炎热，不过有风的早晨很凉爽，角落里的楝树洒下一片浓荫。奶奶在树底下洗衣服，自来水哗啦哗啦地流。奶奶说，果子很苦，可不能吃喔。我觉得它风干后的样子很像话梅，冬天树叶落光，"话梅"还挂在树上。虽然很想知道它是什么味道，但我还是听奶奶的话，没去尝。

---

1 《中国植物志》："楝：子房 5-6 室；果较小，长通常不超过 2 厘米，小叶具钝齿；花序常与叶等长。川楝：子房 6-8 室；果较大，长约 3 厘米；小叶近全缘或具不明显的钝齿；花序长约为叶的一半。"

苦朗果子还有个很好听的名字——金铃子，和悬铃木一样妙。《本草图经》载：

> 楝实即金玲子也，生荆山山谷，今处处有之，以蜀川者为佳。
> 木高丈余，叶密如槐而长。三四月开花，红紫色，芬香满庭间。实
> 如弹丸，生青熟黄，十二月采实，其根采无时。[1]

在黄河以南各省区，楝树较为常见，再往北，比如北京就极少见。一年春天回武汉，我特地找了一下楝树。那时楝树正值花期，芳香扑鼻，一点不输于樟，真可谓"芬香满庭间"。那香味让我想到宋代诗人李次渊《乾溪铺》：

> 芦芽抽尽柳花黄，水满田头未插秧。
> 客里不知春事晚，举头惊见楝花香。

"什么花，这样香？"我也几乎是惊见！仔细看它的花，五枚花瓣白色平展开来，中间是紫色的雄蕊管，上面有黄色的花药。单个花朵虽小，但整个圆锥花序一同绽放，满树皆是，密密麻麻，是以古诗中常将它比作雪。比如王安石《钟山晚步》"小雨轻风落楝花，细红如雪点平沙"、杨万里《浅夏独行奉新县圃》"只怪南风吹紫雪，不知屋角楝花飞"，想一想那画面都很美。

---

1 转引自〔清〕吴其濬著：《植物名实图考长编》，中华书局，2018 年，第 1113 页。

2. 犹堪缠黍吊沉湘

不过，让诗人"惊见"的恐怕不是楝花的香味，而是匆匆流逝的时光。唐宋时江南有"二十四番花信风"之说，以小寒到谷雨的八个节气，对应二十四候，梅花为始，楝花为终。"谷雨一候牡丹，二候酴醾，三候楝花。花竟则立夏矣。"[1] 所以，与荼蘼（一种蔷薇）一样，楝花也多用来指示逝者如斯、春光已老，所谓"客里不知春事晚"。古诗里写楝花的，也常将其作为春夏之交的节点，如张蕴《楝花》"江南四月无风信，青草前头蝶思狂"、朱希晦《寄友》"门前桃李都飞尽，又见春光到楝花"。

关于楝树，还有不少传说。楝实是凤凰和獬豸的食物，但是水底的蛟龙却怕它。《荆楚岁时记》载："蛟龙畏楝。民斩新竹笋为筒粽，楝叶插头，五彩缕投江，以为辟水厄。士女或取楝叶插头，彩丝系臂，谓为长命缕。"[2] "水厄"即溺水之灾。想起儿时生活在江边，河湖众多，几乎每年夏天都有小孩因贪玩下水丢了性命，所以家里的长辈严禁我们

1　明初王逵《蠡海集·气候类》："一月二气六候，自小寒至谷雨，凡四月八气二十四候。每候五日，以一气之风信应之。世所异言，曰始于梅花，终于楝花也。详而言之，小寒之一候梅花，二候山茶，三候水仙；大寒之一候瑞香，二候兰花，三候山矾；立春之一候任春，二候樱桃，三候望春；雨水一候菜花，二候杏花，三候李花；惊蛰一候桃花，二候棣棠，三候蔷薇；春分一候海棠，二候梨花，三候木兰；清明一候桐花，二候麦花，三候柳花，谷雨一候牡丹，二候酴醾，三候楝花。花竟则立夏矣。"清代类书《广群芳谱》引《岁时杂记》亦载，内容基本一致，只是"棣棠"为"棠梨"，最后一句为"楝花竟则立夏"。

2　〔梁〕宗懔撰，〔隋〕杜公瞻注：《荆楚岁时记》，中华书局，2018年，第52页。

〔日〕佚名《本草图汇》，楝树的花与果实

楝树果实又名金铃子，"花竟则立夏"，诗文多以楝花暗示时间流逝、春光已老。

到河里玩水。古人祈求"辟水厄"，会不会也与此有关？那时，未婚的青年男女也把楝叶插在头上，在手臂上系上彩绳，称之为长命缕。

既然蛟龙畏楝，所以民间在祭祀三闾大夫屈原时，也会在粽子上缠缚五色丝和楝树叶，投入江中，以免为蛟龙所窃。[1] 上文张蕴《咏楝花》诗的前两句"绿树菲菲紫白香，犹堪缠黍吊沉湘"，就用到了这个典故。楝叶确实有毒，其鲜叶可用于农药。

---

1 "屈原以夏至赴湘流，百姓竞以食祭之。常苦为蛟龙所窃，以五色丝合楝叶缚之。又以为獬豸食楝，将以言其志。"见《荆楚岁时记》，第 52 页。

不独水底的蛟龙怕楝，连深山的猛虎也不敢靠近。《无锡县志》载：

> 许舍山中多虎，童男女昼不出户。尤行制叔保居之，使人拾楝树子数十斛，作大绳，以楝子置绳股中，埋于山之四围。不四五年，楝大成城，土人遂呼为楝城，乃作四门，时其启闭，虎不敢入。[1]

这是北宋的故事，尤叔保于真宗天禧年间（1017-1021）迁入吴地，成为当地尤氏始祖。[2]与始祖有关的记载，不免掺入传说，但文中"不四五年，楝大成城"却并非虚言。元代王祯《农书·百谷谱集之九》："以楝子于平田耕熟作垄种之，其长甚疾。五年后，可作大椽。北方人家欲构堂阁，先于三五年前种之，其堂阁欲成，则楝木可椽。"[3]椽是屋顶上用于承受望板、瓦片重量的木条。可见在元朝时，人们已种植楝树用以建造房屋。

在我的印象中，楝树不过是老屋旁边一株野生的杂树罢了。如果不是写它，不会想到这样平凡的一棵树，背后也有不少传奇。

1　转引自《植物名实图考长编》，第 1114 页。原文"尤行制叔保"当为"尤待制叔保"，"待制"乃唐置官名，选京官五品以上，更宿中书、门下省，以备咨询政事，宋代因袭。
2　"尤叔保，字碧岩，宋天禧二年入吴，是为迁吴始祖赠待制公。尤叔保长子尤大成，字有终，赠少师，后迁无锡许舍山，是为尤氏迁锡始祖……"见凌郁之著：《苏州文化世家与清代文学》，齐鲁书社，2008 年，第 190 页。
3　〔元〕王祯撰，缪启愉、缪桂龙译注：《农书译注》，齐鲁书社，2009 年，第 346 页。

夏

辑

茉莉

构树

国槐

荩草、萹蓄

蓼蓝

车前草

凌霄

鼠尾草

栀子花

迷迭香

七里香

灵香草

● 茉莉｜谁家浴罢临妆女，爱把闲花插满头

一到夏天，早市花店的门口就摆满了茉莉。雪白的花骨朵缀满枝头，在绿叶的衬托下更觉清新脱俗，让人忍不住想俯下身凑近了闻。第一次见到茉莉是在初中毕业前，一位女同学将几朵花苞捧在手心里递给我，说这就是茉莉，刚从家里阳台上摘下来的。闻到它的香味，我就立刻爱上了它。

1. 茉莉从何而来

在亲眼见到茉莉之前，早已从父亲唱过的歌里听过它的大名：

> 好一朵茉莉花，
>
> 好一朵茉莉花。
>
> 满园花草香也香不过它。
>
> 我有心采一朵戴，
>
> 又怕看花的人儿骂。

这首江苏民歌《茉莉花》源自清代扬州民间的《鲜花调》，后因为意大利歌剧《图兰朵》而蜚声海外。在众多的版本中，节奏稍慢的《好一朵美丽的茉莉花》常作为中国民歌的代表，出现于各种重要的国事场合。在我印象中，"芬芳美丽满枝丫，又香又白人人夸"的茉莉，就该属于吴侬软语的江南。

但茉莉并非原产我国，文献记载茉莉源自波斯或西国。据《中国植物志》，其原产地是今天的印度，它在古籍文献中又名抹厉、抹利、没利、

〔日〕岩崎灌园《本草图谱》，茉莉

茉莉原产印度，经波斯传入欧洲、北非、东南亚及我国。《本草纲目·草部》："其花皆夜开，芬香可爱。女人穿为首饰，或合面脂。亦可熏茶，或蒸取液以代蔷薇水。"

末丽，皆是从梵文 mallikā 音译而来[1]。

早在佛教出现之前，印度人就将茉莉等鲜花用线穿起来，戴在头上或者挂在身上作为装饰，人称"华鬘"。佛教兴起后，佛前供花、以花献佛，是礼佛仪式中的重要环节。直到今天，一些东南亚国家如泰国、菲律宾等，仍然会在礼佛仪式中将茉莉花环供奉于佛前。

南宋人已认识到茉莉源自印度且与佛教有关，王十朋《又觅没利花》云："没利名嘉花亦嘉，远从佛国到中华。老来耻逐蝇头利，故向禅房觅此花。"似乎当时寺庙里也多种茉莉。郑域认为茉莉是随佛教传入中国的，其《茉莉花》云："风韵传天竺，随经入汉京。"叶庭珪则说茉莉一名虽然见于佛经，但其传入中国，应该是域外商人的功劳，其诗云"名字惟因佛书见，根苗应逐贾胡来"。看来，关于茉莉的传入方式，自古就有争议。

一般认为茉莉是从印度经海路传入岭南，在此过程中，茉莉也在东南亚扎下根，并成为菲律宾、印度尼西亚等东南亚国家的国花。在菲律宾首都马尼拉街头，常见晒得黝黑的小孩子，提着一大把茉莉花穿成的花串在街头叫卖。茉莉也途经中亚，一路向西传入欧洲和北非，地中海沿岸的北非国家突尼斯尊其为国花，当地的中年男人常将茉莉扎成一束

---

[1] "时珍曰：嵇含《草木状》作末利，《洛阳名园记》作抹厉，佛经作抹利，《王龟龄集》作没利，《洪迈集》作末丽。盖末利本胡语，无正字，随人会意而已。韦君呼为狎客，张敏叔呼为远客。杨慎《丹铅录》云：《晋书》都人簪奈花，即今末利花也。"见〔明〕李时珍著，钱超尘等校：《本草纲目》，上海科学技术出版社，2008 年，上册，第592 页。

别在耳朵上。在突尼斯，茉莉花象征着爱情的坚贞与永恒。

2. 茉莉的传入时间

茉莉是何时传入我国的呢？最早的文献记载是西晋嵇含《南方草木状》：

> 耶悉茗花、末利花，皆胡人自西国移植于南海。南人怜其芳香，竞植之。陆贾《南越行纪》曰："南越之境，五谷无味，百花不香。此二花特芳香者，缘自胡国移至，不随水土而变，与夫橘北为枳异矣。彼之女子，以彩丝穿花心，以为首饰。"[1]

陆贾在汉高祖刘邦和汉文帝刘恒时，分别出使南越。一般据此判断茉莉早在西汉立国之初已传入我国。但无论是《南越行纪》，还是《南方草木状》，其真实性都值得怀疑。

已知最早记载"晋嵇含《南方草木状》"的是南宋初期尤袤《遂初堂书目》，此前各家书目中均未著录。大约100年后，该书出现于南宋咸淳九年（1273）左圭辑刊的丛书《百川学海》之中，成为《南方草木状》如今通行本的最早刊本。《四库全书总目提要》已指出，该版本卷首的题署，包括作者官职、时间均与史实不符，书中多种植物并未见于晋以前的文献。据近代著名农史学家缪启愉先生考证："《南方草木状》并非嵇含之书，而是后人根据类书及其他文献编造的，其时代当在南宋

---

1 〔晋〕嵇含撰：《南方草木状》，上海古籍出版社，2012年，第141页。

时。"[1]中国科学院自然科学史研究所罗桂环先生持有相同的观点，他认为《南方草木状》是通过采撷唐刘恂《岭表录异》、段公路《北户录》、房千里《投荒杂录》等有关南方方志拼凑而成，其成书当在郑樵《通志》之后。[2]

再来看《南方草木状》引用的《南越行纪》，该书未见于史志著录，亦无传本。清代目录学家姚振宗《汉书艺文志拾补》据上述引文将其录入诸子略小说家类，理由是"陆贾两使南越，宜有此作。嵇含生于魏末，距汉未远，所见当得其真"。[3]美国学者劳费尔《中国伊朗编》（1919）就有怀疑："在陆贾的时代这两种外国植物不可能从海路运到华南；如果陆贾真的写了这段文章，那他心里想的也一定是另外两种植物。"[4]

因此，若要根据《南方草木状》判断茉莉的传入时间，还要打个问号。明代杨慎《丹铅总录》卷4"末利"提供了另一条时间线索："《晋书》都人簪柰花，云为织女带孝是也。则此花入中国久矣。"[5]这句话见于《晋书·后妃传下》，晋成帝时"三吴女子相与簪白花，望之如素柰"。"柰"

---

1 《南方草木状》主要参考的古书有《艺文类聚》《北户录》《岭表录异》《太平御览》《证类本草》等，也有《尔雅》郭璞注和《法苑珠林》。其利用前述编缀成文的迹象，主要有五种情况：综合、全抄、摘抄、承误、增饰。见缪启愉：《〈南方草木状〉的诸伪迹》，《中国农史》，1984年第3期，第12页。
2 罗桂环：《关于今本〈南方草木状〉的思考》，《自然科学史研究》，1990年第2期，第165-167页。
3 转引自石昌渝主编：《中国古代小说总目·文言卷》，山西教育出版社，2004年，第314页。
4 〔美〕劳费尔著，林筠因译：《中国伊朗编》，商务印书馆，2015年，第167页。
5 〔明〕杨慎撰，王大淳笺证：《丹铅总录笺证》，浙江古籍出版社，2013年，第153页。

〔日〕岩崎灌园《本草图谱》，素馨

素馨与茉莉同为木犀科素馨属。《清稗类钞·植物类》："昔刘王有侍女名素馨，冢生此花，因以得名。盖南汉后始有素馨之名。广州城西之花也，种此者最多。"

一般指苹果，从上下文来看，没有任何证据表明此处的"白花"就是茉莉，不知杨慎何以得知。茉莉是否在晋代或之前就传入我国，尚需要更多的证据。否则，其传入时间就要推迟到唐代。

唐代段公路《北户录》载："苿利花、白茉莉花，皆波斯移植夏中。"[1]段公路是唐朝宰相段文昌之孙、段成式之子，唐懿宗（859-873 在位）时人，其《北户录》专记岭南地产风物，具有很高的史料价值。

上述文献所载的"苿利花"，应当就是其父段成式在《酉阳杂俎》卷 18 中提到的野悉蜜。[2]野悉蜜、苿利花、《南方草木状》中的耶悉茗花，都是茉莉的阿拉伯语名称 yās（a）min 的音译名，茉莉的英文名 Jasmine 也由此而来。南汉以后，人们将圆瓣者称为茉莉，尖瓣细瘦者称为素馨。[3]素馨在岭南地区广为种植，与茉莉一样受人喜爱，两者同为木犀科素馨属。

---

1 〔明〕陆楫编：《古今说海·北户录》，巴蜀书社，1996 年，第 162 页。
2 "野悉蜜，出拂林国，亦出波斯国。苗长七八尺，叶似梅叶，四时敷荣。其花五出，白色，不结子。花若开时，遍野皆香，与岭南詹糖相类。西域人常采其花压以为油，甚香滑。"见〔唐〕段成式撰：《酉阳杂俎》，中华书局，1981 年，第 180 页。
3 "茉莉为常绿灌木，其种来自波斯，《南方草木状》谓之耶悉茗，则译音也。本与素馨同类，其名亦同，后入我国，始专称尖瓣细瘦者为耶悉茗。南汉以后，又称素馨，而圆瓣者则谓之茉莉。""素馨为常绿灌木，花似茉莉，而四瓣尖瘦，其种来自西域。《南方草木状》亦谓之耶悉茗，则以西文与茉莉同一字，不分二种也。"见〔清〕徐珂编撰：《清稗类钞》，中华书局，1981 年，第 12 册，第 5921 页。素馨为五瓣，上文曰"四瓣"，恐是受《本草纲目》的影响。《本草纲目·草部》："素馨亦自西域移来，谓之耶悉茗花，即《酉阳杂俎》所载野悉蜜花也。枝干袅娜，叶似茉莉而小。其花细瘦四瓣，有黄、白二色。"

3. 花虽香但难养护

茉莉虽然在唐代已传入中国，但唐代文献中关于茉莉的记载极少。在清代类书《广群芳谱》中，"茉莉"一条下几乎都是宋及以后的诗文，可能茉莉在唐代并未普及。

一种解释是说茉莉性不耐寒，极难养护，不适合在北地种植。北宋张邦基《墨庄漫录》提到茉莉时，就说："经霜雪则多死。"[1]《广群芳谱》关于茉莉的养护方法中，大部分内容都是关于如何避寒："霜时移北房檐下，见日不见霜，大寒移入暖处，围以草荐。"到了十月需入窨，立夏后方可出窨，"总之风气不宜也，金陵易得，每岁购二三本，霜后辄弃之"。[2]可见，茉莉很难养护。

刚工作那年夏天，曾在永定门外早市上买过一盆茉莉。一开始开得很盛，等第一遍花落了，就再未长出新的花苞，到冬天就枯死。现在终于知道那盆茉莉是冻死的，房间的窗户很大，阳台上的暖气并不管用。

茉莉不仅怕寒，还不耐贫。《广群芳谱》介绍茉莉的栽培方法时说得很详细，需"壅以鸡粪"，用烫过猪、鸡、鹅的水，或者淘米水来浇灌，如此则开花不绝。"六月六日，以治鱼水一灌，愈茂。故曰：清兰花，浊茉莉。"[3]

于是，我知道为什么家里的那盆茉莉养得那么好了。父亲在花盆里

1　〔宋〕张邦基撰，孔凡礼点校：《墨庄漫录》，中华书局，2002年，第198页。

2　〔清〕汪灏等著：《广群芳谱》，上海书店，1985年，第2册，第1030-1031页。

3　《广群芳谱》，第2册，第1024页。

古典植物园

铺了一层榨油剩下的残渣，那可是上好的肥料。江城多雨的夏天，一场暴雨过后，西天布满火红的云霞。茉莉喝足了浸过肥料的雨水，叶子洗得干干净净，墨绿色的叶片反射出天光。等到暮色升起，四野寂静，茉莉那雪白肥厚的花苞慢慢展开。看到它，闻到花香，妈妈也忍不住说，这花可真香啊！似乎白日的疲惫也得以消散。

家里养的那盆茉莉是常见的重瓣品种，我怀疑那就是《花镜》里说的宝珠茉莉：

> 一种宝珠茉莉，花似小荷而品最贵，初蕊时如珠，每至暮始放，则香满一室，清丽可人，摘去嫩枝，使之再发，则枝繁花密。[1]

用"宝珠""小荷花"来形容茉莉，真是贴切又可爱。重瓣茉莉里面有个名叫虎头茉莉的培育品种，花瓣可达 50 片以上，养护难度很高。

除了常见的自立灌木外，茉莉还有攀缘的品种。《花镜》曰："木本者出闽、广，干粗茎劲，高仅三四尺；藤本者出江南，弱茎丛生，有长至丈者。"[2] 藤本者当是攀缘灌木，据《中国植物志》，高可达 3 米。

4. 窨茶与避暑

由于性不耐寒，茉莉传入我国后，在温暖的南国安了家，广东、广西、福建等地多有种之。北宋陶穀《清异录》记载了一个有趣的故事：五代

---

1 〔清〕陈淏子辑，伊钦恒校注：《花镜》，农业出版社，1962 年，第 248 页。
2 《花镜》，第 248 页。

〔南宋〕马麟（传），《茉莉舒芳图》，团扇（局部）

《武林旧事》载南宋宫廷与民间用茉莉花避暑，将茉莉画在扇面上正合适。

十国时期，后周世宗柴荣派遣使者到南汉，接待者送使者茉莉，骄傲地说这花的名字叫小南强[1]。《墨庄漫录》写茉莉，不吝赞美，誉其为闽广地区众花之冠：

> 闽广多异花，悉清芬郁烈，而末利花为众花之冠。岭外人或云"抹丽"，谓能掩众花也，至暮则尤香。今闽人以陶盎种之，转海而来，浙中人家以为嘉玩。[2]

文中提到福建人用陶盎———一种陶制酒器来种茉莉，很是讲究。19世纪50年代，福建开始盛产茉莉花茶，产品远销全国。这种花茶的香味全靠新鲜的茉莉经过数次窨制而成，窨一遍需几道工艺，次数越多，难度和成本就越高。

茉莉窨茶的历史可追溯至南宋，关于茉莉的记载在宋代文献中也突然多了起来，可见茉莉在当时已十分普及，朝野上下皆爱之。宋徽宗在开封营建皇家园林"艮岳"，茉莉乃8种芳草之一。[3]北宋灭亡后，都城南移至临安（今浙江省杭州市），1162年宋孝宗即位，南宋进入相对繁

1　"南汉地狭力贫，不自揣度，有欺四方傲中国之志。每见北人，盛夸岭海之强。世宗遣使入岭，馆接者遗茉莉，文其名曰小南强。及本朝钑主面缚，伪臣到阙，见洛阳牡丹，大骇叹。有搢绅谓曰：'此名大北胜。'"见〔宋〕陶毂：《清异录》，上海古籍出版社，2012年，第34页。

2　《墨庄漫录》，第198页。

3　"茉莉花见于嵇含《南方草木状》，称其芳香酷烈。此花岭外海滨物，自宣和中名著，艮岳列芳草八，此居其一焉。八芳者，金蛾、玉蝉、虎耳、凤尾、素馨、渠那、茉莉、含笑也。"见《丹铅总录笺证》，第153页。

荣的历史时期，史称"乾淳之治"。周密《武林旧事》卷3"禁中纳凉"载乾道、淳熙年间宫廷避暑，场面很是奢华，其中一项便是"置茉莉、素馨……等南花数百盆于广庭，鼓以风轮，清芬满殿"。[1]

帝王避暑用到茉莉，百姓亦如是。《武林旧事》卷3"都人避暑"中也提到茉莉：

> 关扑香囊、画扇、涎花、珠佩。而茉莉为最盛，初出之时，其价甚穹，妇人簇戴，多至七插，所直数十券，不过供一饷之娱耳。[2]

"关扑"是宋元时期广泛流行的商业活动，本质上是一种赌博游戏，顾客和店家约好价格，掷铜钱，以其正反面的朝向或字样之组合来判定输赢。赢可取物，输则付钱。[3]从这则文献可知，在关扑的游戏中，茉莉最受欢迎，尽管花期伊始价格甚高，而且可供装饰的时间并不长，但依然很抢手。人们相信茉莉的消暑功效，就像南宋诗人刘克庄《茉莉》所写："一卉能熏一室香，炎天犹觉玉肌凉。野人不敢烦天女，自折琼枝置枕傍。"

5. 茉莉何以成为"淫葩妖草"

不管茉莉是否能带来清凉，不同地域、不同身份的女子都喜欢把它

---

1 〔宋〕周密著，钱之江校注：《武林旧事》，浙江古籍出版社，2011年，第55页。

2 《武林旧事》，第56页。

3 李平君编著：《博弈》，中国社会出版社，2009年，第46-47页。

插在头上作为装饰。苏轼"暗麝著人簪茉莉，红潮登颊醉槟榔"（《题姜秀郎几间》），写的是岭南的黎族女子；杨巽斋"谁家浴罢临妆女，爱把闲花插满头"（《茉莉》），写的是寻常人家；而《武林旧事》卷6"酒楼"记载，酒楼里的私妓也在夏月茉莉盈头，凭槛招邀。[1]

到了明末，茉莉却因此而招来恶名。明末清初文学家余怀《板桥杂记》中将茉莉花与兰花、佛手柑、木瓜相比，论其品格优劣，很有意思。原文抄录于此：

> 裙屐少年，油头半臂，至日亭午，则提篮挈榼，高声唱卖逼汗草、茉莉花。娇婢卷帘，摊钱争买，捉腕撩胸，纷纭笑谑。顷之乌云堆雪，竞体芳香矣。盖此花苞于日中，开于枕上，真媚夜之淫葩，殢人之妖草也。建兰则大雅不群，宜于纱幮文榻，与佛手、木瓜，同其静好。酒兵茗战之余，微闻芗泽，所谓王者之香，湘君之佩，岂淫葩妖草所可比缀乎！[2]

《板桥杂记》主要记载明末秦淮长板桥一带有关旧院名妓的见闻，卷帘争买茉莉的也许正是这些青楼女子，白日插花于发髻，夜间花开于枕上，难怪要说它是"媚夜之淫葩，殢人之妖草"。吴其濬估计受此影响，称茉莉"草花虽芬馥，而茎叶皆无气味。又其根磨汁，可以迷人，

---

1 "每处各有私名妓数十辈，皆时妆袨服，巧笑争妍。夏月茉莉盈头，春满绮陌。凭槛招邀，谓之'卖客'。"见《武林旧事》，第 127 页。
2 〔明末清初〕余怀著，薛冰点校：《板桥杂记》，南京出版社，2006 年，第 10 页。

未可与芷、兰为伍。退入群芳，只供簪髻。"[1] 如果汪曾祺看到，肯定要为茉莉鸣不平。[2]

前述《墨庄漫录》写茉莉时，引北宋颜博文咏茉莉诗，称"观此诗则花之清淑柔婉风味，不言可知矣"。[3]"清淑柔婉"是个多好的词，到了"淫葩妖草"，真是一落千丈。植物背后的文化都是人赋予的，不同的人，观念千差万别，想来是很有趣的。

我还是倾向用"清淑柔婉"来形容茉莉，曹雪芹大概也这么觉得。《红楼梦》第 38 回"林潇湘魁夺菊花诗　薛蘅芜讽和螃蟹咏"有个细节写到茉莉，那日湘云招待众人吃螃蟹，黛玉倚栏杆坐着钓鱼，宝钗拿着桂花掐了桂蕊扔到水里，探春、李纨、惜春立在垂柳阴中看鸥鹭，只有迎春，"又独在花阴下拿着花针穿茉莉花"。这样的举动和场景，多么符合迎春的性格。这个被称为"二木头"，温柔善良、与世无争，结局却悲惨凄凉的贾家二小姐，想起来还真叫人怜惜。

---

1 〔清〕吴其濬著：《植物名实图考》，中华书局，2018 年，第 706 页。

2 汪曾祺散文《夏天》中写栀子："（栀子花）极香，香气简直有点叫人受不了，我的家乡人说是'碰鼻子香'。栀子花粗粗大大，又香得掸都掸不开，于是为文雅人不取，以为品格不高。栀子花说：'去你妈的，我就是要这样香，香得痛痛快快，你们他妈的管得着吗！'"

3 《墨庄漫录》，第 198 页。

● 构树 | 黄鸟黄鸟，无集于穀

夏天搬到南城，这里的住宅区建于20世纪90年代。院子的树都有些年头了，小区门口竟然有两棵高大的构树，枝繁叶茂。殷红的果实熟透了，从树枝上掉下来，落在车顶上，安安静静地，颇有些"涧户寂无人，纷纷开且落"的意味。

1. 花如柔荑，实如杨梅

构树［*Broussonetia papyrifera*（Linn.）L'Hér. ex Vent.］是桑科构属常见落叶乔木。小时候，村里的小伙伴们常结伴采构叶来喂猪。放了学，一把镰刀、一个装过化肥的蛇皮口袋，上房爬树，采满一袋背回家，切碎了与猪食同煮。难怪很多人家的猪圈旁都种有构树，长得快，遮阳，还能做饲料。

每到盛夏，这种树就挂满了颜色鲜艳的小红果，外形极似杨梅，外面一层果肉晶莹剔透，让人很有食欲。《救荒本草》中，构树被称为"楮桃树"，其果实即"楮桃"，外面一层红蕊可吃，味道很甜。[1]但我从未吃过，因为大人们说，苍蝇虫子都往上爬，不干净，当心吃了拉肚子。

除了果实，构树的花和叶也都可以食用。《本草纲目·木部》载："雄

---

[1] "采叶并楮桃带花，炸烂，水浸过，握干作饼，焙熟食之。或取树熟楮桃红蕊食之，甘美。不可久食，令人骨软。"见〔明〕朱橚著，王锦秀、汤彦承译注：《救荒本草译注》，上海古籍出版社，2015年，第319页。

〔日〕岩崎灌园《本草图谱》，构树

构树花、叶皆可食用，其果实名为楮桃。魏晋时种此树，可采皮造纸、织布，其利甚多。

者皮斑而叶无丫叉，三月开花成长穗，如柳花状，不结实，歉年人采花食之。"[1] 构树的花是雌雄异株，即雌花和雄花分别生于不同的两棵树上，反之则是雌雄同株。雌花序球形头状，所以结实如杨梅的都是雌株，而雄花序为穗状，植物学术语叫柔荑花序。《诗经·卫风·硕人》"手如柔荑，肤如凝脂"，就是说美人的手像新生的茅草一样柔嫩纤细。只要

1　〔明〕李时珍著，钱超尘等校：《本草纲目》，上海科学技术出版社，2008 年，下册，
　　第 1316 页。

想一想杨树和柳树柔软细长的花序在春风中摇摆的样子，就知道"柔荑"是个颇为生动的术语，构树的雄花序即是如此。

不过大家看到掉在地上的软软的花序，不会说"手如柔荑"，而会脱口而出"毛毛虫"。《本草纲目·木部》说，在粮食歉收的年份，人们采这种"毛毛虫"来充饥。此时雄花序已老，当其未舒展时，才是最美味的。

2. 良木还是恶木？

古籍中很早就有关于构树的记载。先秦时，它的名字叫"榖"。《山海经·南山经》曰："有木焉，其状如榖而黑理，其华四照。其名曰迷榖，佩之不迷。"清代郝懿行《山海经笺疏》引南朝陶弘景《本草经集注》云："榖，即今构树是也。榖、构同声，故榖亦名构。"[1]《植物名实图考》也说："榖、构一声之转，楚人谓乳榖亦读如构也。"[2]故而"构"之得名，是因为发音与"榖"相近。

这里的"榖"不同于"穀"，"穀"是谷的繁体字。两者的区别就在于左下角的部首，一为木，一为禾，正说明两种植物的不同类别，后世对此多有混淆。

《诗经·小雅》中，《鹤鸣》《黄鸟》两首诗均提到构树，皆名为"榖"。《黄鸟》云：

> 黄鸟黄鸟，无集于榖，无啄我粟。此邦之人，不我肯谷。言旋言归，

1 〔晋〕郭璞著，〔清〕郝懿行笺疏：《山海经笺疏》，中国致公出版社，2016 年，第 1 页。
2 〔清〕吴其濬著：《植物名实图考》，中华书局，2018 年，第 789 页。

〔日〕细井徇《诗经名物图解》，榖

榖、构同声，所以榖亦名为构。此"榖"不同于"穀"，后者是谷的繁体字，左下角部首是"禾"，而非"木"。

复我邦族。

　　黄鸟黄鸟，无集于桑，无啄我粱。此邦之人，不可与明。言旋言归，复我诸兄。

　　黄鸟黄鸟，无集于栩，无啄我黍。此邦之人，不可与处。言旋言归，复我诸父。

　　这是一首异乡之人思归的诗，共分三章。第一章的字面意思是：黄鸟黄鸟，不要歇在构树上，不要啄食我的小米。这个邦国的人，对我并不友好，我要回去了，回到我自己的邦族。

对于"穀"，《毛诗草木鸟兽虫鱼疏》解释说："幽州人谓之穀桑，荆扬人谓之穀，中州人谓之楮。殷中宗时，桑穀共生是也。"[1] 故构树还有"穀桑""楮"等别名。所以，构树上那种红彤彤的果实又名楮实，这是一味药材，在《名医别录》中位列上品。[2]

除了果实可药用之外，其树皮还可造纸、织布。《毛诗草木鸟兽虫鱼疏》载有构树的用途："今江南人绩其皮以为布，又捣以为纸，谓之穀皮纸，洁白光泽，其里甚好。"[3]《齐民要术》载有种植构树的方法，种植目的正是为了造纸和织布，由此可使人获利不小。

> 煮剥卖皮者，虽劳而利大。自能造纸，其利又多。种三十亩者，岁斫十亩；三年一遍。岁收绢百匹。[4]

构树用途如此之多，而《毛传》却说《鹤鸣》一诗中的构树乃"恶木"，这是为何？我们先来看一下这首诗：

> 鹤鸣于九皋，声闻于野。鱼潜在渊，或在于渚。乐彼之园，爰有树檀，其下维萚。它山之石，可以为错。

1　转引自〔唐〕孔颖达撰：《毛诗正义》，北京大学出版社，1999年，第670页。
2　《名医别录》："楮实，味甘，寒，无毒。主治阴痿水肿，益气，充肌肤，明目。久服不饥，不老，轻身。生少室山，一名谷实。"见〔梁〕陶弘景撰，尚志钧辑校：《名医别录》，中国中医药出版社，2013年，第35页。
3　《毛诗正义》，第670页。
4　〔北朝〕贾思勰著，缪启愉、缪桂龙译注：《齐民要术译注》，上海古籍出版社，2009年，第298页。

〔日〕细井徇《诗经名物图解》，檀

檀即青檀，树形优美，供观赏，用途极广。在《诗经·小雅·鹤鸣》中作为"良木"，
与作为"恶木"的构树对比。

鹤鸣于九皋，声闻于天。鱼在于渚，或潜在渊。乐彼之园，爰有树檀，其下维榖。它山之石，可以攻玉。

"它山之石，可以攻玉"多为后世引用，其比兴的修辞手法在《诗经》中较为突出："诗全篇皆兴也。鹤、鱼、檀、石，皆以喻贤人。"[1] 这首诗旨在劝谏周宣王广求天下贤而未仕者归附于朝，为国效力。对于"榖"，《毛传》曰："恶木也。"《毛诗正义》解释说："以上檀、萚类之，取其上善下恶，故知'榖，恶木也'。"[2] 据此，构树之所以为"恶木"，乃是与"檀"做对比，以檀喻贤士，以榖比小人。檀是何种植物呢？

檀，中文正式名为青檀（*Pteroceltis tatarinowii* Maxim.），榆科青檀属乔木。我国南北多有分布，高可达 20 米以上，其翅果近圆形或近四方形，黄绿色或黄褐色。据《中国植物志》，青檀的用途极广，树皮纤维为制宣纸的主要原料；木材坚硬细致，可供作农具、车轴、家具和建筑用的上等木料；种子可榨油；树供观赏用。一年春天，我在北京上方山森林公园的上坡路上见到过青檀，树皮灰色，小枝树黄绿色，树叶翠绿光滑，清清爽爽的样子，的确要比构树形态优美。

如此说来，将青檀与构树做高下对比，也有些道理。在今人眼中，这种具有杂草一般顽强的生命力、随处可生的乔木，俨然是杂草一般的存在，这倒应了"恶木"之名。

1　〔清〕陈奂撰，滕志贤整理：《毛诗传疏》，凤凰出版社，2018 年，第 578 页。

2　《毛诗正义》，第 670 页。

国槐是北京常见的行道树。刚到北京上学的那年秋天，从中国人民大学西门骑行到北京大学西门，发现街道两旁种的都是国槐。民俗学家邓云乡先生写过两篇讲国槐的文章，他说："当年北京没有高层建筑，夏天站在北海白塔上四周一望，一片绿海，差不多全是槐树。"[1] 到了七八月，国槐开花，站在高楼俯瞰，道路两旁的槐树如烟火、似轻雪，是夏天特有的景观。

1. 国槐与洋槐

国槐，中文正式名"槐"（*Sophora japonica* Linn.），之所以称"国槐"，乃是与"洋槐"对应。两者同为豆科，国槐是槐属，洋槐是刺槐属。据《中国植物志》，洋槐，中文正式名"刺槐"（*Robinia pseudoacacia*），原产美国东部，17 世纪传入欧洲和非洲，18 世纪末由欧洲引入青岛栽培。现在全国各地都有，是优良的固沙保土树种，与国槐一样是优良的蜜源植物。

从外形上看，国槐与洋槐非常相似，都是羽状复叶和总状花序，如何区分？最明显的是花：洋槐春天开花，香气浓郁，站在树底下就能闻到；国槐夏天开花，较洋槐花要小，没有香味。花落了看叶：国槐的叶先端渐尖；而洋槐的叶先端圆，微凹。到了冬天，树叶落光了怎么办？

---

1 邓云乡著：《草木鱼虫》，中华书局，2015 年，第 86 页。本文在介绍北京槐树和国槐文化底蕴等内容时，着重参考了该书《槐荫文化》《古槐》两篇。

看挂在枝头的果：国槐的荚果是串珠状，每一粒种子都是圆鼓鼓的；而洋槐的荚果扁平，有点像扁豆。掌握了这些，一年四季都可以区分国槐与洋槐。以上也是区分相近物种的常用方法。相近的植物可能在树干、树叶等方面的差异较小，一旦涉及花、果，区别就会显而易见。[1]

豆科槐属植物用途极广，树形优美可用于园林观赏、城市绿化。而国槐作为我国古老的树种，与之有关的记载很多。从文献来看，它的用处也不少，不仅可作药用，其叶与花都可食用。明代徐光启《农政全书》记载，槐叶煮饭被称为"世间真味"：

> 晋人多食槐叶。又槐叶枯落者，亦拾取和米煮饭食之。尝见曹都谏真子，述其乡先生某云：世间真味，独有二种：谓槐叶煮饭，蔓菁煮饭也。

果真如此美味？《救荒本草》载有槐树嫩芽的食用方法，必须要淘洗去除苦味："采嫩芽炸熟，换水浸淘，洗去苦味，油盐调食。或采槐花，炒熟食之。"[2]

槐叶煮饭、油炸嫩芽的吃法不知是否流传下来，炒槐花现在是有的。

---

1 我们在公园里还能见到几种与槐树相似的观赏植物：龙爪槐，冬天虬枝旁逸，夏天如一把撑开的绿伞；五叶槐，叶片集生于叶轴先端、纠缠扭曲如蝴蝶，又名蝴蝶槐；毛洋槐、紫花越南槐，花色紫红，灌木，其中毛洋槐的小枝、荚果等部位密布刚毛。
2 〔明〕朱橚著，王锦秀、汤彦承译注：《救荒本草译注》，上海古籍出版社，2015年，第329页。

〔日〕岩崎灌园《本草图谱》，槐

图中为国槐，其荚果为串珠状。

在北方的农家院里，槐花炒鸡蛋是一道特色菜。其花多是洋槐花，个大且甜。一年五一假期去北京西郊大觉寺，门口就有老农卖新鲜的洋槐花，一串一串，与沾满露水的香椿、香菜、春韭摆在一起，十分诱人。后来，与朋友到山东旅行，好友德州在威海带我们吃洋槐花炒鹅蛋，槐花的甜香，至今难忘。

国槐花除可食用外，亦可做染料。《本草衍义》载"槐花"："今染家亦用，收时折其未开花，煮一沸，出之釜中，有所澄下稠黄滓，渗

刺槐枝叶及其荚果

H. Fletcher 根据荷兰花卉画家 J. van Huysum 作品所作的彩色版画，1730 年

据 CC BY 4.0 (https://creativecommons.org/licenses/by/4.0) 协议许可使用，图片来源：
https://wellcomecollection.org/works/wnjmv7vp#licenseInformation

此图着重刻画洋槐的荚果，扁而平。

漉为饼，染色更鲜明。"[1] 此种颜料可用于国画，近现代工笔画大师于非闇对此有详细的描述：

> 如果采用未开的槐花蕊，制成的是嫩绿色；如果采用已开的花，

1　〔宋〕寇宗奭著，张丽君、丁侃校注：《本草衍义》，中国医药科技出版社，2012 年，
　　第 55 页。

制成的是黄绿色。制法都是采下来用沸水烫过，然后捏成饼，用布绞出汁来即可。尤其是使用石绿时，必须用它罩染。[1]

2. 国槐的文化底蕴

作为我国的本土树种，国槐有如此多的实用价值，亦有着深厚的文化底蕴。关于国槐的故事和典故很多，成语"南柯一梦"即与国槐有关。

这个广为流传的故事出自唐代传奇小说《南柯太守传》，说广陵郡（今扬州）东十里有位游侠之士名叫淳于棼。"所居宅南有大古槐一株，枝干修密，清阴数亩。淳于生日与群豪，大饮其下。"一日大醉，梦见两名紫衣使者前来，随之由古槐洞穴进入大槐安国，娶了金枝公主，做了驸马。后在南柯郡做了二十年太守，造福一方，膝下五男二女，皆荣华富贵，显赫一时。檀萝国入侵，淳于棼带兵拒贼，不料兵败。不久妻子不幸病故，遂辞任太守，扶柩回京，从此失去国君宠信。国君准其回故里探亲，仍由两名紫衣使者送行，从槐树洞出。醒来发现，这一世浮华，原是一场梦。梦中所见槐安国、南柯郡，不过是槐树下的两处蚂蚁穴而已。

李公佐写这个故事，旨在告诉世人："幸以南柯为偶然，无以名位骄于天壤间云。"意思是说，功名富贵并非注定，不要借此炫耀。因为在通

1　于非闇著，刘乐园修订：《中国画颜色的研究》，北京联合出版公司，2013年，第16页。

达的人看来，"贵极禄位，权倾国都"，都不过是蚂蚁穴里的一场梦罢了。

这个故事发生在古槐下的蚂蚁穴中，但为什么是槐树，而不是桑树，也不是梓树？要知道，桑和梓也是古人门前屋后常种的乔木。这就要追根溯源，看看槐树在唐以前有什么寓意。

古籍中很早就有关于槐树的记载。《周礼》记载，周代宫廷外种有槐树和棘（酸枣树），以示三公九卿之位。[1]为何要种这两种树？东汉郑玄注曰："树棘以为位者，取其赤心而外刺，象以赤心三刺也。槐之言怀也，怀来人于此，欲与之谋。"[2]

于是"三槐九棘"就成为三公九卿的代名词，槐树则成为三公宰辅的象征。许多由"槐"组成的词都与之相关，如"槐鼎"指执政大臣，"槐宸"指皇帝的宫殿，"槐掖"指宫廷，"槐绶"指三公的印绶，"槐府"指三公的官署或宅第，"槐第"则指三公的宅院。

国槐也常作为科第吉兆的象征，考试的年头称"槐秋"，举子赴考称"踏槐"，考试的月份称"槐黄"，所谓"槐花黄，举子忙"。另外，"槐"与"魁"近，故世人植此树，有企盼子孙得魁星之佑登科入仕之意。北宋兵部侍郎王祐在自家庭院种下三株槐树，"子孙必有为三公者"，后其子王旦果然入相，天下谓之"三槐王氏"。苏轼为此写有《三槐堂

1　《周礼·秋官司寇第五·朝士》："掌建邦外朝之法。左九棘，孤、卿、大夫位焉，群士在其后。右九棘，公、侯、伯、子、男位焉，群吏在其后。面三槐，三公位焉，州长众庶在其后。"

2　〔汉〕郑玄注，〔唐〕贾公彦疏，彭林整理：《周礼注疏》，上海古籍出版社，2010年，第1373页。

〔日〕细井徇《诗经名物图解》，棘

《周礼》记载，周代宫廷外种有槐树和棘（酸枣树），以示三公九卿之位，于是"三槐九棘"成为三公九卿的代名词。

铭》，文中记述了三槐王氏祖先的事迹。中国人民大学的图书馆前就种有三株国槐，如今已长到四层楼房那么高。夏日槐花盛开，绿荫如盖。国槐旁树一碑，上书"业精于勤荒于嬉"。想当时植树之人，也在其中寄予了殷切的期望吧。

回过头来看"南柯一梦"，这是一个梦见自己做驸马、当太守，享尽荣华富贵的故事，难怪要发生在槐树下的大槐安国了。

说完槐树背后的含义，我们再来看《左传》中"鉏麑触槐"的故事。

春秋时期，晋国国君晋灵公不理朝政，骄奢残暴，老臣赵盾多次劝谏不听。由于赵盾位高权重，晋灵公担心赵盾日后对自己构成威胁，于是找来刺客鉏麑欲绝后患。这天清晨，鉏麑来到赵盾家中，看见赵盾已穿好朝服，由于天色尚早，于是"坐而假寐"。鉏麑被这一幕感动，退而叹曰："（赵盾）不忘恭敬，民之主也。贼民之主，不忠；弃君之命，不信。有一于此，不如死也。"于是触槐而死。这一故事虽没有被司马迁载入《史记·刺客列传》，却同样让后人肃然起敬。

《左传》记载的这个故事告诉我们，春秋时，王公大臣的庭院中已种有国槐。鉏麑选择触槐而死，而不是触桑或触梓，是因为"槐树"象征三公宰辅，而赵盾又是国之重臣，因此以国槐比喻赵盾。

3. 走近古槐

槐树的故事如此久远，现存的古树有很多，历史上关于古槐的记载也不少。例如上文"南柯一梦"的故事里，就是一株"清阴数亩"的古槐。

清人查慎行笔记《人海记》载：

> 昌平州天寿山古槐，相传窦禹钧家物，树中枵可布三五席，称窦家槐。[1]

昌平州天寿山就是今北京明十三陵的所在地。窦禹钧为五代后周大

---

1 〔清〕查慎行撰，张玉亮、辜艳红点校：《查慎行集》，浙江古籍出版社，2014年，第2册，第332页。

臣，五个儿子都考中进士，《三字经》"窦燕山，有义方。教五子，名俱扬"说的就是他。五代后周距今已有 1000 多年，不知昌平天寿山上，这株老槐是否还在。

所以，槐树的树龄可以很长。俗语云："千年松，万年柏，顶不上老槐歇一歇。"据邓云乡先生说，故宫旁边的中山公园里共有 23 株古槐，是 13 世纪后期元大都建城时的遗物。[1] 故宫里的古槐树也不少，最好看的莫过于养性门前的两株。养性门是宁寿宫养性殿、乐寿堂、颐和轩三宫殿的正门，这里是乾隆退位后的休养之地。门前的两株古槐位于金狮两侧，夏日槐花盛开，为红墙黄瓦的皇家气派，增添了几分清新素雅。

旧时中山公园春明馆有一副对联："名园别有天地，老树不知岁时。"[2] 此话甚是，那些老树是历史的见证者，它们一定知道很多故事。古槐这类活了很久很久的古树，是大自然的庙宇，在很多地方被奉为神灵，受到人们的崇拜和敬仰。

如果你遇见一株古槐，不妨停下脚步，抬起头来看看它的枝干和树叶。或者伸出手，触摸它历经风霜后龟裂的树皮，想象它从一枚种子长成一株参天古木的生命历程，也想一想那些与槐树有关的历史故事。

---

1 《草木鱼虫》，第 80 页。

2 《草木鱼虫》，第 84 页。

要是不读《诗经》，不会知道荩草和萹蓄。它们生于大江南北的河湖堤岸，极为普通。2000 多年前，一位诗人路过黄河的支流淇水，在看到岸边一片茂盛的水草时，便将它们写进诗里以赞美其国君。《卫风·淇奥》云：

> 瞻彼淇奥，绿竹猗猗。有匪君子，如切如磋，如琢如磨。瑟兮僴兮，赫兮咺兮。有匪君子，终不可谖兮。

此处的"绿竹"，易理解为"绿色的竹子"，但它其实是荩草和萹蓄两种植物。

1. 何谓"绿竹"

朱熹就认为"绿竹"是绿色的竹子，其《诗集传》曰："绿，色也。淇上多竹，汉世犹然，所谓'淇园之竹'是也。"[1] 与朱熹同时代的学者洪迈也持此观点，其《容斋随笔》引《卫风·竹竿》"籊籊竹竿，以钓于淇"以证之。[2]

同样在宋代，一位考生却因为错用了"绿竹"的典故而名落孙山。南宋大儒程大昌《演繁露》卷 1 载："尝试馆职[3]，有以'绿竹'为题者，

---

1 〔宋〕朱熹撰，赵长征点校：《诗集传》，中华书局，2017 年，第 53 页。

2 〔宋〕洪迈撰，穆公校点：《容斋随笔》，上海古籍出版社，2015 年，第 52 页。

3 馆职是宋朝特设的官职，掌管三馆、秘阁典籍的编校，功能类似明清翰林院，所以要求很严，一般文士要经过考试才能授职。

〔日〕细井徇《诗经名物图解》，绿竹

朱熹《诗集传》释《诗经·卫风·淇奥》"绿竹"为绿色的竹子，日本《诗经》图谱《诗经名物图解》《毛诗品物图考》均保留了这一解释。

试人赋竹，而茈试者咎其不从训。故黜之不取。"这位考生就将《淇奥》中的"绿竹"，错以为是《竹竿》中的钓淇之竹。由于"本朝之初试，文必本注疏，不得自主己说"，这位考生用典没有遵从汉唐《诗经》的注疏，因而被主考官黜之不取。

汉唐《诗经》是如何解释"绿竹"的呢？《毛传》："绿，王刍也；竹，萹竹也。"三家诗《鲁诗》"绿"作"菉"。《尔雅》："菉，王刍"，

"竹，萹蓄"。萹蓄就是萹竹，又作编竹、编草。所以"绿竹"其实是王刍和萹竹两种植物。[1]

那么，王刍和萹竹又是哪两种植物呢？王刍，中文正式名为荩草（*Arthraxon hispidus* var. hispidus），禾本科荩草属一年生草本，遍布全国各地，多生于山坡草地阴湿处，不仅能作牧草，先秦时已用作黄色染料。《小雅·采绿》"终朝采绿，不盈一匊"，这里的"绿"也是荩草。因而，荩草又名黄草，取名王刍，也与它的染色功能有关。《本草纲目·草部》解释说："此草绿色，可染黄……古者贡草入染人，故谓之王刍，而进忠者谓之荩臣也。"[2]

先秦时，植物染料主要供给王室之用。"刍"的本义是割草，其小篆的字形即一上一下两棵草分别被包起来，取名为"王刍"，意为向王室进贡的染色草。进贡王室，意味着尽忠，因而忠臣又被称为"荩臣"，如《大雅·文王》："王之荩臣，无念尔祖。"《诗集传》释曰："荩，进也。言其忠爱之笃，进进无已也。"[3]"荩草"这个名字就是这样得来的。

说完王刍，再说萹竹。虽然名中有竹，但它与竹子没有任何关系，

1 陆玑《毛诗草木鸟兽虫鱼疏》："有草似竹，高五六尺，淇水侧人谓之菉竹也。"陆玑将"菉竹"视作一种植物，即荩草，与《毛传》不同。见〔唐〕孔颖达撰：《毛诗正义》，北京大学出版社，1999年，第215页。

2 〔明〕李时珍著，钱超尘等校：《本草纲目》，上海科学技术出版社，2008年，上册，第718页。

3 《诗集传》，第270页。

〔日〕岩崎灌园《本草图谱》，萹蓄、荩草

只是茎像竹子一样分节，因而又叫竹节草；其叶亦似竹，又名竹叶草。萹竹，中文正式名叫萹蓄（*Polygonum aviculare* L. var. aviculare），是蓼科蓼属一年生草本。与荩草一样，萹蓄同样遍布各地，多生于田边、沟边潮湿的地方。

生境相似，这也许是《淇奥》将它们放在一起的原因。《本草纲目·草部》将荩草列于萹蓄之后，《植物名实图考》将两者归为"湿草"，排序一前一后，或许都是受到《淇奥》的影响。

2. 消失的淇竹

认识了以上两种植物，再回到《淇奥》这首诗，回到"绿竹"这个被误解的词。虽然《淇奥》中的"绿竹"不是绿色的竹子，但历史上淇水之畔的淇园（今河南鹤壁市淇县）的确有过竹子。

《史记·河渠书》《汉书·沟洫志》都载有采伐淇园之竹以治水[1]，《后汉书·寇恂传》亦记载有东汉开国名将寇恂采伐淇园之竹做弓箭的故事[2]。所以，朱熹将"绿竹"解释为"绿色的竹子"，并非望文生义。

但是数百年后，当郦道元来到淇水岸边时，并未发现任何竹子。他在《水经注》中写道：

> 《诗》云："瞻彼淇澳，菉竹猗猗。"毛云："菉，王刍也；竹，编竹也。"汉武帝塞决河，斩淇园之竹木以为用。寇恂为河内，伐竹淇川，治矢百余万，以输军资。今通望淇川，无复此物，惟王刍、编草不异毛兴。[3]

那么，汉代及以前的淇园之竹，到南北朝时就消失了吗？从东汉到

1　"于是天子已用事万里沙，则还自临决河，沉白马玉璧于河，令群臣从官自将军已下皆负薪填决河。是时东郡烧草，以故薪柴少，而下淇园之竹以为楗。"见〔汉〕司马迁撰：《史记》，中华书局，1959年，第4册，第1412-1413页。亦见于〔汉〕班固撰：《汉书》，中华书局，1964年，第6册，第1682页。
2　"恂移书属县，讲兵肄射，伐淇园之竹，为矢百余万，养马二千匹，收租四百万斛，转以给军。"见〔宋〕范晔撰：《后汉书》，中华书局，2012年，第3册，第621页。
3　〔北魏〕郦道元著，陈桥驿校证：《水经注校证》，中华书局，2003年，第224-225页。

魏晋南北朝，中原地区正在经历中国历史上的极冷时期，尤其是郦道元所处的时代，正是魏晋南北朝的第二个冷锋。[1]生于热带和亚热带的竹类植物对温度和水分的要求较高，气候的急遽变化，导致竹子无法在北方继续生存。今天看古代植物的演化与变迁，气候变化是不可忽视的因素。

郦道元虽不见竹，却见到《毛传》里的"王刍""编草"，与1000多年前《淇奥》的作者看到的一样，这真是神奇！世事变迁，朝代更迭，淇水岸边草木却青葱依旧，一如千年之前。它们生于斯、长于斯，历经兵火战乱，"野火烧不尽，春风吹又生"。

3. 卫武公其人

上文提到，荩草又名王刍，有"尽忠"这层内涵，由于其外形"猗猗"（美好貌），所以《淇奥》以荩草起兴来赞美卫武公。"有匪君子，如切如磋，如琢如磨"，切、磋、琢、磨，乃是将骨、角、玉、石加工制成器物，后引申为学问上的研究探讨，以此来比喻"卫武公德性之养成，乃积学而渐进，听规谏以自修也"。[2]那么，荩草背后的卫武公，是个怎样的人呢？

1　"魏晋南北朝时期的寒冷气候中出现了两个大的冷锋：第一个冷锋的中心时间在310年代，跨度大约在290-350年间；第二个冷锋的中心时间在500年代，跨度大约在450-540年代间。从时间延续来看，第二个冷锋比第一个长，寒冷事件的频数也要比第一个冷锋大。第二个冷锋的中心，今大同一带'六月雨雪，风沙常起'是比较常见的现象。"见满志敏著：《中国历史时期气候变化研究》，山东教育出版社，2009年，第163页。郦道元（472-527）所处的正是魏晋南北朝时期的第二个冷锋时期。

2　袁行霈、徐建委、程苏东撰：《诗经国风新注》，中华书局，2018年，第199页。

〔日〕细井徇《诗经名物图解》，菉草、萹蓄

汉代淇水岸边有过竹子，到魏晋南北朝时，气候变冷，竹子无法在北方生存。所以当郦道元来到淇水岸边时，并未发现任何竹子，菉草和萹蓄却有不少，与《毛诗》中的解释一致。

卫武公（前812–前758年在位），名和，姬姓，卫氏，卫釐侯之子，卫共伯之弟，卫国第11代国君。《史记·卫康叔世家》载："武公即位，修康叔之政，百姓和集。四十二年，犬戎杀周幽王，武公将兵往佐周平戎，甚有功，周平王命武公为公。"[1]

---

1 《史记》，第1591页。

《国语·楚语》有更多关于卫武公的事迹：

> 左史倚相曰："……昔卫武公年数九十有五矣，犹箴儆于国，曰：'自卿以下至于师长士，苟在朝者，无谓我老耄而舍我，必恭恪于朝，朝夕以交戒我；闻一二之言，必诵志而纳之，以训导我。'在舆有旅贲之规，位宁有官师之典，倚几有诵训之谏，居寝有亵御之箴，临事有瞽史之导，宴居有师工之诵。史不失书，蒙不失诵，以训御之，于是乎作《懿》戒，以自儆也。及其没也，谓之睿圣武公。"[1]

闻过则喜，从善如流，九旬高龄仍夙夜在公，卫武公可称得上一代明君。此外，《大雅·抑》《小雅·宾之初筵》都是卫武公劝诫周王之作。

不过，据《史记·卫世家》记载，卫武公杀害自己的长兄而成为国君。唐代司马贞在为《史记》做索隐时就有所怀疑："若武公杀兄而立，岂可以为训，而形之于国史乎？盖太史公采杂说而为此纪耳。"[2]同时代的孔颖达在注疏《诗经》时，并不去辨析事实，而是美而化之："（武公）杀兄篡国，得为美者，美其逆取顺守，德流于民，故美之。齐桓、晋文皆篡弑而立，终建大功，亦皆类也。"[3]对此，清代姚范在其《援鹑堂笔记》卷6驳斥曰："如所云是，经导天下以恶矣。说经者当如是乎？"方东树批注姚范评语："此唐儒附会，回避太宗、建成、元吉事耳。然亦由

---

1 邬国义、胡果文、李晓路撰：《国语译注》，上海古籍出版社，1994年，第520页。

2 《史记》，第1591页。

3 〔唐〕孔颖达撰：《毛诗正义》，北京大学出版社，1999年，第215页。

其读史不审。"

建成是唐太宗李世民的长兄，元吉是四弟，皆丧命于玄武门事变。建成遭李世民射杀，时年 38 岁；元吉死时不过 24 岁。建成、元吉各有五子，全部遇害。唐贞观十六年（642），孔颖达等人奉命作《五经正义》。孔颖达等人注《淇奥》时赞美卫武公之"逆取顺守"，实则是为太宗正名。因此，方东树领会到孔颖达注疏时的言外之意，钱锺书评价他"读书甚得间"。[1]

由此，我们可以看到政治对经书注释的影响。

---

1 钱锺书著：《管锥编》，生活·读书·新知三联书店，2007 年，第 1 册，第 153 页。

● 蓼蓝 | 终朝采蓝，不盈一襜

中学时尚未去过苏杭，那时候的一部电视剧《似水年华》，让我对江南水乡充满了幻想：青瓦白墙，小桥流水，青石板路。如果在雨巷逢着一个结着愁怨的丁香一样的女子，或是在乌篷船上遇见一位撑着油纸伞的姑娘，那么，她一定扎着马尾、穿着蓝印花布的衣裳。

为什么是蓝印花布？旧时江南流行用蓝草染布，你看吴冠中的那些江南系列水墨画，但凡有人物的，就有不少穿着蓝色的衣服。国画中常用的植物颜料花青，也来自于大自然中的蓝草。这里的蓝草包括哪些植物？背后又有着怎样的故事？让我们一起开启一段蓝草的探索之旅。

1.《诗经》中的采蓝

我们现在用作颜色词的"蓝"，在先秦时指的是染蓝植物。《荀子》"青出于蓝，而胜于蓝"，是说"青"这种颜色出自于蓝草。《说文解字》对"蓝"的解释是"染青草也"，西晋时"蓝"字才用作颜色词。为了表述方便，我们将这种"染青草"称为蓝草。

一个春末夏初的傍晚，云霞染红了西天，一群身着罗裙的年轻男女来到淇水之畔。他们洁白的裙摆蹭到折断的蓝草，蓝草的汁液经过氧化，留下了清晰明丽、经久不灭的蓝色印迹。后来，就有了《诗经·小雅·采绿》：

> 终朝采绿，不盈一匊。予发曲局，薄言归沐。
>
> 终朝采蓝，不盈一襜。五日为期，六日不詹。

之子于狩，言韔其弓。之子于钓，言纶之绳。

其钓维何？维鲂及鱮。维鲂及鱮，薄言观者。

这首诗写妇人出门采集植物时思念远行在外的丈夫。荩草和蓼蓝等都是常见植物，为何采了一上午还不满一匊、不盈一襜？因为她心里想着在外的丈夫："五月为期，如今六月了，依然不见归来？"其意与《周南·卷耳》"采采卷耳，不盈顷筐。嗟我怀人，置彼周行"相近。

"五日""六日"在此指五月之日、六月之日，在诗中除了指丈夫归期未还之外，与采蓝这一农事活动也有关系。我国最早的历书《夏小正》载："五月……启灌蓝蓼。"意思是说，五月蓝草苗长得密集，需"开辟此丛生之蓝蓼，分移使之稀散"。[1]《齐民要术》对此有详细的描述："五月中新雨后，即接湿耧耩，拔栽之。三茎作一科，相去八寸。"等到了七月，蓝草长大了，方可作坑刈蓝。[2]

但五月"仲夏当献丝供服之时，用蓝尤亟"，需采摘部分蓝草以供宫中染色之用，所以吴其濬说："蓝之丛生者，启之则易滋茂；而启之有余科，足以染矣……蓝之灌，可采取，不可刈。"[3]可采摘，不可收割，这是对量的控制，从而解释了为何诗中是"采蓝"而不是"刈蓝"，为何是"一襜""一匊"做量词，而不是一捆、一把。

---

1 转引自〔北朝〕贾思勰著，缪启愉、缪桂龙译注：《齐民要术译注》，上海古籍出版社，2009年，第323页。

2 《齐民要术译注》，第322页。

3 〔清〕吴其濬著：《植物名实图考》，中华书局，2018年，第259页。

〔日〕细井徇《诗经名物图解》，蓼蓝

《诗经·小雅·采绿》"终朝采蓝，不盈一襜"，采的就是这种用于染蓝的蓝草。

2. 蓝草与染蓝

说完采蓝，再说蓝草究竟是何种植物。《本草纲目》《天工开物》皆谓"凡蓝五种"，但蓝染植物沿用至今的，只有菘蓝、木蓝、板蓝、蓼蓝4 种。[1]

---

1 张海超、张轩萌：《中国古代蓝染植物考辨及相关问题研究》，《自然科学史研究》，2015 年第 3 期，第 333 页。

事实上，以上植物用于染色的部分均为叶片，古人多用石灰来发酵水解蓝草以获取蓝靛。《齐民要术》首先记载了这种方法[1]，《天工开物》延续之[2]。蓝靛可以拿来染色，国画所用的颜料花青，就由蓝靛制成。近现代工笔画大师于非闇对此有详细的描述：

> 画家把这样制成的蓝淀，放在乳钵里去擂，大约四两蓝靛，要用八小时去擂它。擂研以后，兑上胶水，放置澄清。澄清后，把上面浮出的撇出来。所撇出来的，就是我们所需要的好花青。[3]

虽然蓝靛可由 4 种以上的蓝草发酵而成，但蓼蓝或许是其中使用最为广泛的。蓼蓝染色的技法后来传入日本，盛行于德岛县阿波地区，日本"阿波蓝"也由此得名。

3. 蓝印花布与《边城》

随着纺织技术的发展，宋代开始用石灰和豆粉调制成一种糊状物，

1　"七月中作坑，令受百许束，作麦秆泥泥之，令深五寸，以苦蕰四壁。刈蓝，倒竖于坑中，下水，以木石镇压令没。热时一宿，冷时再宿，漉去茎，内汁于瓮中。率十石瓮，着石灰一斗五升，急手抨之，一食顷止。澄清，泻去水；别作小坑，贮蓝淀着坑中。候如强粥，还出瓮中，蓝淀成矣。"见《齐民要术译注》，第 322 页。

2　"凡造淀，叶与茎多者入窖，少者入桶与缸。水浸七日，其汁自来。每水浆一石，下石灰五升，搅冲数十下，淀信即结。水性定时，淀澄于底。"见〔明〕宋应星著，潘吉星译注：《天工开物译注》，上海古籍出版社，2013 年，第 93 页。

3　于非闇著，刘乐园修订：《中国画颜色的研究》，北京联合出版公司，2013 年，第 18 页。

〔日〕岩崎灌园《本草图谱》，蓼蓝、木蓝、菘蓝

蓼蓝是蓼科；木蓝是豆科，枝叶似槐，又名槐蓝；菘蓝是十字花科，与油菜很像，它的根就是中药板蓝根。

俗称"灰药"，透过镂刻的花版，将灰药涂到坯布上形成花纹，然后将布匹放入染缸染色，晾干后，刮去布匹上先前涂上的灰药，就出现了空白的花纹，达到蓝白相间的效果，这就是我们一开始提到的"蓝印花布"。这种染色方法叫灰缬。在纺织工艺中，于纺织品上印制出图案花样称之为"缬"。灰缬是传统印染工艺之一，其他还有夹缬、蜡缬、绞缬。

蓝印花布可根据需要来设计图案，各式品种和纹样都有相对应的程式。镂刻的花版可重复使用，拼接灵活，如果花版是纸质的，则易于移动和清洗，其实用性和便利性较其他纺织品染色法更为突出。因此蓝印花布在民间极为流行，日常所用之物如外衣、窗帘、头巾、围裙、包袱、蚊帐等皆可采用。

明清两代，江苏地区成为蓝印花布之乡。其中以南通最为出名，这与南通地理位置的独特优越，蓼蓝、棉花的广泛种植，以及棉纺织业的快速发展密不可分。除了江苏南通，湖南湘西的蓝印花布亦有名气。沈从文在《边城》开头描写城中的景致，写到女人们身上穿的蓝布衣裳：

> 又或可以见到几个中年妇人，穿了浆洗得极硬的蓝布衣裳，胸前挂有白布扣花围裙，躬着腰在日光下一面说话一面作事。一切总永远那么静寂，所有人民每个日子皆在这种不可形容的单纯寂寞里过去。

这里的"蓝布衣裳"有可能就是蓝印花布做成的，"浆洗"是一个旧词，指的是用淘米水或米汤来清洗衣物。小时候，奶奶常用米汤洗被罩，

〔日〕佚名《本草图汇》，蓼蓝

蓼蓝用于染色的部分均为叶片，古人多用石灰来发酵水解蓝草以获取蓝靛，北朝《齐民要术》已载有这种方法。国画中的颜料花青就由蓝靛制成。

晒干了盖在身上的确有点硬，不过晒过的被子有阳光的味道，特别暖和。古时候大户人家会用淀粉搅水来替代米汤，衣服在浆洗后会变得贴身、笔挺。沈从文对这个细节想必印象很深，他在《边城》另一处也提到了新浆洗的蓝布衣服。这次是财主家的女人：

> 一群过渡人来了，有担子，有送公事跑差模样的人物，另外还有母女二人。母亲穿了新浆洗得硬朗的蓝布衣服，女孩子脸上涂着两饼红色，穿了不甚合身的新衣，上城到亲戚家中去拜节看龙船的。……那母女显然是财主人家的妻女，从神气上就可看出的。

经由蓝印花布，回看小说里的这些细节，越发觉得《边城》是很美的小说，风景、人物、语言、回忆，都是极美的。小说虽然没有对翠翠服饰的描写，但总感觉青山绿水里养着的翠翠，也是穿着蓝印花布的衣服长大的。

4. 洋靛的冲击

蓝布衣服在古时多是下层百姓所穿，即使是在朝服中，蓝色也代表最卑微的官职[1]。也许正是因为这样，民间对蓝草的需求才会更大。据《齐民要术》记载，种蓝、染蓝这门营生，要比种田强得多："种蓝十亩，

---

[1] 据《新唐书·车服志》，隋朝已开始用朝服的颜色来区分官阶，唐高祖在隋制的基础上将官次服色分为以下数等：天子用"赤、黄"，亲王、三品以上"色用紫"，四品、五品"色用朱"，六品、七品"服用绿"，八品、九品"服用青"。见〔宋〕欧阳修、宋祁等撰：《新唐书》，中华书局，1975年，第527页。

敌谷田一顷。能自染青者，其利又倍矣。"[1]

不过，这种情况未能延续。光绪中叶以后，化学合成染料洋靛进入我国市场。由于染色方法简易且价格便宜，洋靛对本土蓝靛造成巨大冲击，国内种蓝产业自此衰败。清末民初的印染匠人吴慎因晚年著有《染经》，对此有相关的记录，惋惜之情溢于言表：

> 自德国输入靛油，有本靛二十倍之效力，价仅十倍，管缸省力，渣滓又少，本靛衰落，几至绝种。……靛农因种兰之收入不及种粮食三分之一，又弃之如遗矣。

种蓝不及种粮收入的三分之一，与《齐民要术》所载几乎完全相反。

中华人民共和国成立后，很长一段时间内，蓝、灰、绿三色是国民服装的主要颜色。但这时的蓝色多半是化学染剂染成，真正传统的蓝靛染布制衣只在农村存在，但也只是小规模的自给自足。[2] 如今，蓝印花布成了江苏省非物质文化遗产保护项目，在南通建有蓝印花布博物馆，使用蓝草染色的作坊已不多见。说起来，旷野里的蓝草背后还隐藏着一部民族工商业的兴衰史呢！

国画颜料花青也遭遇了同样的命运，在光绪末年多用普鲁士蓝（简称"普蓝"）替代。但无论如何，化学制品染成的蓝，哪有蓝草染成的

1　《齐民要术译注》，第 322 页。

2　郭智伟、夏燕靖：《染蓝历史及其发展》，《南京艺术学院学报》，1993 年第 4 期，第 57 页。

那样美丽呢？用蓝靛染成的衣服"比普蓝颜色更加鲜艳，能抗拒日光，不太变色。"[1]

"终朝采蓝，不盈一襜。"遥想先人采蓝、制靛、染蓝、晾晒、刮灰、漂洗……每一步都有大自然的生灵参与其中；每一件蓝印花布做成的衣裳，都蕴藏着民间手艺人的温度和日常。仲夏清晨蓼蓝叶片上的露水，摆得整整齐齐的一院子染缸，一族长辈与小辈男人们伸进染缸里粗犷的手臂，向染缸里窥看的妇人的脸庞，映照进染缸里的无数表情，晴朗的天空，飞过的鸟，流水的哗哗声，孩子们在晾晒的花布间嬉戏打闹，高高挂起的蓝印花布在秋风中猎猎作响……

---

1 《中国画颜色的研究》，第 17 页。

● 车前草｜采采芣苢，薄言采之

听一位同学说，她在大学上《诗经》课，老师讲到《周南·芣苢》时走出教室，片刻后回来，手里拿着一株野草，对大家说："'采采芣苢'，芣苢，车前草也。"就是这样一株野草，可以说的其实很多。

1. 车前之得名

车前草，中文正式名为车前（*Plantago asiatica* L.），车前科车前属二年生或多年生草本，在全国各地广泛分布。"车前"一名见于《尔雅》："芣苢，马舄。马舄，车前。"郭璞注曰："今车前草，大叶，长穗，好生道边。江东呼为虾蟆衣。"为何名为"车前"？陆玑《毛诗草木鸟兽虫鱼疏》解释：

> 马舄，一名车前，一名当道，喜在牛迹中生，故曰车前、当道也。今药中车前子是也。幽州人谓之牛舌草，可鬻作茹，大滑。其子治妇人难产。[1]

据《中国植物志》，车前草根须发达，根茎短且粗，叶基生，呈莲座状平卧、斜展或直立。所以不怕碾压，在牛和车经常走的路上也能生存，故其名为"车前"，又名车轮草、车轱辘菜等。

在读《芣苢》之前，我就认识了车前草。中学时患肾炎，父亲带着

---

1 转引自〔唐〕孔颖达撰：《毛诗正义》，北京大学出版社，1999 年，第 51 页。

〔日〕岩崎灌园《本草图谱》，各种车前草

车前科车前属全球共 190 余种，我国有 20 种。

我四处求医问药，最后终于在县医院找到一位经验丰富的中医。她是一位和蔼慈祥的奶奶，开完药，对父亲说，用车前草和甘草煎水喝，有助于泌尿。父亲知道这种草，他以前在膏药厂当学徒时曾采过，十分常见。抓完药，父亲和姑妈带我去周边的公园，在路边的草地上采了许多。那天我们很高兴，自从患病以来，好久没那么轻松过了。我就是在那时认识的车前草。将它与甘草一起熬成淡棕色的汤，味道很甜。事实证明，这种汤药真的有效果。

病愈后很多年，每每在路上遇见车前草，我都会问父亲：您还记得这种草吗？父亲说：当然，车前草！后来读《诗经》，知道"采采芣苢，薄言采之"的"芣苢"即车前草时，觉得无比亲切。

车前草的药用价值始载于汉代《神农本草经》："车前子，味甘寒无毒。主气癃，止痛，利水道小便，除湿痹。久服轻身耐老。一名当道。生平泽。"[1] 先人早已经发现车前草在泌尿方面的疗效。但在《诗经》中，人们采它，却是别有用处。

2. 车前草之咏叹调

关于《芣苢》的主旨，《毛诗序》曰："《芣苢》，后妃之美也。和平则妇人乐有子矣。"郑玄《毛诗传笺》："天下和，政教平也。"孔颖达《毛诗正义》进一步解释说："若天下乱离，兵役不息，则我躬不阅，于此之时，岂思子也？今天下和平，于是妇人始乐有子矣。"[2] 一首采摘车前草时所唱的歌，与"妇人乐有子"有何关系呢？

这就涉及车前草的功效。《毛传》曰："芣苢，马舄。马舄，车前也。宜怀妊焉。"原来，芣苢这种草药有助于治疗不孕不育。到了魏晋时成书的医书《名医别录》中，"车前子"已被赋予这种功效："养肺，强阴，益精，令人有子。"[3] 这一说法在《毛诗正义》中得到延续，白居

1　〔日〕森立之辑，罗琼等点校：《神农本草经》，北京科学技术出版社，2016年，第17页。
2　《毛诗正义》，第51页。
3　〔梁〕陶弘景撰，尚志钧辑校：《名医别录》，中国中医药出版社，2013年，第39页。

〔日〕细井徇《诗经名物图解》，车前草、卷耳

车前草有助于泌尿，但在《诗经》中却别有他用，对于我们理解《芣苢》这首诗的深意十分重要。

易或是受此影响，其诗《谈氏外孙生三日，喜是男，偶吟成篇，戏呈梦得》前两联云：

> 玉芽珠颗小男儿，罗荐兰汤浴罢时。
>
> 芣苢春来盈女手，梧桐老去长孙枝。

白居易喜得男外孙，作诗给刘禹锡。诗中的"芣苢"即"芣苢"，所用典故正是出于《诗经》。而车前子的这一功能，对于理解这首诗至关重要。

对此，闻一多《匡斋尺牍》有精彩的论述。利用音韵学和古代神话传说，闻一多考证出"芣苢"即"胚胎"，两者音同，在《诗经》中可谓一语双关。[1]这印证了《毛传》对芣苢"宜怀妊"的解释。而在宗法社会，繁衍子嗣、延续香火，对于一个出嫁的女人来说是何等地重要。正如闻一多所言：

> 宗法社会里是没有"个人"的，一个人的存在是为他的种族而存在的，一个女人是在为种族传递并繁衍生机的功能上存在着的。如果她不能证实这功能，就得被她的侪类贱视，被她的男人诅咒以致驱逐，而尤其令人胆颤的是据说还得遭神——祖宗的谴责。……总之，你若想象得到一个妇人在做妻以后，做母以前的憧憬与恐怖，你便明白这采芣苢的风俗所含意义是何等严重与神圣。[2]

所以闻一多说，知道芣苢是什么植物，有什么功用，知道这功用所反映的是何等严肃的意义，才算有了充分的资格来读这首诗。接下来，我们将在字里行间，感受那些做妻以后、做母以前的妇女们，在采集芣苢时"憧憬与恐怖"的情态：

> 采采芣苢，薄言采之。采采芣苢，薄言有之。
> 采采芣苢，薄言掇之。采采芣苢，薄言捋之。

---

1 闻一多著：《神话与诗》，生活·读书·新知三联书店，1982年，第346页。
2 《神话与诗》，第347页。

采采芣苢，薄言袺之。采采芣苢，薄言襭之。

这首诗共 3 章，每章两句，每句都有"采采芣苢"和"薄言"，在叠字的用法上，诗三百中无出其右。这种重复的句法看似简单，实则是理解这首诗的玄机。"采采"形容颜色鲜明，"薄"通"迫"，"薄言"即急急忙忙地。在《诗经》中，"薄言"共出现 18 次，皆为此意。而在这首诗中，急切的心情、迫切的情调，加上重复的表达，妇女采摘车前子时的情状宛在眼前。[1]

再看第二章和第三章的动词。"掇"和"捋"都是摘的意思，如"明明如月，何时可掇"。如今一些方言里还有"捋袖子""捋花生"的用法，意为用手握住条状物向一端滑动。由此可知，其所采的正是车前子，而不是车前的叶片。此处闻一多的解释也很有趣：从"掇"和"捋"这两个声音上，"你就可以明白那是两种多么有劲的动作。审音的重要性于此可见一斑"。[2] 这种以语音辅助解释语义的方法，类似于以古音求古意，颇有道理。可见"掇"和"捋"的动作、力气都比"采"和"有"要大，反映在情绪上也是一种递进。"袺"与"襭"都从衣，可理解为用衣襟兜起来，是整套动作中的最后一步。

余冠英评论说："这篇似是妇女采芣苢子时所唱的歌。开始是泛言往取，最后是满载而归，欢乐之情可以从这历程见出来。"[3] 但从以上分

1 《神话与诗》，第 348 页。"采采"和"薄言"的解释历来不一。

2 《神话与诗》，第 349 页。

3 余冠英注译：《诗经选》，人民文学出版社，1979 年，第 10 页。

析来看，《芣苢》传达出来的，却不一定全是"欢乐之情"。

闻一多就认为这其中可能有不幸者：在那边山坳里，或许还有一个中年的"佝偻的背影"，她"急于要取得母亲的资格以稳固她妻的地位"。此处写得极为精彩，引述如下：

> 在那每一掇一捋之间，她用尽了全副的腕力和精诚，她的歌声也便在那"掇""捋"两字上，用力的响应着两个顿挫，仿佛这样便可以帮助她摘来一颗真正灵验的种子。但是疑虑马上又警告她那都是枉然的。她不是又记起已往连年失望的经验了吗？悲哀和恐怖又回来了——失望的悲哀和失依的恐怖。动作，声音，一齐都凝住了。泪珠在她眼里。[1]

一首看似欢快的诗，实则暗藏旧时妇女所承受的巨大压力。闻一多从事中国古典文学研究，以文字学、音韵学为工具，从社会学的角度来阐释这首诗，从中读出妇女们的"憧憬与恐怖"，叫人信服，令人感佩。清人方玉润《诗经原始》认为此乃田家妇女于平原绣野、风和日丽中群歌互答[2]，仅从音律和节奏上去解读，便少了这一层意味。

---

1 《神话与诗》，第 350 页。

2 "夫佳诗不必尽皆征实，自鸣天籁，一片好音，尤足令人低回无限。若实而按之，兴会索然矣。读者试平心静气，涵咏此诗，恍听田家妇女，三三五五，于平原绣野、风和日丽中群歌互答，余音袅袅，若远若近，忽断忽续，不知其情之何以移而神之何以旷。则此诗可不必细绎而自得其妙焉。"见〔清〕方玉润撰，李先耕点校：《诗经原始》，中华书局，1986 年，第 85 页。

3. "令人有子"之真相

诗说完了，再回到"芣苢"。其实，关于它究竟是何种植物，曾经有过争议。

《说文解字》："芣苢，一名马舄，其实如李，令人宜子。从草目声，《周书》所说。"芣苢的种子怎么可能像李子呢？此处《周书》，后世称《逸周书》，其卷 7 "王会"篇云："康民以桴苢者，其实如李，食之宜子。""康"是西戎的别名，此处的"桴苢"乃西戎之木，因为都有益于生子，发音相同，故与《周南》"芣苢"相混淆。

闻一多则从文字学的角度，考证出"芣苢"即"薏苡"。[1] 而在关于夏人祖先的故事中，就有有莘氏之女修己吞食薏苡而怀禹的传说，因此薏苡又被称为神珠。薏苡是什么植物呢？

薏苡（*Coix lacryma-jobi* L.），禾本科薏苡属一年生粗壮草本。其种子中间有小孔，小时候我们拿它穿成佛珠，挂在脖子上。[2] 现在食用的薏米就是薏苡的栽培变种，又名薏苡仁，是一种保健食品。在修己吞食薏苡而怀禹的故事中，薏苡应是薏苡仁。《神农本草经》中也有"薏苡子"，且列于"车前子"之前。[3] 但无论是薏苡，还是薏苡仁，历代医书中都不

1　《神话与诗》，第 352-354 页。
2　《中国植物志》："本种为念佛穿珠用的菩提珠子，总苞坚硬，美观，按压不破，有白、灰、蓝紫等色，有光泽而平滑，基端之孔大，易于穿线成串，工艺价值大，但颖果小，质硬、淀粉少，遇碘成蓝色，不能食用。"
3　"薏苡仁：味甘微寒。主筋急拘挛，不可屈伸，风湿痹，下气。久服轻身益气。其根下三虫，一名解蠡。生平泽及田野。"见《神农本草经》，第 17 页。

〔日〕毛利梅园《梅园百花画谱》，薏苡

薏苡子可做佛珠，现在食用的薏米乃其栽培变种。传说修己就是吞食薏苡而怀禹，因此薏苡又被称为神珠。

见其利于生子这一说。对于《诗经》中"芣苢"的解释,目前学界还是从《尔雅》,认为是车前。

前文已说到,最早将"宜怀妊"的神奇功能赋予"芣苢"这种寻常草药的医书,是魏晋时成书的《名医别录》。西汉传《诗》者有鲁、齐、韩、毛四家,前三家《诗》于西汉前中期被立于学官。西汉平帝至新莽时期,《毛诗》也曾一度被立于学官。魏晋以后,前三家《诗》先后亡佚,《毛诗》独行于世。"令其有子"出现于《名医别录》中,恐怕是受到此一时期大盛的《毛诗》的影响。

实际上,不论是车前、薏苡,还是枲苢,都无助于生育子嗣。清人姚际恒《诗经通论》就指出了这一点:"按车前,通利之药;谓治产难或有之,非能宜子也。"[1]

的确,陆玑就只说"治妇人难产"。这一说法在后世医书中亦有继承,例如唐代许仁则《子母秘录》载"车前子末,酒服二钱"可治"横产不出";南宋陈自明《妇人良方》载"车前子为末,酒服方寸匕。不饮酒者,水调服",可"滑胎易产"。[2] 也有说车前子可堕胎[3],岂不是与《毛传》"宜怀妊"的解释相矛盾?

妇人生产,绝非儿戏。陆玑、唐宋医家皆认为车前子可治难产,当

---

1 "故毛谓之'宜怀妊';《大序》因谓之'乐有子',尤谬矣。车前岂宜男草乎!"见〔清〕姚际恒著,顾颉刚标点:《诗经通论》,中华书局,1958年,第26页。
2 转引自〔明〕李时珍著,钱超尘等校:《本草纲目》,上海科学技术出版社,2008年,上册,第700页。
3 "季明德谓芣苢为宜子,何玄子又谓为堕胎,皆邪说。"见《诗经通论》,第27页。

有其临床依据。也正是因为如此，如果孕妇在怀孕期间服用车前子，则会有流产的风险，所以吴其濬认为苤苢乃孕妇之禁方[1]。那么，关于车前子可堕胎的说法，也就可以成立。

总而言之，车前子并不能"令人有子"。但是在《诗经》时代，人们相信车前子具有"宜怀妊"的功效。理解了这一点，我们再去读《苤苢》这首诗，就会多一种视角，对于这首诗的理解，也会更为丰富。

1　"说《诗》者或以柠苃为苤苢，然二者今皆为孕妇禁方矣。"见〔清〕吴其濬著：《植物名实图考》，中华书局，2018年，第4页。

夏天的傍晚，与友人去恭王府听讲座，进园之前，骑单车在附近的胡同里闲逛。突然在巷子口惊现一片凌霄，从院墙上倾泻而下，橙黄色、小喇叭一样的花朵翘立枝头，热闹极了。

回来翻看《诗经名物图解》，仔细观察其所绘凌霄，越发觉得它真是漂亮。赏心悦目之余，就想知道它的历史，古人不会不注意到这种植物，那时的人们是如何写它的呢？没想到，它背后的故事还真不少。

1. 初识凌霄

"我如果爱你，绝不像攀援的凌霄花，借你的高枝炫耀自己。"相信很多人知道凌霄都是因为这句诗。学这首诗的时候，我正在上初中。那时不知道，原来学校附近一户人家院子里种的就是它。入夏凌霄盛开，每次路过都艳羡不已。

凌霄［*Campsis grandiflora*（Thunb.）Schum.］是紫葳科凌霄属的攀缘藤本，这个形象的名字源自其缘木而生的习性[1]。但这也是后来才有，凌霄在成书于东汉的《神农本草经》中名为"紫葳"。《本草纲目·草部》也以"紫葳"作为篇目名，现代植物学家则以"紫葳"作为本科的科长。

1　"时珍曰：俗谓赤艳曰紫葳葳，此花赤艳，故名。附木而上，高数丈，故曰凌霄。"见〔明〕李时珍著，钱超尘等校：《本草纲目》，上海科学技术出版社，2008年，上册，第814页。

紫葳科植物的花冠多呈钟状或漏斗状，大而美。我们熟知的梓树、灰楸和黄金树，都是如此。既然凌霄的花朵如此夺目，作为一科之长也不无道理。

不过今日我们常见的凌霄品种是杂种凌霄（*Campsis × tagliabuana*），是由凌霄（*Campsis grandiflora*，中国凌霄）与厚萼凌霄（*Campsis radicans*，美国凌霄）于 19 世纪中叶杂交而成。

古人所见的"中国凌霄"花萼薄、分裂深、棱角分明；花冠裂片大，几乎重叠，似一圆筒。而今天用于园林观赏的杂种凌霄，花萼圆润、厚实、分裂浅；花冠裂片小，可以清晰地数出五瓣。美国凌霄在我国南方的庭院中也较多见，区别在于其花筒细长，花萼与花冠均为橙红至鲜红色。而杂种凌霄的花萼为黄绿色，花冠为橙黄色。

凌霄作为中药主要用于妇科。云南当地称之为堕胎花，"飞鸟过之，其卵即陨"，吴其濬已在《植物名实图考》中指出此说之谬 [1]。

2. 诗文中的凌霄

凌霄喜攀缘，盛夏怒放，花色橙黄，引人注目。早在唐代，它就成为文人托物言志的对象。最为典型的当属白居易的这首讽喻诗：

> 有木名凌霄，擢秀非孤标。

---

[1] "余至滇，闻有堕胎花，俗云飞鸟过之，其卵即陨。亟寻视之，则紫葳耳。青松劲挺，凌霄屈盘，秋时旖旎云锦，鸟雀翔集，岂见有胎殰卵殈者耶？"见〔清〕吴其濬著：《植物名实图考》，中华书局，2018 年，第 536 页。

〔荷兰〕亚伯拉罕·雅克布斯·温德尔绘，《荷兰园林植物志》，凌霄，1868 年

〔荷兰〕亚伯拉罕·雅克布斯·温德尔绘，《荷兰园林植物志》，厚萼凌霄，1868 年

19 世纪中叶，中国的凌霄与原产美洲的厚萼凌霄杂交产生杂种凌霄。

偶依一株树，遂抽百尺条。

托根附树身，开花寄树梢。

自谓得其势，无因有动摇。

一旦树摧倒，独立暂飘摇。

疾风从东起，吹折不终朝。

朝为拂云花，暮为委地樵。

寄言立身者，勿学柔弱苗。

白居易读《汉书》列传，作《有木诗八首》以木喻人。前六首托弱柳、樱桃、枳橘、杜梨、野葛、水柽，以讽当权者。第七首凌霄则讽刺依附权势之人，警诫后人自强独立，不可学凌霄攀木，一旦树倒则沦为柴草。

与白居易如出一辙，北宋杨绘《凌霄花》亦云：

直饶枝干凌霄去，犹有根源与地平。

不道花依他树发，强攀红日斗妍明。

杨绘是宋神宗时的御史中丞，监察百官，谏言圣上。彼时王安石正在大力推行变法，杨绘上疏劝诫神宗：王安石变法以来，当朝旧臣诸如范镇、欧阳修、司马光等多引疾求去，陛下应深思。王安石得知后大怒，欲将其贬至岭外，还是神宗手下留情，只贬到了亳州（今安徽省亳州市）。[1]北宋中后期，围绕变法斗争激烈，趋炎附势、狐假虎威的人不在

---

1 〔元〕脱脱等撰：《宋史》，中华书局，1977 年，第 10449-10450 页。

少数。杨绘所写《凌霄花》，所讽刺的正是这一类人。

清代画家"扬州八怪"之首金农画有凌霄绕松册页，将凌霄花挂于青松，比作 15 岁的小女扶老翁，世人看花不看松，但大雪来临时，花枝枯萎，只有松树依旧挺立 [1]。

当然，写凌霄的诗并不都是贬义。比杨绘稍早一些的北宋宰相贾昌朝，赋诗《咏凌霄花》赞颂凌霄谦逊而不居功：

> 披云似有凌云志，向日宁无捧日心。
>
> 珍重青松好依托，直从平地起千寻。

由于凌霄花攀绕乔木，直上云霄，诗歌里多比之为"盘升之龙"。五代十国后蜀花间派词人欧阳炯《凌霄花》诗云：

> 凌霄多半绕棕榈，深染栀黄色不如。
>
> 满树微风吹细叶，一条龙甲飐清虚。

苏轼《减字木兰花·双龙对起》将两株绕古松入青云的凌霄称之为"双龙"：

> 双龙对起，白甲苍髯烟雨里。疏影微香，下有幽人昼梦长。
>
> 湖风清软，双鹊飞来争噪晚。翠飐红轻，时下凌霄百尺英。

---

1 画中金农题辞曰："凌霄花，挂松上，天梯路可通。仿佛十五女儿扶阿翁，长袖善舞生回风。花嫩容，松龙钟。擅权雨露私相从，人却看花不看松。转眼大雪大如掌，花萎枝枯谁共赏？松之青青青不休，三百岁寿春复秋。稽留山民画并效乐府老少相倚曲题之。"

据词前小序，此乃苏轼贬官杭州时所作。彼时，诗僧清顺住在钱塘西湖的藏春坞。门前两株古松，各有凌霄绕于其上，清顺白天常卧于其下。这天苏轼独自登门拜访，见松风骚然，落英缤纷，清顺指落花求韵，苏轼便做了这首词。

历史上咏凌霄的诗中，陆游《夏日杂题》是我尤其喜欢的一首：

> 眈眈丑石黑当道，娇娇长松龙上天。
>
> 满地凌霄花不扫，我来六月听鸣蝉。

园中怪石如熊黑当道，但凌霄绕松，恰似飞龙上天。花不扫，听鸣蝉，有情状，也有力量，诗人的倔强溢于言表。放翁就是放翁，寻常草木到了他的笔下，似都生出一种铁骨，气势如虹。其《老学庵笔记》载有一株不依木而生、挺然独立的凌霄：

> 凌霄花未有不依木而能生者，惟西京富郑公园中一株，挺然独立，高四丈，围三尺余，花大如杯，旁无所附。[1]

这株凌霄亦见于南宋朱弁文言小说集《曲洧旧闻》：

> 富韩公居洛，其家圃中凌霄花无所因附而特起，岁久遂成大树，高数寻，亭亭然可爱。韩秉则云："凌霄花必依他木，罕见如此者，盖亦似其主人耳。"予曰："是花岂非草木中豪杰乎，所谓不待文

---

1 〔宋〕陆游撰，李剑雄、刘德权点校：《老学庵笔记》，中华书局，1979年，第120页。

王犹兴者也。"[1]

富韩公即北宋名相富弼，因才被晏殊纳为婿。北宋至和二年（1055）与文彦博同任宰相，曾与范仲淹一起推行新政，因反对王安石变法而出判亳州，力主结盟契丹，使百姓免于战乱。富弼死后，配享神宗庙庭，宋哲宗亲自篆其碑首为"显忠尚德"，并命苏轼撰文刻写。园中种凌霄，却不种乔木于其旁，令其独立而成树，由此可见富弼的性情，正如韩秉则所说："盖亦似其主人耳。"至此，凌霄已成为草木中的豪杰。

凌霄在宋代已作为庭院观赏藤本，如《本草图经》云："今处处皆有，多生山中，人家园圃亦或种莳。初作藤蔓生，依大木，岁久延引至巅而有花，其花黄赤，夏中乃盛。"[2]这一方面得益于宋代园林艺术的发展，同时也是因为凌霄作为观赏植物的独特优势：施之于棚架，枝繁叶茂可供纳凉，花期漫长，能热热闹闹地开过一整个盛夏，怎不叫人喜爱？到清代，李渔《闲情偶寄·种植部》更是不吝赞美之词："藤花之可敬者，莫若凌霄。然望之如天际真人，卒急不能招致，是可敬亦可恨也。"[3]

而真正让凌霄花为读书人所尽知的，是南宋朱熹。他在《诗集传》中将《小雅·苕之华》中的"苕"解释为凌霄，凌霄从此登堂入室，进入儒家经典。

1 〔宋〕朱弁撰，孔凡礼点校：《曲洧旧闻》，中华书局，2002 年，第 111 页。
2 转引自〔宋〕唐慎微撰，郭君双等校注：《证类本草》，中国中医药科技出版社，2011年，第 429 页。
3 〔清〕李渔著，江巨荣、卢寿荣校注：《闲情偶寄》，上海古籍出版社，2000 年，第 312 页。

● 鼠尾草｜苕之华，芸其黄矣

上篇文章我们说到，朱熹《诗集传》将《小雅·苕之华》中的"苕"解释为凌霄，后世《诗经》注者多有从之。但实际上，"苕之华"的"苕"并非凌霄，而是鼠尾草。

1. 鼠尾草家族

据《中国植物志》，鼠尾草（*Salvia japonica* Thunb.），唇形科鼠尾草属一年生草本。鼠尾草属是一个庞大的家族，约 700-1050 余种，我国有 78 种，分布于全国各地。比较常见的是做装饰用的一串红，多为小盆种植，顶部花开朱红，十分喜庆。

鼠尾草的花穗是长长的一枝，从底部窜出，末端高高翘起，越到尾部越细，就像老鼠的尾巴，花可以一直开到穗尾，《本草纲目·草部》说："鼠尾以穗形命名"。[1] 鼠尾草为草本，凌霄为藤本，两者相去甚远，朱熹怎么会将两者混淆呢？我们先看一下《苕之华》这首诗：

> 苕之华，芸其黄矣。心之忧矣，维其伤矣！
> 苕之华，其叶青青。知我如此，不如无生！
> 牂羊坟首，三星在罶。人可以食，鲜可以饱！

1　〔明〕李时珍著，钱超尘等校：《本草纲目》，上海科学技术出版社，2008 年，上册，第 703 页。

关于这首诗的主旨，《毛传》说得很明白："大夫闵时也。幽王之时，西戎东夷交侵中国，师旅并起，因之以饥馑。君子闵周室之将亡，伤己逢之，故作是诗也。"对于"苕"，《毛传》解释说："苕，陵苕也，将落则黄。"郑玄《毛诗传笺》："陵苕之华，紫赤而繁。"《毛诗正义》引陆玑《毛诗草木鸟兽虫鱼疏》云：

> 一名鼠尾，生下湿水中，七八月中华紫，似今紫草。华可染皂，煮以沐发即黑。[1]

《尔雅》关于"苕"的解释与《毛传》相同，但多了一句："苕，陵苕。黄花，蔈；白花，茇。"黄花和白花的陵苕有不同的名字，所以郭璞《尔雅注》说："苕，花色异，名亦不同。"这些说明了鼠尾草家族不同种类花色各异的特点。在现代植物学分类上，鼠尾草属中不少种类即以花色来命名，例如黄花鼠尾草、橙色鼠尾草、暗红鼠尾草等。古人也发现鼠尾草不止一种，于是将开黄花的鼠尾草命名为蔈；开白花的命名为茇。

鼠尾草在凋谢时，花瓣枯黄，正是诗中所说"芸其黄"。所以，《苕之华》首句言鼠尾草凋谢时花色变黄，花落则枝干独立，以兴诸侯兵败，京师孤弱，西戎、东夷入侵。

如果将"苕"解释为凌霄，放在诗中是否可行？朱熹这样描述凌霄的比兴意义："诗人自以身逢周室之衰，如苕附物而生，虽荣不久，故

---

1 〔唐〕孔颖达撰：《毛诗正义》，北京大学出版社，1999年，第946页。

〔日〕岩崎灌园《本草图说》，鼠尾草

鼠尾草为穗状花序，长且细，形如鼠尾，故此得名。鼠尾草凋谢时，花瓣枯黄，正是《诗经·小雅·苕之华》所说"芸其黄"。

以为比，而自言其心之忧伤也。"[1]凌霄为攀缘植物，其附物而生的习性，已被唐宋文人赋予或褒或贬的象征意义。所以朱熹如此解释，自有其传统，也符合诗意。但朱熹怎么会想到凌霄呢？

2. 朱熹的影响

将"苕"与凌霄等同起来并非朱熹首创，他有文献作为依据。朱熹这样解释"苕"："苕，陵苕也。《本草》云：'即今之紫葳，蔓生附于乔木之上，其华黄赤色，亦名凌霄。'"[2]可见，他依据的是某种《本草》。

北宋唐慎微《证类本草》"紫葳"条下引南朝陶弘景："《诗》云：有苕之华。郭云：凌霄。亦恐非也。"又引唐本注："郭云：一名陵时，又名凌霄。"[3]这说明，在朱熹之前，晋代郭璞《尔雅注》已将"苕"与凌霄等同起来。

从传世的文献来看，《尔雅注》只说"一名陵时"，并无一字提及凌霄，吴其濬也发现了这一问题[4]。不知文献流传过程中，在哪里出了问题。但

---

1 〔宋〕朱熹撰，赵长征点校：《诗集传》，中华书局，2017年，第267页。

2 《诗集传》，第267页。

3 〔宋〕唐慎微著，郭君双等校注：《证类本草》，中国医药科技出版社，2011年，第429页。《证类本草》"墨盖"下所引"唐本""唐本注"等资料出自北宋掌禹锡《蜀本草》。参见尚志钧：《〈证类本草〉"墨盖"下引"唐本""唐本注"讨论》，《中华医史杂志》，2002年第2期，第86页。

4 "《唐本草注》引《尔雅》：'苕，陵苕。'郭注：'又名陵霄。'今本无之。"见〔清〕吴其濬著：《植物名实图考》，中华书局，2018年，第536页。

无论如何，在宋以前的本草著作中，"苕"已与凌霄联系在一起。

陆玑对"苕"的描述，与凌霄有着明显的区别，朱熹不会没有注意到。但他依然采用了《本草》中的解释，将"苕之华"解释为凌霄花。原因何在？

凌霄自宋代已成为园林中常用的观赏植物，苏轼等人写过有关凌霄的诗词，朱弁所著《曲洧旧闻》亦载有富弼家圃中凌霄花的故事。可以想见，凌霄在宋代文人圈子中有着较高的知名度。其次，从外形上看，与凌霄这样极具观赏性的攀缘开花藤本相比，鼠尾草显得有些不太起眼。因此用凌霄解释《诗经》，更容易为世人接受，在诗意上也完全解释得通。于是，朱熹便摒弃了陆玑的观点，选择了凌霄。凌霄也从此进入儒家经典，为后世读书人所知晓。

与朱熹同时代的罗愿《尔雅翼》亦做如是说。[1] 罗愿，字端良，号存斋，徽州歙县人，南宋乾道二年（1166）进士。《尔雅翼》是他的代表作，主要解释《尔雅》草木鸟兽虫鱼各种物名，作为《尔雅》的辅翼，故此得名。

罗愿比朱熹小 6 岁，两人曾有交往。淳熙十年（1183）春天，时任湖北鄂州知事的罗愿致信朱熹，请其为鄂州社稷坛改迁一事作文以记之。当时，朱熹正在福建武夷山讲学。在《鄂州社稷坛记》一文中，朱熹对

---

1 "苕：陵苕，黄华蔈，白华茇。华色既异，名亦不同，今凌霄花是也。蔓生乔木上，极木所至，开花其端。诗云：苕之华，芸其黄矣。"见〔宋〕罗愿撰，石云孙点校：《尔雅翼》，黄山书社，2013 年，第 40 页。

〔日〕细井徇《诗经名物图解》，苕

朱熹《诗集传》释"苕"为凌霄，后世《诗经》注本与日本《诗经》学多受其影响。

罗愿建社稷坛以扶正地方风俗一事称赞有加，谓其"学古爱民之志卓然有见""劝学劝农甚力"[1]。从上述两人通信来看，他们交往颇多，在学问上或许也有过交流。《尔雅翼》成书于淳熙元年（1174），《诗集传》

---

1 〔宋〕朱熹：《朱子文集》，商务印书馆，1936年，卷9，第385–386页。

作于淳熙四年（1177），两人都将"苕"解释为"凌霄"，恐怕都是受到唐宋年间本草书籍的影响。

朱熹《诗集传》是继唐代孔颖达《毛诗正义》后又一里程碑式的《诗经》注本，在明清两代成为官方教材。明清时期，士子参加科举考试，需以《诗集传》为准绳，其影响之远，不难想见。明代毛晋《毛诗草木鸟兽虫鱼疏广要》即认为"苕之华"为凌霄花，而"陆玑疏全谬不可从"。[1]清人方玉润《诗经原始》对"苕之华"的注释，即源自《诗集传》。今人周振甫《诗经译注》，程俊英、蒋见元《诗经注析》也都沿袭之。《诗集传》也影响到日本《诗经》学，冈元凤《毛诗品物图考》、细井徇《诗经名物图解》为"苕之华"所画的插图，正是一枝翘首绽放的凌霄花。

其实，清代《诗经》研究者已发现其中的问题，陈奂和王先谦都曾指出《诗集传》此处的错误。宋代的学术重在阐释义理，对于文字训诂、名物考证则不深究，这正是宋学与汉学的不同之处。因此，对于《诗经》中的植物，《诗集传》《尔雅翼》的解释需谨慎对待，这是今天我们读《诗经》时要注意的问题。

---

1 〔晋〕陆玑撰，〔明〕毛晋参：《毛诗草木鸟兽虫鱼疏广要》，中华书局，1985年，第20页。

夏天到了，我在网上买了鲜切的栀子花。清晨采摘，上午从重庆发货，下班后就收到。快递员大概知道是鲜花，所以没敢耽误，急忙给我打电话取货。拿到快递，忍不住凑到纸盒的缝隙边，是我熟悉的香味！

1. 栀子、夏天与《朝花夕拾》

去年此时，我也让父亲给我寄了一些自家院子里种的栀子花，我是有多想念这个味道。自从北上求学以来，每年暑假回到家已是六月底，栀子花已凋谢殆尽，完全错过花期。

小时候，家门前有一棵栀子树。初夏清晨，栀子盛开，远远地就能闻到香味。那时每天起床后最期待的事，就是去摘花，泡在水里放在房间，香气很快充满整个屋子。夜晚伴着香气入眠，别提多美。女同学都喜欢将它扎在辫子上，于是教室里也满是栀子花的香味，那是童年夏天特有的味道。因为开花总在六月前后，所以每年儿童节，我们都要摘许多送给老师。

栀子花的花瓣洁白如雪，花香馥郁。高考之后的那个暑假在家，江城数日暴雨，天气阴霾。考试成绩出来之前，心里忐忑不安。还好尚有一件事情可做：将带有枝叶的栀子花插在透明的金鱼缸里，摆在窗前的书桌上，等待清晨的阳光洒进来。绿叶、白花、黄蕊搭配，显得清新素雅。闻着香，看着花，也能消磨一上午光阴。那年夏天的花香，曾让少年的内心得到片刻安宁。

1927 年 5 月，当鲁迅正在炎热的广州编辑《朝花夕拾》中的旧文时，案头的一盆栀子大概也曾消解作家心中的"离奇和芜杂"。他在《朝花夕拾·小引》中写道：

> 广州的天气热得真早，夕阳从西窗射入，逼得人只能勉强穿一件
> 单衣。书桌上的一盆"水横枝"，是我先前没有见过的：就是一段树，
> 只要浸在水中，枝叶便青葱得可爱。看看绿叶，编编旧稿，总算也在
> 做一点事。做着这等事，真是虽生之日，犹死之年，很可以驱除炎热的。

据《中国植物志》，栀子本种作盆景植物，称"水横枝"。鲁迅所说的"水横枝"就是栀子，广东地区常用于制作盆景。在温暖的南方地区，栀子可以水培，截取一段枝条插在水中，两周左右就能长出白色的根须，养护得当也能开花。炎炎夏日，栀子那青葱可爱的绿叶、水中或静或动的根须，的确可以叫人静下心来。

2. 作为染料的栀子

"栀子"在古籍中的名称有很多，如卮子、鲜支、鲜枝、木丹、越桃等。"栀子"一名源自《说文解字》："栀，木，实可染。从木卮声。"[1]可见，果实的染色功能乃是栀子的重要特点。作为染料的栀子（*Gardenia jasminoides* Ellis）是茜草科植物。茜草也是一种红色染料，用作染料的是其根部；而栀子是一种黄色染料，用于染色的是其果实。在我印象中，栀

---

1 关于"栀子"之得名，《本草纲目·木部》曰："卮，酒器也。栀子象之，故名。"见
 〔明〕李时珍著，钱超尘等校：《本草纲目》，上海科学技术出版社，2008年，下册，
 第1322页。

子花从不结果，倒是幼年在山间曾见过"野生"的栀子结出橙黄色的果实。

现在用于观赏的栀子叫重瓣栀子，古籍中又名"白蟾"。重瓣栀子是单瓣栀子的变种，多出来的花瓣是由花蕊"瓣化"而来。"瓣化"是指雄蕊、雌蕊等组织变化形成花瓣的现象，除了栀子，山茶、牡丹、芍药、睡莲、杜鹃、蜀葵等多种植物都会发生"瓣化"。花瓣数量增加，花型丰富多样，观赏性增强，瓣化后的重瓣品种受到园艺界的欢迎。

部分花蕊变成花瓣，于是雌蕊受精和结实的概率就会降低。《花镜》载："单叶小花者结子多，千叶大花者不结子。"[1]"单叶小花者"即单瓣栀子，"千叶大花者"即重瓣栀子。所以，如今我们见到的重瓣品种，主要供人观赏，不负责"繁衍后代"。此外，栀子并不依赖果实繁衍生息，通过扦插的方法就可以生根存活。

秦汉时期，栀子已用作黄色染料。《史记·货殖列传》载："若千亩卮茜，千畦姜韭：此其人皆与千户侯等。"这里的"卮"和"茜"都是指染料而言。汉代，家中若有千亩栀子与茜草，其富足可匹敌千户侯，可见栀子和茜草在当时是重要的经济作物。

植物染料那么多，为什么能使人获利的是栀子和茜草呢？这与汉朝尊崇的颜色有密切关系。刘邦建立汉朝后，为巩固自己"赤帝之子"的形象便推崇红色，将龙袍做成了红色（秦朝是黑色）。汉武帝即位后信奉阴阳五行，秦朝是水德，汉朝是土德，土能克水，"金木水火土"对

1　〔清〕陈淏子辑，伊钦恒校注：《花镜》，农业出版社，1962 年，第 131 页。

〔日〕毛利梅园《梅园百花画谱》，千叶栀子

千叶栀子即重瓣栀子，又名玉楼花、玉楼春、白蟾，由单瓣栀子的花蕊"瓣化"而来，不结果实。

〔日〕佚名《本草图汇》，山栀子

山栀子即单瓣栀子，果实橙黄，在秦汉几乎是处于垄断地位的黄色染料，汉代皇室
用于染御服。

应"白青黑赤黄"，"土"对应"黄"。于是汉武帝便将龙袍改成黄色，同时保留红色的龙袍。到了东汉，刘秀又将汉朝所属的"土德"更为"火德"，继续崇尚红色。[1] 所以，整个汉朝，红色和黄色两种颜色都曾为统治者青睐。东汉学者应劭著有《汉官仪》，专门介绍汉代典章制度。其书云："染园出卮茜，供染御服。"这里的"卮"即栀子。

此外，秦汉时期，染黄的原料主要是栀子，其他染黄的作物如地黄、槐花、黄檗、姜黄和拓黄尚未推广，矿物颜料中用于染黄的石黄和雄黄都运用得较晚。[2] 因此，秦汉时，栀子在黄色染料方面可谓处于垄断地位。加上汉武帝对黄色的尊崇，且那时黄色尚未成为帝王的专用色，所以朝野上下对栀子这种染料的需求想必相当大，也难怪大面积种植栀子就能够匹敌千户侯。

3. 端午插花与工艺装饰

栀子在南宋时用于插花，《西湖老人繁胜录》记载南宋都城临安端午节的习俗：

> 城内外家家供养，都插菖蒲、石榴、蜀葵花、栀子花之类，一早卖一万贯花钱不啻。何以见得？钱塘有百万人家，一家买一百钱花，便可见也。[3]

---

1 陈鲁南著：《织色入史笺：中国历史的色象》，中华书局，2014 年，第 154 页。

2 《织色入史笺：中国历史的色象》，第 147 页。

3 《西湖老人繁胜录》，古典文学出版社，1957 年，第 118 页。

栀子花在端午前后正开，与菖蒲、石榴、蜀葵花一同出现于集市中，寻常百姓也买来这些花材插于瓶中。想想看这样的插花组合，因有了栀子，平添几分别致和清雅。

因为花香浓郁、易于栽培，古往今来栀子广为人爱，其图案亦逐渐出现于工艺品上作为装饰之用。现藏于北京故宫博物院的元代张成造"剔红栀子花纹圆盘"是其中的代表。这件精美绝伦的漆器出自元代雕漆艺术大师张成。圆盘中央是一朵盛开的重瓣栀子，说明元代已有重瓣栀子这一变种。

雕漆是漆器工艺中的一种，根据颜色不同可分为剔红、剔黑、剔彩、剔犀等。"剔红"是在胎骨上涂上厚厚的朱色大漆，待其半干时描绘画稿，然后雕刻纹样，由于漆厚，最后能达到浮雕的效果。这件以栀子花纹为主要图案的漆器就是这样制成。据孙机先生介绍，圆盘中能观察到的涂漆达80-100道。[1] 单是想一想手艺人一遍一遍、不厌其烦地叠加上漆，就让人心生敬意。

> 盘中刻出盛开的大栀子花一朵，笑靥迎人，四旁的叶子很密，但舒卷自如，流露出写生的意趣。与之相应，雕工、磨工极为细腻，完全符合《髹饰录》所称"藏锋清楚、隐起圆滑"的描写；也正表现出元代雕漆的特点。[2]

---

1 孙机著：《中国古代物质文化》，中华书局，2014年，第278页。
2 《中国古代物质文化》，第279页。

张成是西塘镇杨汇人，生卒年不详，生平亦不为人所知。不知这件精美的漆器是为谁而作，也不知它的主人为何要以栀子花作为画面的主体，而不是兰梅竹菊四君子或是雍容华贵的牡丹。或许这背后还隐藏着一个有趣的故事有待发现呢。

除了漆器，栀子花亦出现于景泰蓝中。例如明万历年间的"掐丝珐琅栀子花纹蜡台"，蜡台圆盘的折边上有一圈栀子花纹，看上去应该是单瓣栀子。器物之外，服饰也少不了栀子花。北京故宫博物院藏有一件"蓝色缎串珠绣栀子天竹夹马褂"，这件清代后妃便服上的图案以栀子花和南天竹为主，其中栀子花的形象并不是特别写实，看不出来是单瓣还是重瓣。但枝叶相对而言较为逼真，金线所绣的叶脉与花蕊相应，金光闪闪，细微处透露出皇家的高贵之气。

难道清宫的后花园中也曾种有栀子？虽然栀子在北方难得开花，在移植非本土植物方面，皇家有的是财力与办法。初夏时节，紫禁城里栀子花开，花期比南方稍迟，后宫的女人们换上这身宽敞的便服，清清爽爽迎接夏天的到来。[1]

不知道当年是哪位嫔妃曾穿过这件绣有栀子的马褂，是否从南方来，是否从种有栀子的故乡来？

---

1 "因为在清代，宫廷中有一个不成文的规定，就是从后妃、公主、福晋下至七品命妇，在穿用便服时，倘若在服饰上织绣花卉，必须是应季的花卉。"见祝勇著：《故宫的古物之美》，人民文学出版社，2018年，第241页。

早就听说过迷迭香的名字，"你随风飘扬的笑，有迷迭香的味道"，一直好奇，迷迭香究竟是什么味道？日常似乎很少见到这种植物。后来友人送我一个纱网袋，里面装着细碎的枯草，凑近了闻，清凉中略带辛辣。友人告诉我说，这就是迷迭香，英国歌曲《斯卡布罗集市》（*Scarborough Fair*）中的 rosemary：

> Are you going to Scarborough Fair?
>
> 你要去斯卡布罗集市吗？
>
> Parsley, sage, rosemary and thyme.
>
> 欧芹，鼠尾草，迷迭香，百里香。

斯卡布罗集市上为何会出现迷迭香？这种植物在歌词中有何寓意？这首歌背后可有什么动人的故事？从斯卡布罗集市开始，我们一起开启一段迷迭香的探寻之旅。

1. 海边的香草

迷迭香（*Rosmarinus officinalis* Linn）属于唇形科。唇形科是香料大户，在上面那句歌词中，除了欧芹，其他 3 种香料都是唇形科。其中，迷迭香是多年生常绿灌木，高可达两米，其英文名 rosemary 源自拉丁语学名中的 *Rosmarinus*。拉丁文 ros 意为 dew（露水），marinus 意为 sea（海洋），所以迷迭香的本义是"海洋之露"。迷迭香原产欧洲、北非地中海沿岸，所以名中有"海"。另一种说法与圣母玛利亚有关，rosemary 又被

〔日〕岩崎灌园《本草图谱》，粉红色迷迭香

迷迭香在西方代表记忆与缅怀。在欧洲和澳大利亚，迷迭香被用于战争纪念日和葬礼，哀悼者将它投入墓穴中以表达哀思。

解释为 Rose of Mary，即玛利亚的玫瑰。海风带来了海鸥，也带来了货船，还有船上的迷迭香。它们沾着露水，靠岸后将出现于集市上，然后出现于千家万户的餐桌上。

迷迭香的茎、叶、花都富含浓郁的香气，可用于提取芳香油，调制香水。在地中海地区，新鲜或晒干的迷迭香是厨房里常见的调味料与天然防腐剂。其清新独特的风味，能够搭配多种食材，尤其是烤肉。

作为常用的香料，迷迭香在西方文化中有着悠久且丰富的意蕴。在古埃及，迷迭香即被视作可以防腐的神圣之物。圣诞节时，人们多会在教堂、家中的柱子或门上装饰迷迭香。中世纪，在婚礼中，新娘会佩戴迷迭香编织的头饰，新郎和宾客也会佩戴一枝迷迭香，因为迷迭香也象征忠贞不渝的爱情。此外，它还代表记忆与缅怀。在欧洲和澳大利亚，迷迭香被用于战争纪念日和葬礼，哀悼者将它投入墓穴中以表达哀思。在《哈姆雷特》第四幕第五景中，莎士比亚就用到了迷迭香的这一含义：

> There's rosemary, that's for remembrance; pray, love, remember.
>
> 那边有"迷迭香"，是保守记忆的；爱人呀，请你别忘了我。

魏晋时，迷迭香即通过丝绸之路传入中国。《太平御览》卷 982 引三国时期魏国史书《魏略》"大秦出迷迭"，大秦即罗马帝国与近东地区。又引晋人郭义恭《广志》"迷迭出西海中"，"西海"当指地中海。迷迭香传入中原后，魏文帝曹丕对这种"扬条吐香，馥有令芳"的植物青睐有加，作《迷迭香赋》，辞藻华丽，不吝赞美。曹植则将迷迭香比之于幽兰和灵芝："芳暮秋之幽兰兮，丽昆仑之英芝。"

迷迭香在传入中国后没有用于烹调，而是用于熏香、驱蚊和辟邪。在唐代陈藏器《本草拾遗》中，迷迭香的主治功效是："主治恶气，令人衣香，烧之去鬼。"[1] 可见中西方文化中，迷迭香的含义和运用区别都

---

1 转引自〔明〕李时珍著，钱超尘等校：《本草纲目》，上海科学技术出版社，2008 年，上册，第 594 页。

很大，所以迷迭香在西方是寻常之物，在中国就不那么常见了。

2.《斯卡布罗集市》

迷迭香象征爱情，含有缅怀与铭记之意。知道这些，对于理解《斯卡布罗集市》大有帮助。这首风靡全球的电影插曲，改编自一首古老的英国民谣。

Are you going to Scarborough Fair?

你要去斯卡布罗集市吗？

Parsley, sage, rosemary, and thyme.

欧芹，鼠尾草，迷迭香，百里香。

Remember me to the one who lives there,

请替我转告住在那里的人，

For once she was a true love of mine.

她曾是我的真心爱的姑娘。

斯卡布罗是英格兰的一座滨海小镇，位于约克郡东北海岸。1253 年 1 月 22 日，英格兰国王亨利三世签署了一份文件，允许斯卡布罗镇于每年 8 月 15 日至 9 月 29 日举行集市。小镇因此成为国际化的商贸港口，吸引着来自全英格兰、欧洲大陆、挪威、丹麦、波罗的海各国及奥斯曼帝国的商人。后由于其他商贸口岸的竞争，以及当地市民的请求，斯卡布罗集市曾于 1256 年停滞，随后逐渐衰落，最终在 1788 年关闭。

从歌词来看，欧芹、鼠尾草、迷迭香、百里香，都是斯卡布罗集市

古典植物园

〔日〕岩崎灌园《本草图说》，迷迭香

迷迭香原产欧洲、北非地中海沿岸，魏晋时引入我国后主要用于熏香、驱蚊和辟邪。

上的香料。这首民谣的出处已不可考，到 18 世纪末，它已被改编成 20 多个版本。虽然版本众多，但大意基本不变：由这 4 种香草给恋人捎一段话，请恋人为对方做一些事：

> Tell her to make me a cambric shirt,
>
> 请让她为我做一件麻布衣裳，
>
> Without no seams nor needlework.
>
> 没有接缝也找不到针脚。

在二重唱中，女方也对男方提出要求：

Tell him to buy me an acre of land,

请他为我买一亩地，

Between the salt water and the sea sand.

在那海水和海滩之间。

如此之后，他们才可以成为恋人。显然，这些任务是无法完成的，因此，这是一首绝望的情歌。从歌词及其流传时间来看，人们推测这首歌与当时盛行于欧洲的黑死病（Black death）有关。

被称为黑死病的鼠疫曾多次肆虐欧洲，夺去无数人的生命，是人类历史上破坏力最大的瘟疫之一。这种瘟疫所造成的死亡人数在1347-1351年达到高峰，当时斯卡布罗集市的贸易一定也受到影响。民谣的这位主人公很可能就是斯卡布罗集市上的香料商人，由于他不幸死于瘟疫，再也无法见到他心爱的姑娘。因此，他只好拜托欧芹、鼠尾草、迷迭香和百里香，让这些香草为他传话。

为何是这4种香料，也许他心爱的姑娘曾从他那里买过。其中之一的迷迭香，曾在鼠疫横行期间用于治病救人。当时的医院和教堂曾大量燃烧包括迷迭香在内的芳香植物来抵御疾病，后来英国的盗贼还发明了一种抵御瘟疫的药剂"四贼醋"（Vinegar of Four Thieves），配方的原料之一就是迷迭香。所以，歌词中的"迷迭香"，一方面传情，一方面救命，同时也象征爱情。

这首民谣旋律优美，故事动人，为后人反复吟唱。1965年，美国歌手保罗·西蒙（Paul Simon）旅居英国时，听到这首歌谣后被打动。而就在这一年，越南战争正式爆发，美国国内反战呼声日渐高涨。正是在这样的背景下，西蒙决定改编这首民谣。他与阿特·加芬克尔（Art Garfunkel）合作，在民谣中加入创作于 1963 年的反战歌曲 *The Side of a Hill* 作为副歌：

On the side of a hill a sprinkling of leaves,

山旁零落着几片红叶，

Washes the grave with silvery tears.

银色泪水冲洗着坟茔。

A soldier cleans and polishes a gun,

一位士兵在擦亮着他的枪，

War bellows blazing in scarlet battalions.

战争之声在血色的军营中燃烧。

Generals order their soldiers to kill,

将军对士兵下达了开战的命令，

And to fight for a cause they've long ago forgotten.

为一个早已遗忘的理由。

这一次让爱人们生离死别的，不是瘟疫，而是比瘟疫更为残酷的战争。[1]

前面提到，迷迭香常出现于在西方的葬礼上，人们将迷迭香扔进

1　本文第二节关于歌曲背后的越南战争等内容的写作，参考了知乎专栏《斯卡布罗集市》一文。https://zhuanlan.zhihu.com/p/26886393。

死者的墓穴以表示缅怀。后来，迷迭香也出现在战争纪念日中。因此，保罗·西蒙将《斯卡布罗集市》这首民谣加入反战歌曲，实在非常巧妙。歌词中的"迷迭香"，此处正好对应"战争"与"死亡"。有意思的是，收录这首歌曲的专辑名字 *Parsley, Sage, Rosemary and Thyme*，正是歌词中的 4 种香草。

这不禁让人想到那首《白桦林》，这首极具俄罗斯风格的歌曲里所唱的，同样是相爱的人因为战争而生离死别：

静静的村庄飘着白的雪

阴霾的天空下鸽子飞翔

白桦树刻着那两个名字

他们发誓相爱用尽这一生

有一天战火烧到了家乡

小伙子拿起枪奔赴边疆

心上人你不要为我担心

等着我回来在那片白桦林

战争胜利了，可是，白桦林里的姑娘再也等不回她的爱人。"谁来证明那些没有墓碑的爱情和生命？"白桦林与迷迭香一样，背后是不同时空但一样催人泪下的故事。

"窗外的麻雀，在电线杆上多嘴。"每当旋律响起，就能立刻回到高中入学那年的新生军训。课间教官请同学们表演节目，有个又高又帅的男生唱的就是这首《七里香》。江城夏日，酷暑难耐，但如今再听这首歌，会觉得烈日下有树荫，树荫下有凉风拂面。"你突然对我说，七里香的名字很美。"听了这么多年，我突然很好奇，七里香究竟是什么植物？

1. 席慕蓉的《七里香》

据说，方文山创作《七里香》这首歌的灵感，来源于中国台湾诗人席慕蓉的同名诗作《七里香》，收录于席慕蓉 1981 年出版的第一部同名诗集：

> 溪水急着要流向海洋
> 浪潮却渴望重回土地
>
> 在绿树白花的篱前
> 曾那样轻易地挥手道别
>
> 而沧桑的二十年后
> 我们的魂魄却夜夜归来
> 微风拂过时
> 便化作满园的郁香

这首诗写的大概是初恋，看方文山填的词："初恋的香味就这样被我们寻回。"诗中的"绿树白花"，应当就是七里香。七里香，中文正式名为千里香[*Murraya paniculata*（L.）Jack.]，是芸香科九里香属小乔木。与柑橘是近亲，所以它有个名字叫月橘，果实像金钱橘，成熟后直径不足 2 厘米。

据《中国植物志》，七里香又名十里香、千里香、万里香、九秋香、九树香、过山香、青木香等，总之离不开"香"。以七里、十里、千里乃至万里冠名，想必其香味一定非常浓郁。除了中国台湾省，七里香在福建、广东、海南以及湖南、广西、贵州、云南四省的南部都有分布。厦门的师妹告诉我，她们学校的花坛里就种有七里香，花开的时候真是清香馥郁。七里香的根、叶可用作草药，味道与柑橘的树叶一样，苦中带辣。

在七里香和十里香之间，还有一个九里香（*Murraya exotica* L.）。它是本属的"属长"，也可用于制作绿篱或盆景，花期都在夏天。

2. 古人藏书辟蠹的七里香

七里香在古籍中叫什么名字？它有什么作用？《植物名实图考》中有两处提及七里香，与席慕蓉诗均有不同。其一曰："七里香生云南，开小白花，长穗如蓼，近之始香。"[1]根据其配图和《中国植物志》中的

---

1 〔清〕吴其濬著：《植物名实图考》，中华书局，2018 年，第 697 页。

物种别名信息，此处的七里香当是马钱科醉鱼草属的白背枫（*Buddleja asiatica*）。白背枫是一味草药，花芳香，可提取芳香油。

其二名曰"芸"，乃是古人藏书防虫所用的香草，见于北宋沈括《梦溪笔谈》：

> 古人藏书辟蠹用芸。芸，香草也，今人谓之"七里香"者是也。叶类豌豆，作小丛生，其叶极芬香。秋后叶间微白如粉污，辟蠹殊验。南人采置席下，能去蚤虱。予判昭文馆时，曾得数株于潞公家，移植秘阁后，今不复有存者。[1]

芸，即芸香，又称芸台香、芸草，三国时魏国人鱼豢《典略》已记载其藏书防虫之功效："芸台香辟纸鱼蠹，故藏书台称芸台。"[2] 鉴于芸香在保护书籍方面的功效，它也成为书籍的代名词，如书斋称"芸窗"或"芸馆"，书籍称"芸帙""芸编"，校书郎称"芸香吏"，书签称"芸签"。

《梦溪笔谈》对芸香的形态、用途与秘阁（皇家藏书阁）中芸草的

1　〔宋〕沈括撰，施适校点：《梦溪笔谈》，上海古籍出版社，2015年，第15页。《说郛》卷19引沈括《梦溪忘怀录》中亦有"芸草"："古人藏书，谓之'芸香'是也。采置书帙中，即去蠹；置席下，去蚤虱。栽园庭间，香闻数十步，极可爱，叶类豌豆，作小丛生。秋间叶上微白粉汗。南人谓之'七里香'，江南极多。大率香草多只是花，过则已。纵有叶香者，须采掇嗅之方香，此草远在数十步外，其间已香，自春至秋不歇，绝可玩也。"见胡道静著，虞信棠、金良年编《梦溪笔谈校证》，上海人民出版社，2016年，第124页，注释1。

2　转引自唐初类书《初学记》卷12。《初学记》《太平御览》均作"芸台香辟纸鱼蠹"，也有文献作"芸香辟纸鱼蠹"，如〔宋〕洪刍《香谱》"芸香"、〔宋〕傅幹注《苏轼词集》卷3《临江仙·其二》"昔年共采芸香"注。

来历做了介绍，文中提到的"潞公"就是北宋著名宰相文彦博。沈括在掌管藏书的机构昭文馆任职时，曾从文彦博家中引种芸草于秘阁。后文彦博官居宰相，前往秘阁参加曝书宴，这是北宋士大夫一年一度的集会，以晒书防霉的名义，切磋学问、联络感情。当日，文彦博请众人观看秘阁里的芸草，联想到芸香辟蠹的典故，随口出了一道考题，结果难倒了众人。《墨庄漫录》记载了这个有趣的故事：

> 文潞公为相日，赴秘书省曝书宴，令堂吏视阁下芸草，乃公往守蜀日以此草寄植馆中也。因问蠹出何书，一座默然。苏子容对以鱼豢《典略》，公喜甚，即借以归。[1]

"蠹出何书"，问的是芸香辟蠹典故的出处，只有苏子容一人知道答案。苏子容就是宋代官修药物学巨著《本草图经》的主要编撰者苏颂，22 岁中进士，后官拜宰相，在药物学和天文学方面颇有造诣，被李约瑟誉为中国古代和中世纪最伟大的博物学家和科学家之一。

《典略》中芸香辟蠹的典故并非生僻，唐人已将其化入诗中，如杜甫"晚就芸香阁，胡尘昏坱莽"（《八哀诗·故著作郎贬台州司户荥阳郑公虔》）、杨巨源"芸香能护字，铅椠善呈书"（《酬令狐员外直夜书怀见寄》）。比文彦博年长几岁的梅尧臣也有诗用到这个典故，其《和

---

1 转引自《植物名实图考》，第 651 页。孔凡礼点校《墨庄漫录》作"因问：'芸辟蠹，出何书？'"，未出校记。见〔宋〕张邦基撰，孔凡礼点校：《墨庄漫录》，中华书局，2002 年，第 173 页。

刁太博新墅十题·西斋》云："静节归来自结庐，稚川闲去亦多书。请君架上添芸草，莫遣中间有蠹鱼。"参加曝书宴的可都是饱学之士，为什么只有苏颂一人知道答案呢？

与苏颂同时代的藏书家王钦臣《王氏谈录》也提到这种香草："芸，香草也，旧说谓可食，今人皆不识。文丞相自秦亭得其种，分遗公，岁种之。"[1]"文丞相"即文彦博。由此我们知道，并非众人不知芸香辟蠹的典故，而是根本不认识芸香，也就无法与此则典故联系起来。满座之中只有苏颂一人认得，也说明他在本草方面的积累超乎常人。

3. 寻找芸香的真面目

宋人已多不识芸香，难道当时已经不用这种植物来保护书籍了？芸香到底是什么植物呢？明代李时珍《本草纲目·木部》说它是山矾，显然不对，山矾是乔木，而芸香是本草。到了清代，吴其濬《植物名实图考》在介绍"芸香"时未予置评，只是罗列历代典籍中的相关记载，配图也是异常潦草。

从吴其濬梳理的文献可见，早在三国《典略》之前已有关于"芸"的记载。《夏小正》曰："正月采芸，为庙采也；二月荣芸。"《礼记·月令》曰："仲冬芸始生。"东汉郑玄注曰："芸，香草也。"《杂礼图》曰："芸，蒿也，叶似邪蒿，香美可食。"[2]这里"芸"是一种蒿类蔬菜。

---

1 转引自《梦溪笔谈校正》，第 125 页，注释 8。
2 转引自《植物名实图考》，第 650、652 页。

〔清〕吴其濬《植物名实图考》，芸

《植物名实图考》以配图精良见称，此图则异常潦草，当是根据文献的描述绘制而成，可见吴其濬亦不知"芸"为何物。

　　《说文解字》曰："芸，草也，似苜蓿。"清代学者郝懿行认为这里的"芸"与《尔雅》"权，黄华"、又名牛芸的植物一样，同为野决明[1]；《植物名实图考》称之为霍州油菜。它还不是后人藏书辟蠹的芸草，因为野决明不甚香。

---

1 〔清〕郝懿行撰，王其和、吴庆峰、张金霞点校：《尔雅义疏》，中华书局，2017年，第734页。

魏晋时，傅玄、傅咸、成公绥均作有《芸香赋》，时人庭院、帝王宫殿中都种有这种香草。[1]据成公绥《芸香赋》描述："茎类秋竹，叶象春柽。"柽一般指柽柳，其叶与豌豆区别较大，也不是我们要找的芸香。

隋唐两代有关芸香植物形态的文献有待发现，目前只能依据宋人的记载去推测。除《梦溪笔谈》外，梅尧臣《唐书局丛莽中得芸香一本》一诗描述道："有芸如苜蓿，生在蓬藋中。……黄花三四穗，结实植无穷。"可知芸草有如下特征：叶类豌豆，似苜蓿，极香，秋天叶片微白，花黄色，且是穗状花序。

据此，吴其濬怀疑《植物名实图考》中排在"芸"之前的第三种植物"辟汗草"，可能就是芸香：

> 辟汗草，处处有之。丛生高尺余，一枝三叶，如小豆叶，夏开小黄花如水桂花，人多摘置发中辟汗气。按《梦溪笔谈》，"芸香叶类豌豆，秋间叶上微白如粉污。"《说文》，"芸似苜蓿"，或谓即此草，形状极肖，可备一说。[2]

1　傅玄《芸香赋》序云："世人种之中庭，始以微香进入，终于捐弃黄壤。吁，可闵也！遂咏而赋之。"成公绥《芸香赋》："去原野之芜秽，相广厦之前庭。茎类秋竹，叶象春柽。"可知，魏晋时期芸香已进入庭院中成为观赏植物。《艺文类聚》卷81引《洛阳宫殿簿》曰："显阳殿前芸香一株，徽音殿前芸香二株，含章殿前芸香二株。"引《晋宫阁名》曰："太极殿前，芸香四畦；式乾殿前，芸香八畦。"说明魏晋时的宫殿亦种有这种香草。《洛阳宫殿簿》《晋宫阁名》为唐以前著作，今不存。
2　《植物名实图考》，第649页。

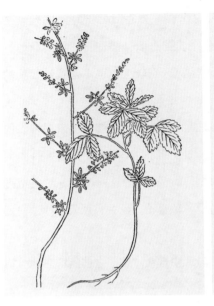

〔清〕吴其濬《植物名实图考》，辟汗草　　　〔清〕程瑶田《释草小记》，草木樨

"草木犀"一名始见于程瑶田《释草小记》，原写作"草木樨"，与辟汗草为一物，夏开小黄花，人多摘置发中辟汗气。

辟汗草是何种植物？近代植物学家郑勉教授推测："《植物名实图考》芳草卷二十五之辟汗草，疑即草木樨。"[1]"草木樨"一名始见于清代考据学家程瑶田《释草小记》中《蒨苢蓿纪伪兼图草木樨》一文，程瑶田亲手种植并观察记录如下：

1 转引自王大均：《芸香考》，《园林》，2000 年第 1 期，第 35 页。

〔德〕赫尔曼·阿道夫·科勒（Hermann Adolph Köhler）《科勒药用植物》（*Köhler's Medizinal-Pflanzen*），草木犀，1887 年

草木犀的叶片、花序与宋人笔下的芸香高度相似，《植物名实图考》怀疑它就是古人藏书防虫的芸香，但其香味并不明显，与文献记载不甚相符。

　　六月作黄花，环绕一茎。茎寸许，着十余花，茎直上而花下垂。即吾南方之草木樨，女人束之压鬓下，以解汗湿者也。生南方者有清香。此较大，无气味。开花匝月。七月渐结子，黑色，亦离离下垂。[1]

1　〔清〕程瑶田撰，陈冠明等校点：《程瑶田全集》，黄山书社，2008 年，第 3 册，第 155 页。

据程瑶田所说，女子们将此草压于发髻下以解汗，与吴其濬所谓"摘置发中辟汗气"相符；程瑶田在文末所绘的草木樨，与吴其濬的辟汗草配图一致。因此，郑勉教授的怀疑是正确的。

在《中国植物志》中，草木樨写作草木犀［*Melilotus officinalis*（L.）Pall.］，又名醒头香，豆科，二年生草本，羽状三出复叶，似苜蓿，花黄色，典型的穗状花序。其外形与宋人笔下的芸香高度相似，所以吴其濬才有此怀疑。《中国植物志》采纳其观点，认为草木犀就是我国古时夹于书中以辟蠹的芸香。

原本我以为已经找到问题的答案了，但北京大学的朋友告诉我，燕园就有草木犀，无任何香味。一年秋天去张家口，在草原天路见到许多野生的草木犀，正值盛花期。的确即使是凑近了闻，也没有任何味道，或许真如程瑶田所说："生南方者有清香，此较大，无气味。"但就算是"清香"，也与沈括所说的"其叶极芬香"有一定差距。此外，未见草木犀驱虫的相关记载。

近来又听说胡卢巴才是芸香，看来芸香的探索之路并未结束。

4. 舶来香草胡卢巴

豆科植物胡卢巴（*Trigonella foenum-graecum* Linn.）又名胡芦巴，是阿拉伯语 huluba 的音译名。据《中国植物志》，胡卢巴叶片与苜蓿一样为羽状三出复叶，花黄白色或淡黄色。"全草有香豆素气味。可作饲料；嫩茎、叶可作蔬菜食用……干全草可驱除害虫。"其形态、味道、功效，皆与宋人笔下的芸香接近。清乾隆年间东北地方志《盛京通志》即称其

　　　　　古典植物园

为芸香草[1]，胡卢巴似乎最为接近我们所要找的芸香。

胡卢巴是舶来品，美国学者劳费尔《中国伊朗编》认为这种植物从国外传入中国南方各省[2]，中国古代的本草文献可以证明这一点。北宋官修本草《嘉祐本草》首次记载"胡卢巴"，就怀疑它是国外的萝卜子：

> 胡卢巴出广州并黔州。春生苗，夏结子，子作细荚，至秋采。今人多用岭南者。或云是番萝卜子，未审的否？[3]

苏颂《本草图经》亦提及胡卢巴源自东南亚各国，前代本草不见著录，应该才引入不久：

> 今出广州。或云种出海南诸番，盖其国芦菔子也。舶客将种莳于岭外亦生，然不及番中来者真好。今医家治元脏虚冷为要药，而唐已前方不见用，本草不著，盖是近出。[4]

明代陈嘉谟《本草蒙筌》则认为，胡卢巴来自西域："《本经》云：

---

1 程超寰著：《本草释名考订》，中国中医药出版社，2013年，第296页。第550条"胡芦巴"载其异名为芸香草（《盛京通志》）、芸香（《植物名实图考》）。《植物名实图考》中"胡芦巴"并无"芸香"之异名。

2 "司徒亚特论 Fenugreek，即汉语的胡芦巴（日语 koroha）时说这个豆科植物的种子是从外国传到中国的南方各省的。而贝烈史奈德正确地把这汉语名字鉴定为阿拉伯语的 huluba（xulba）。"见〔美〕劳费尔著，林筠因译：《中国伊朗编》，商务印书馆，2015年，第292-293页。

3 转引自〔明〕李时珍著，钱超尘等校：《本草纲目》，上海科学技术出版社，2008年，上册，第645页。

4 转引自《本草纲目》，上册，第645页。

〔日〕岩崎灌园《本草图谱》，胡卢巴

胡卢巴是阿拉伯语 huluba 的音译名，宋代始见记载，宋或以前自西域经东南亚传入岭南。

乃番国萝卜子也。原本产诸胡地，今亦莳于岭南。"[1] 据《中国植物志》，胡卢巴分布于地中海东岸、中东、伊朗高原以至喜马拉雅地区，当是从这些地方由海路经东南亚传入中国南方。它最早见于宋代医书，而且一

---

1 〔明〕陈嘉谟撰，张印生、韩学杰、赵慧玲校：《本草蒙筌》，中医古籍出版社，2009年，第 162 页。

直到宋代，仍主要种植于岭南地区，可见它传入的时间应该不会太早。因此，它不太可能是《典略》里的芸香。此外，苏颂是认识芸香的，如果胡卢巴就是芸香，为何苏颂说它"盖是近出"，且只字未提护书防虫的功效呢？

再则，胡卢巴花无梗，1-2朵着生于叶腋，谈不上梅尧臣所说的"黄花三四穗"。因此我们可以断定，胡卢巴并非古人藏书辟蠹的芸香。

5. 芸香科的芸香

芸香作为书籍的代名词已名声在外，但这种植物也太神秘了些。草木犀和胡卢巴都很接近，但都有可疑之处，它究竟是什么植物呢？会不会是今天芸香科草本植物芸香（*Ruta graveolens* L.）呢？古文献学家、科技史学家胡道静先生就是这么认为的。[1]

我们对芸香科并不陌生，柑橘一类的植物、川菜中的著名调料花椒就是芸香科。据《中国植物志》，芸香科的芸香原产地中海沿岸，全草各部有浓烈特殊的气味，两广地区称之为香草、小叶香，说明它的味道也是香的；其叶片与苜蓿相似，花金黄色。以上特征均符合宋人的描述。其花径长约2厘米，勉强可以称得上"三四穗"；其种子可作为驱虫剂，那么干草本身是否也可以驱虫？如果是，那么芸香科的芸香则最为接近古人藏书辟蠹的芸香，这也许就是《中国植物志》命其为"芸香"的原因。

1　《梦溪笔谈校正》，第125页。

〔德〕赫尔曼·阿道夫·科勒《科勒药用植物》，芸香科芸香，1887 年

芸香科的芸香也许是最为接近古人藏书辟虫的芸香。

　　也有人受植物名称的影响，误以为芸香是禾本科的芸香草［*Cymbopogon distans*（Nees）Wats.］，其茎叶可以提取芳香油。但芸香草是典型的禾本科植物，叶片狭长，与宋人的描述差得太远。

上一篇，我们试着探究古人藏书辟蠹所用芸香的真面目。《植物名实图考》疑为草木犀，有人认为是豆科的胡卢巴，而胡道静先生认为就是芸香科的芸香，此说最为接近宋人的描述。据说著名的藏书楼天一阁也用芸香来防虫，这种芸香会不会是以上提及的某种植物呢？不妨从天一阁中有关芸草的一则传说开始说起。

1. 为芸草而死的奇女子

闻名中外的天一阁位于宁波市月湖以西，由明朝兵部右侍郎范钦退隐后主持修建，是一排六开间的两层木结构楼房，坐北朝南，前后开窗。天一阁历史上藏书最多的时候达 5000 余部、7 万余卷，其中不乏各种珍本、善本，重要性不言而喻。

我国历代许多藏书楼都未能长久，但天一阁能留存至今，是因为"宁波地处沿海，在近代史上也曾经历过几次战争，幸而天一阁没有直接受到战争的毁灭性打击。在管理上能注重防火，又避免把书籍作为财产被子孙再分配，因此，书楼和一部分书才得以保存下来"。[1] 这其中自然也少不了防虫药草的功劳。

这种药草也被称为芸香、芸草，清代袁枚《到西湖住七日即渡江游

---

1 骆兆平：《天一阁藏书管理的历史经验》，见骆兆平编：《天一阁藏书史志》，上海古籍出版社，2005 年，第 127 页。

四明山赴克太守之招》诗云："久闻天乙阁藏书，英石芸香辟蠹鱼。今日椟存珠已去，我来翻撷但唏嘘。"作者自注曰："橱内所存宋板秘抄俱已散失。书中夹芸草，橱下放英石，云收阴湿物也。"[1]

关于天一阁中的芸草，清代曲家谢堃《春草堂集》载有一个颇为传奇的故事。鄞县（今浙江宁波市鄞州区）钱氏有女名绣芸，"性嗜书，凡闻世有奇异之书，多方购之"。当地太守说："范氏天一阁藏书甚富，内多世所罕见者。兼藏芸草一本，色淡绿而不甚枯，三百年来书不生蠹，草之功也。"此女听后无比羡慕，"绣芸草数百本犹不能辍"。钱家父母爱女心切，得知她的心思后，将其嫁给天一阁范氏家族范茂才。接下来的故事有些不可思议：

> （绣芸）庙见后，乞茂才一见芸草，茂才以妇女禁例对，女则恍如所失，由是病。病且剧，泣谓茂才曰："我之所以来汝家者，为芸草也。芸草既不可见，生亦何为？君如怜妾，死葬阁之左近，妾瞑目矣。"

活着见不到芸草，死后也要葬在书阁之旁，如此方才瞑目。为区区芸草，痴情如此，当然是虚构。不过，这个故事也有其原型。著名藏书家、目录学家冯贞群说：

---

1 〔清〕袁枚：《小仓山房文集》卷36，见王英志编纂校点：《袁枚全集新编》，浙江古籍出版社，2015年，第4册，第938页。"天乙阁"即天一阁。

古典植物园

鄞西范氏家谱，邦柱为安卿侍郎七世祖逊善之后，娶梅墟钱氏，卒嘉庆二十五年六月十八日，年二十六，生一女夭。邦柱非侍郎后裔，固难登阁，此女为其所绐郁郁而死，宜哉。[1]

真实世界中，钱氏因无法登阁郁郁而死，与阁中芸草并不相涉。而《春草堂集》将其与芸草联系起来，也说明时人对芸草之功的好奇与敬重。由于此则传说，天一阁中的芸草也蒙上一层传奇色彩。

2. 天一阁芸草鉴定

那么，阁中的芸草到底是什么植物呢？据冯贞群先生所言："芸草夹书叶中，花叶茎根皆全，今存三本，赵万里认为除虫菊，钟观光定为火艾，未审孰是。"[2]

这里提到两位先生的不同观点。一位是植物学家钟观光先生。钟先生是最早采集植物标本并用科学方法进行植物分类学研究的学者，被誉为中国近代植物学的开拓人。钟先生认为是火艾。据《中国植物志》，火艾有戟叶火绒草、薄雪火绒草两种，均为菊科火绒草属。这两种菊科的植物，其叶片细长，与宋人描述的叶如苜蓿、似豌豆的"芸香"区别较大。

另一位是著名的文献学家赵万里先生。赵先生曾于国家图书馆从事古籍管理工作长达50余年，他认为是除虫菊。当代藏书史研究学者、天

---

1 冯贞群：《芸草避蠹英石收湿之说》，见《天一阁藏书史志》，第 124 页。
2 《天一阁藏书史志》，第 124 页。

一阁研究专家骆兆平的观点与赵先生一致："其实天一阁所谓芸草，乃是百花除虫菊的别名，是一种菊科植物，早已失去了它的除虫的作用。……现在阁楼里的书，遭虫蛀的数不在少。"[1]据《中国植物志》，文中提到的除虫菊（*Pyrethrum cinerariifolium* Trev.），乃菊科多年生草本，花白色，栽培药用，主要做农业杀虫剂。

两位先生的观点之所以不同，可能是因为天一阁中的"芸香草"已干枯不成形，较难鉴别。但无论火艾还是除虫菊，都是菊科植物，与宋人的描述相差甚远。而且，除虫菊原产欧洲，20 世纪 20 年代才引入我国。

如果赵万里先生见到的芸草确实是除虫菊，那么可以确定的是，天一阁中防虫的香草并非自始至终都是同一种植物。原产欧洲的除虫菊传入我国之后，鉴于其在杀虫方面的功效，便为天一阁引进，在此之前用于防虫的芸草当另有其物。

有研究表明这种芸草就是灵香草，据《文汇报》1982 年 8 月 8 日报道："天一阁所用防蠹之芸草，经研究，实为广西产的一种中药材，名灵香草。范钦官广西时，即采用过这种止痛中药灵香草以防蠹护书。"[2]

据《中国植物志》，灵香草（*Lysimachia foenum-graecum* Hance），报春花科珍珠菜属，多年生草本植物，高达 60 厘米，叶互生，花冠黄色，产于云南东南部、广西、广东北部和湖南西南部，生于山谷溪边和林下

---

1 骆兆平：《天一阁藏书的管理》，见《天一阁丛谈》，宁波出版社，2012 年，第 34-35 页。文中"百花除虫菊"当写作"白花除虫菊"。
2 转引自顾志兴著：《浙江藏书史》，杭州出版社，2006 年，上册，第 222 页。

的腐殖质土壤中。全草含类似香豆素的芳香油，可提炼香精，干品入箱中可防虫蛀衣物，亦可入药，是一种经济价值很高的芳香植物，尤以金秀瑶族自治县所产闻名。

1982 年，社会学家费孝通先生在广西金秀瑶族自治县做田野调查时，就注意到这种植物。据他介绍，灵香草在防虫方面的功效引人注目，北京图书馆曾派人采购灵香草，放在书库里，线装书就可以免于虫蛀。[1] 如今广西壮族自治区图书馆的古籍保护，用的依然是灵香草。

那么灵香草会不会是宋人笔下描述的芸香呢？

3. 广西瑶族的灵香草

"灵香草"一名出现得比较晚，《本草图经》中名为"蒙州零陵香"的植物形态与之相似，因此灵香草又名零陵香、广零陵香[2]。岩崎灌园《本草图说》中配图为灵香草的植物，题名就是零陵香。在《植物名实图考》中，灵香草名为"排草"。书中对其形态、功效有详细的描述：

> 排草生湖南永昌府，独茎，长叶，长根，叶参差生，淡绿，与茎同色，偏反下垂，微似凤仙花叶，光泽无锯齿。夏时开细柄黄花，五瓣尖长，有淡黄蕊一簇，花罢结细角，长二寸许。枯时束以为把，售之妇女，浸油刡发。[3]

1 费孝通著：《六上瑶山》，群言出版社，2015 年，第 213 页。
2 国家中医药管理局编委会：《中华本草》，上海科学技术出版社，1999 年，第 6 册，第 101 页。
3 〔清〕吴其濬著：《植物名实图考》，中华书局，2018 年，第 647 页。

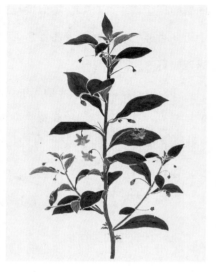

〔清〕吴其濬《植物名实图考》，排草，即灵香草

〔日〕岩崎灌园《本草图说》，零陵香，即灵香草

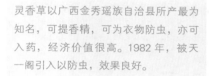

灵香草以广西金秀瑶族自治县所产最为知名，可提香精，可为衣物防虫，亦可入药，经济价值很高。1982 年，被天一阁引以防虫，效果良好。

由于北宋苏颂《本草图经》所附"蒙州零陵香"插图的形态与灵香草相似，故灵香草又名零陵香、广零陵香。但在古籍中，零陵香多指唇形科罗勒。

　　虽然灵香草花为黄色、全草皆香、可驱虫，但其叶片与凤仙花叶接近，与苜蓿或豌豆则差得太远，因此它不会是宋人笔下描述的芸香。

　　关于灵香草还有个传说，据费先生记录："后来又听人说，灵香草的这种用处是清代宁波'天一阁'的主人在广西做官时发现的，他带回到那个著名的藏书楼里试用，果然生效，于是就在当时的文人中传开，视作珍品。"[1] 对此还有个更为详细的版本："范钦早期的藏书也曾因虫蛀问题损失惨重，后来他偶然发现惟独有一部《书经新说》第六卷在残损的古籍中完好无损，经仔细观察，发现书中夹有一株小草。范钦记起这小草是他在广西宦游读书时夹进书中作为书签用的。后来他得知这种小草叫'芸香草'，广西人常把它放在衣柜里防止虫蠹衣物。"[2]

范钦当年在广西做官时，的确有机会接触到灵香草，故而以上说法很有信服力。到 20 世纪七八十年代，灵香草被推荐到天一阁。

骆兆平先生介绍："一九七五年，经广西壮族自治区第一图书馆同志的推荐，天一阁开始试用广西金秀瑶族自治县出产的香草，效果良好。"[3] 这种香草就是灵香草，"对书籍纸张没有副作用，对人体健康亦无不利影响，不像樟脑丸或用化学药剂配制的防霉纸那样具有强烈的刺激性。灵香草放置多年，仍香气扑鼻，因此，是一种比较理想的药草，对天一阁来说，更有其特殊的意义，所以，从一九八二年起便大量应用"。[4]

既然范钦早已将灵香草引入天一阁，且其防虫效果如此理想，为何没有持续下去，而是等到数百年之后经人推荐才开始大量应用呢？范钦引入灵香草的故事值得怀疑，我们尚未找到可靠的文献依据。如果一开始范钦所用芸草不是灵香草，那会是什么植物呢？

1　《六上瑶山》，第 213 页。"清代"应为"明代"，"'天一阁'的主人"指明代范钦。
2　王国强等著：《中国古代文献的保护》，武汉大学出版社，2015 年，第 105 页。
3　骆兆平：《天一阁藏书管理的历史经验》，见《天一阁藏书史志》，第 128 页。
4　骆兆平：《天一阁藏书的管理》，见《天一阁丛谈》，第 35 页。

天一阁里用于防虫的药草可能不止一种，因为"明代中期以后，根据多种文献记载，除了使用七里香花、樟脑外，文献保护药物又陆续使用了香蒿、花椒、烟叶、荷花瓣、艾叶、兰花、芥菜、肉桂等"。[1]如此多的植物都曾用于古籍的保护。没有哪一种药草可以防治所有蠹虫，因此明代中后期至清代，往往是多种药草兼而用之，发挥不同药草的作用，达到防治不同蠹虫的作用。[2]

　　拥有400多年历史的天一阁，是否还用过其他药草，比如芸香科的芸香，或豆科的草木犀、胡卢巴？也许只有找到阁中更多的"芸草"标本，才能进一步鉴定。不过这个鉴定想来也没有多大的实际意义，因为国家图书馆的古籍保护人员告诉我，古籍防虫，关键不在药，而在于控制温度和湿度。国家图书馆所用的药物不是别的，就是再普通不过的樟脑丸。[3]

1　《中国古代文献的保护》，第105页。

2　"装潢得法，亦贵珍藏。盛以画囊，置木箱内，悬之屋梁透风处。南方蒸热，伏候宜取晒晾，以樟脑、芸香、花椒、烟叶等贮箱内。又贵时常取挂，则无霉蛀之患。"见〔清〕邹一桂著：《小山画谱》，商务印书馆，丛书集成初编，1937年，卷下，第44页。

3　国家图书馆古籍馆的工作人员一般每年在惊蛰前后换一次樟脑丸，先把樟脑丸放入小盒，小盒开小孔，一来便于樟脑丸挥发，二来避免污染书籍，之后放入书柜中锁起来，一年一换。

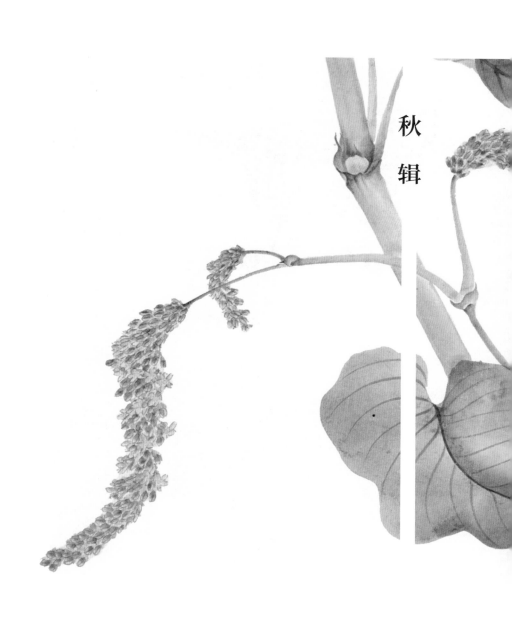

秋
辑

一年中秋节回家，父亲去公交站接我。快到家时路过一片水塘，见有人穿着下水裤、戴着草帽佝着背站在水里。我问父亲："那是在摘菱角吗？"父亲停车下去打招呼。水塘里的那人笑着喊："拿桶来，捡嫩的！"我们装了一桶，父亲要给钱，那人连说不用不用。原来他与父亲相识，先前水塘下肥的时候，父亲帮过忙。

在江南，菱角是"水八仙"之一，其他七仙是芡实、茭白、莼菜、莲藕、慈姑、荸荠、水芹。从这篇文章开始，我们将陆续介绍其中的四仙。首先，让我们一起来探寻历史悠远、意蕴深厚的菱角。

1. 菱花与铜镜

菱（*Trapa bispinosa* Roxb.），菱科菱属，全国各地均有栽培，古称菱或芰，有何区别？南朝梁人伍安贫《武陵记》记载："四角、三角曰芰，两角曰菱。"[1]《本草纲目·果部》认为其取名皆与植物形态有关："其叶支散，故字从支。其角棱峭，故谓之菱。"[2]

单个菱株浮于水面，是非常美丽的一幅图案：其叶片围绕中心向四

1　《酉阳杂俎》卷19《广动植类之四·草篇》："芰，今人但言菱芰，诸解草木书亦不分别，唯王安贫《武陵记》言：四角、三角曰芰，两角曰菱。"见〔唐〕段成式撰：《酉阳杂俎》，中华书局，1981年，第184页。"王安贫"应为"伍安贫"。

2　〔明〕李时珍著，钱超尘等校：《本草纲目》，上海科学技术出版社，2008年，下册，第1206页。

〔日〕毛利梅园《梅园百花图谱》，菱

菱角浮水叶的叶柄上有气囊，以供植株浮于水面。

周布开，单枚叶片呈菱形，朝外的两条叶缘有圆凹齿或锯齿；朝内的两条边为直线，植物学上称为"全缘"。

　　像许多水生植物一样，菱的叶片也有沉水叶和浮水叶两种形态。仔细观察，浮水叶的叶柄上还有小气囊，以供植株浮于水面；其沉水叶较小，为羽片状。菱角开花，露于水面，花瓣四枚，白色。《本草纲目·果部》说菱角"五六月开小白花，背日而生，昼合宵炕，随月转移"。[1]

1　《本草纲目》，下册，第 1206 页。

菱花小且不起眼，但古代却以其为铜镜之名，这是为何？南北朝诗人庾信《镜赋》曰："临水则池中月出，照日则壁上菱生。"北宋陆佃《埤雅·释草》解释道："旧说，镜谓之菱花，以其面平，光影所成如此。"据此，则菱花镜之得名，乃是因为其光影似菱花。另一种说法是："菱花随月，故镜背多作菱花，镜者月之类也，月为金之水所生。镜，金也，其光如水，菱花依之，如在池塘之中也。"[1] 这种解释不仅唯美且较为合理。古代菱花镜多为六瓣或八瓣式样，而菱花的花瓣为四瓣，明显不合；而以镜为月、为水，以菱花向月而开、于水而生，更能说得通。当然，菱花镜也多在背面饰以菱花图案。菱花镜又称菱镜，在隋唐之际已流行，后来成为女子妆镜的代名词。六瓣、八瓣的式样，也因此被称为"菱花式"，广泛用于花盆、方壶、方炉、餐盘、火锅、高足杯等各类器皿之中。

据《中国植物志》，菱花的花期在 5 月至 10 月，果期在 7 月至 11 月。野生和家养的菱角形态各不相同。[2] 如今有一道菜，拿菱角、莲子与藕片同炒，名曰"荷塘三宝"，水中鲜食集于一盘，味道极为鲜美。菱角味美，两千多前的史书已有记载。相传春秋时期楚国卿大夫屈到嗜好菱角，一年大病，嘱咐掌管祭祀的家臣说："祭我必以芰。"屈到死后一年，

1　〔清〕屈大均著：《广东新语》，中华书局，1985 年，第 705 页。

2　"野菱自生湖中，叶、实俱小。其角硬直刺人，其色嫩青老黑。嫩时剥食甘美，老则蒸煮食之。……家菱种于陂塘，叶、实俱大，角软而脆，亦有两角弯卷如弓形者，其色有青、有红、有紫，嫩时剥食，皮脆肉美，盖佳果也。老则壳黑而硬，坠入江中，谓之乌菱。"见《本草纲目》，下册，第 1206 页。

家臣以芰祭之，其子屈建不许，认为这违反了楚国的祭典。[1]

所以，菱角在春秋时算是珍异，及至南朝，也能卖个好价钱。《南史·孝义传上》载：

> 会稽寒人陈氏，有三女，无男，祖父母年八九十，老无所知，父笃癃病，母不安其室。遇岁饥，三女相率于西湖采菱莼，更日至市货卖，未尝亏息，乡里称为义门，多欲娶为妇。[2]

后来读到唐代诗人崔国辅《小长干曲》，心中一惊：

> 月暗送湖风，相寻路不通。
>
> 菱歌唱不彻，知在此塘中。

"菱歌唱不彻"，说的是我小时候吃过的菱角吗？遥远的回忆，瞬间被一首诗唤醒。

我还未上学时，家里种过菱角。那时几家几户合伙承包一片野湖，种菱养鱼。到了采收的季节尤其热闹，几只小木船浮在湖面上，男人撑船，女人采菱，装满一船划上岸。挑回来清洗装袋，等凌晨随农用车去城里的集市上卖。每日太阳快到头顶时，母亲先回家烧火做饭。拿湖里捕来的鲜鱼同沁甜的萝卜同煮，起锅前撒上新鲜的蒜叶。带上还没喝完的白

1　《国语·楚语》："国君有牛享，大夫有羊馈，……不羞珍异，不陈庶侈。"见邬国义、胡果文、李晓路撰：《国语译注》，上海古籍出版社，1994年，第505页。

2　〔唐〕李延寿撰：《南史》，中华书局，1975年，第6册，第1817页。

酒，用竹篓装好饭菜，走二里地挑到湖边。铺几张荷叶在地上，众人围坐，喝酒解乏，下酒菜里当然少不了煮熟的菱角。但由于菱角产量不高，次年便改种经济价值更高的湘莲，那以后吃菱角的次数就不多了。

《楚辞·离骚》曰："制芰荷以为衣兮，集芙蓉以为裳。"菱生湖泽，常与荷生于一处，故诗文中"芰"常与"荷"连用。但菱却不可与荷同

〔英〕威廉·罗克斯堡（William Roxburgh）《科罗曼德尔海岸植物图谱》（*Plants of the coast of Coromandel*），菱角，1819 年

科罗曼德尔海岸又名乌木海岸，位于印度半岛东南部；威廉·罗克斯堡被誉为印度植物学之父。

养于一池，否则田田莲叶会完全遮住阳光，影响菱角生长。

2. 菱歌不厌长

种菱食菱，古已有之，采菱时唱菱歌，至少在屈原的时代就有。《楚辞·招魂》曰："陈钟按鼓，造新歌些。《涉江》《采菱》，发《扬荷》些。"《涉江》《采菱》《扬荷》都是楚国的歌曲名[1]，其曲调应该是欢快的，如南朝诗人谢灵运《道路忆山中》云："采菱调易急，江南歌不缓。"南朝天监十一年（512），梁武帝萧衍改《西曲》，制《江南弄》七曲[2]。第五曲即《采菱曲》：

> 江南稚女珠腕绳，金翠摇首红颜兴。桂棹容与歌采菱。歌采菱，心未怡，翳罗袖，望所思。

这首《采菱曲》是一首优美的情歌。后两句点题：采菱女唱采菱歌，但心情并不愉快，歌声中似有淡淡的忧愁。她扬起罗袖举目远眺，似在遥望心中的情郎。

古人将《采菱曲》归为情歌，自有其依据。南宋罗愿《尔雅翼》载："吴楚之风俗，当菱熟时，士女相与采之，故有采菱之歌以相和，为繁华流荡之极。"[3]所以崔国辅写采菱，自然也要写到男女相悦，只不过他写得

1　〔宋〕洪兴祖撰，白化文等点校：《楚辞补注》，中华书局，1983年，第 209 页。
2　七曲为《江南曲》《龙笛曲》《采莲曲》《凤笙曲》《采菱曲》《游女曲》《朝云曲》。
3　〔宋〕罗愿著，石云孙点校：《尔雅翼》，黄山书社，2013年，第 73 页。

那样含蓄。"菱歌唱不彻，知在此塘中"，与其《采莲曲》"相逢畏相失，并著采莲舟"同出一辙。

从南朝到隋唐，《采菱曲》盛行于江南，与《采莲曲》一起成为当时流行的曲调，写的人很多，许多采菱的诗都写得很美。南朝梁简文帝萧纲《采菱曲》"菱花落复含，桑女罢新蚕"，指出菱角开花的时间，正好是桑蚕结茧的暮春。鲍照《采菱歌七首·其一》"箫弄澄湘北，菱歌清汉南"、王融《采菱曲》"荆姬采菱曲，越女江南讴"，点明采菱地点在荆楚和吴越一带。江淹《采菱曲》曰："秋日心容与，涉水望碧莲。紫菱亦可采，试以缓愁年。"说采菱可解愁，大概是《采菱曲》优美，令人忘忧。唐人张九龄《东湖临泛饯王司马》也说："兰棹无劳速，菱歌不厌长。"由此看来，江南一带的《采菱曲》，从先秦一直唱到隋唐，歌之不尽，想来应该是极为动听的。

刘禹锡谪居朗州（今湖南常德）时，写过一首长诗《采菱行》。其开篇曰："白马湖平秋日光，紫菱如锦彩鸳翔。"最后两联点题：

> 屈平祠下沉江水，月照寒波白烟起。
>
> 一曲南音此地闻，长安北望三千里。

这里，菱歌不再是青年男女恋爱传情的乐曲。在远离庙堂的水乡泽国，一首《采菱曲》聊以慰藉谪居江湖的零落之人。

唐朝采菱诗突然多了起来，这大概与唐代江南经济发展，荆楚吴越一代遍植菱角有关。唐末陆龟蒙《南塘曲》关于采菱的诗句写得很动人：

〔清〕潘振镛《采菱图》

画中题诗："菱叶菱花覆水平，满溪都唱采菱声。红颜女儿摇小艇，却似菱花镜里行。"
采菱与采莲、采桑一样，成为一种文化符号和审美对象。

> 妾住东湖下，郎居南浦边。
>
> 闲临烟水望，认得采菱船。

又《润州送人往长洲》后两联云：

> 汀洲月下菱船疾，杨柳风高酒旆轻。
>
> 君住松江多少日，为尝鲈鲙与莼羹。

至此，采菱与采莲、采桑一样，成为一种文化符号和审美对象，构建了人们对于江南的想象。唐以后，采菱也成为画家笔下的题材，采菱图与采菱歌一样都很美。

3. 救荒之粮与《红楼梦》

北朝农书《齐民要术》已有关于菱角栽培的记录，那时起，菱角已被先民当作粮食。南朝陶弘景曰："庐江间最多，皆取火燔以为米充粮。今多蒸曝，蜜和饵之，断谷长生。"唐代孟诜《食疗本草》曰："仙家亦蒸熟曝干作末，和蜜食之休粮。"[1] 北宋苏颂《本草图经》曰："江淮及山东人曝其实仁以为米，可以当粮。道家蒸作粉，蜜渍食之，以断谷。"[2]

唐以后，江南广泛种植菱角，到宋朝时，西湖水面曾因种菱过多，

---

1 〔唐〕孟诜著，〔唐〕张鼎增补，郑金生、张同君译注：《食疗本草译注》，上海古籍出版社，2007年，第57页。

2 转引自〔宋〕唐慎微著，郭君双等校注：《证类本草》，中国医药科技出版社，2011年，第639页。

导致水源污染，以至于官府多次颁布禁令[1]。那时种菱和种粮一样，也成为征税的对象。南宋范成大有诗《夏日田园杂兴》：

> 采菱辛苦废犁锄，血指流丹鬼质枯。
>
> 无力买田聊种水，近来湖面亦收租。

明清两代，荒歉年间，不仅菱角，其嫩茎也是救灾之粮。《本草纲目·果部》载："嫩时剥食甘美，老则蒸煮食之，野人暴干，剁米为饭为粥、为糕为果，皆可代粮。其茎亦可暴收，和米作饭，以度荒歉，盖泽农有利之物也。"[2]菱的嫩茎叶，时人称之为"菱科"。王磐《野菜谱》中录有采菱科救饥荒的乐府短诗：

> 采菱科，采菱科，小舟日日临清波，菱科采得余几何？竟无人唱采菱歌。风流无复越溪女，但采菱科救饥馁。

清代泗川人许凌云《泗水患》也提及菱角救荒：

---

1 咸淳《临安志》卷32："西湖所种茭菱，往往于湖中取泥葑，夹和粪秽，包根坠种，及不时浇灌秽污，绍兴十七年六月，申明今后永不许请佃栽种。""乾道五年，周安抚淙奏：臣窃惟西湖所贵深阔，而引水入城中诸井，尤在涓洁，累降指挥，禁止抛弃粪土，栽植茭菱，及浣衣洗马，秽污湖水，罪赏固已严备。……而有力之家，又复请佃湖面，转令人户租赁，栽种茭菱，因缘包占，增叠堤岸，日益填塞，深虑岁久，西湖愈狭，水源不通。……专一管辖军兵开撩，不许人户请佃，种植茭菱，及因而包占，增叠堤岸，或有违戾，许人告捉，以违制论。旨从之。自后时有申明。"浙江省地方志编纂委员会编著：《宋元浙江方志集成》，杭州出版社，2009年，第2册，第692页。
2 《本草纲目》，下册，第1206页。

〔日〕岩崎灌园《本草图谱》，各种菱角

南朝伍安贫《武陵记》："四角、三角曰芰，两角曰菱。"古人采菱角做粮食，饥馑之年可度荒。

夹岸芦丁花是壁，依河舫小水为田。

劝君莫把清贫厌，菱角鸡首也度年。

清代不独百姓种菱，贵族家的园子里也有。《红楼梦》第 37 回"秋爽斋偶结海棠社 蘅芜苑夜拟菊花题"，袭人命人给湘云送"红菱和鸡头两样鲜果"，嘱咐道："这都是今年咱们这里园子里新结的果子，宝二爷叫送来与姑娘尝尝。"

曹雪芹对"菱"似乎有着很深的感情。金陵十二钗副册，前 80 回只点明一人，此人就是香菱。香菱本名甄英莲，4岁那年元宵节被拐走，养大后被卖给金陵公子冯渊，又被薛蟠抢去做小妾，由宝钗赐名"香菱"。后进了大观园，她跟随黛玉学诗，度过了一段美妙的青春时光。薛蟠娶妻夏金桂后，香菱受尽虐待，虽然被扶为正室，但不久即难产而死。对于这样一个命途运多舛的女子，曹公赋予了不少赞美和怜惜。第80回"美香菱屈受贪夫棒　王道士胡诌妒妇方"，夏金桂挑衅说香菱的名字没道理："菱角花开，谁见香来？"香菱如何答复？曹公这样写：

> 不独菱花香，就连荷叶莲蓬，都是有一股清香的。但他原不是花香可比，若静日静夜或清早半夜细领略了去，那一股清香比是花都好闻呢。就连菱角、鸡头、苇叶、芦根得了风露，那一股清香也是令人心神爽快的。

此外，大观园里迎春居住的地方叫紫菱洲。第79回"薛文起悔娶河东狮　贾迎春误嫁中山狼"，迎春出嫁后，宝玉万分惆怅，作《紫菱洲歌》以咏怀，前两联云：

> 池塘一夜秋风冷，吹散芰荷红玉影。
> 蓼花菱叶不胜愁，重露繁霜压纤梗。

作为水生植物，菱花浮于水面，花小且在夜间开放，其颜值和名气自然比不上映日莲花。但它也并非一无是处，古代铜镜的背面多饰以菱花，古建筑中的藻井也多画有菱花图案，以其生于水中取防水之意。曹雪芹将"菱"与香菱、迎春联系起来，她们虽然没有钗、黛等人耀眼夺目，但同样值得怜爱。

文章写到这里，可以看到古人赋予"菱"多么丰富的内涵。在所有关于"菱"的诗中，陆游晚年的这首《夜归》给我印象最深：

> 今年寒到江乡早，未及中秋见雁飞。
>
> 八十老翁顽似铁，三更风雨采菱归。

旧时越溪女歌采菱的浪漫传统，到了陆游的笔下，竟成为铮铮铁骨的写照。这首诗同时也点明采菱的时节是在中秋。

中秋佳节，遥望故乡月，陂塘中菱花开着微小的白花，光滑的叶片泛着月光。遥远的历史深处传来《采菱曲》，悠扬的歌声里，歌者想念的人是谁？

● 芡实 | 鸡头米赛蚌珠圆

《红楼梦》第 37 回 "秋爽斋偶结海棠社　蘅芜苑夜拟菊花题"，诗社
结束后，袭人托宋嬷嬷给史湘云送吃的。只见袭人端来两个小摄丝盒子：

> 先揭开一个，里面装的是红菱和鸡头两样鲜果；又揭那一个，
> 是一碟子桂花糖蒸新栗粉糕。又说道："这都是今年咱们这里园子
> 里新结的果子，宝二爷叫送来与姑娘尝尝……"

两样鲜果、一碟糕点，包含了 4 种植物——红菱、鸡头、桂花和板栗，
都是秋天的时令风物。4 种植物中，红菱、桂花、板栗我们熟知，鸡头是
什么呢？

1. 芡实其名

鸡头，中文正式名芡实（*Euryale ferox* Salisb. ex DC），睡莲科芡属
一年生大型水生草本。说它大，是因为其浮水叶的直径可达 1.3 米，大大
超过荷叶。因其果实部分膨大如拳，花谢后花萼退化的部分形似鸟嘴，
故名鸡头、雁喙、雁头、鸿头、乌头等。对于这种水生植物，五代《蜀
本草》的描述可谓简明扼要："苗生水中，叶大如荷，皱而有刺。花子
若拳大，形似鸡头。实若石榴，其皮青黑，肉白如菱米也。"[1]

1　转引自〔明〕李时珍著，钱超尘等校：《本草纲目》，上海科学技术出版社，2008 年，
下册，第 1207 页。

据《中国植物志》，芡属下仅芡实一种，分布于中国、俄罗斯、朝鲜、日本、印度，在我国南北皆有。年幼时，家里种湘莲，芡实在荷塘与野湖里常见。印象很深的是，其浮水叶、花苞和花梗上均布满硬刺，我们称之为"蜇里范"。

虽然芡实的浮水叶锋芒毕露，但沉水叶及其叶梗却无刺。浮水叶与沉水叶在形态上的这种差异，在许多水生植物中都存在，例如慈姑的沉水叶呈条形，浮水叶为剑形，这是对水环境的适应。[1]

相比于睡莲，芡实与同为睡莲科的"异域美人"——王莲（*Victoria regia* Lindl.）更加类似。它们有许多共同特征，例如巨大且褶皱的浮水叶、锋利骇人的刺。不过王莲的叶缘上翘，形似一个簸箕，而芡实的叶片则完全贴合于水面。

2. 芡实的食用历史

芡实的果实、茎、根均可食用。古籍中记载芡根的味道似芋头，如今我们已经很少吃它。芡茎食用的历史可追溯至南北朝，《齐民要术》中载有芡实的种植方法。[2] 唐代苏敬等人《唐本草》记载时人采其嫩茎作为蔬菜。由于它浑身是刺，我们会用镰刀从其根部整株割下，去掉叶，留下紫红色的嫩茎和状如鸡头的果实。其茎与藕带类似，有丝有孔。与

---

1 汪劲武编著：《植物的识别》，人民教育出版社，2010年，第189页。
2 "八月中收取，擘破，取子，散着池中，自生也。"见〔北朝〕贾思勰著，缪启愉、缪桂龙译注：《齐民要术译注》，上海古籍出版社，2009年，第403页。

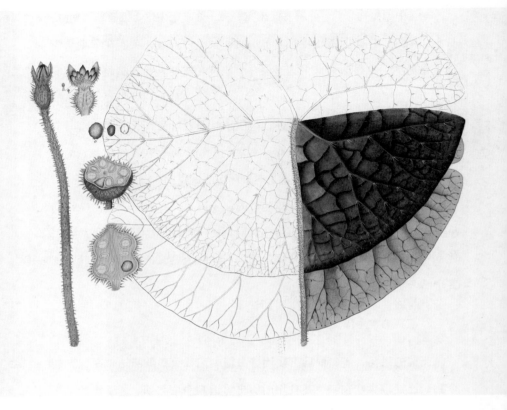

〔英〕威廉·罗克斯堡《科罗曼德尔海岸植物图谱》，芡实，1819 年

芡实的浮水叶、花苞和花梗上均布满硬刺，其花、果实伸出水面，类似鸡头，故又
名鸡头、雁喙、雁头、鸿头、乌头等。

尖椒同炒，起锅前淋一勺醋，酸滑可口，在乡下蔬菜匮乏的三伏天也是一道下饭菜。只是芡实外皮上的刺多且容易扎手，处理起来要费一番功夫。

芡茎我们拿来做菜，而芡实的果实，古书称"鸡头实"，我们却不太吃。与石榴籽不同，鸡头实外面包裹着一层"斑驳软肉"。除去这层外皮，咬开硬壳，里面洁白的米粒才是食用的部分。但外壳涩口，米粒又极小，吃起来太麻烦。在江浙一带，鸡头实如今依然是夏秋之际受人追捧的一道美食。在南京等地，鸡头实与莲藕、菱角、慈姑等一起被称作"水八仙"，去壳后的洁白米粒被称为鸡头米。

鸡头实的食用历史其实很早，地位也很高。在周代的饮食礼制中，如果用芡实同菱角、板栗、干肉一起来招待宾客，那可是很高的礼遇。[1]在汉代《神农本草经》中，鸡头实与莲藕、大枣、葡萄、覆盆子等位列"果之上品"，具有"久服轻身，不饥，耐老神仙"等功效。唐代孟诜《食疗本草》载，鸡头与莲蓬同食，可延年益寿。[2]

到了宋代，鸡头实又多了一个名称——"水流黄"。在《本草纲目·果部》中，流黄被称为"救危妙药"，芡实被称为"水流黄"，足见古人对芡实的推崇。在写给苏辙的食芡之法中，苏轼解释了其中的原因：芡

1　《周礼·天官冢宰第一·笾人》："加笾之实，菱、芡、栗、脯。"加笾，谓礼遇厚于常时。《左传·昭公六年》："夏，季孙宿如晋，拜莒田也。晋侯享之，有加笾。"杜预注："笾豆之数，加于常礼。"

2　"（鸡头）与莲实同食，令小儿不能长大，故知长服当亦驻年。"见〔唐〕孟诜著，〔唐〕张鼎增补，郑金生、张同君译注：《食疗本草译注》，上海古籍出版社，2007年，第58页。

〔日〕岩崎灌园《本草图谱》，芡实

在周代的饮食礼制中，如果用芡实同菱角、板栗和干肉一起来招待宾客，是很高的礼遇。

实必须一粒一粒细嚼慢咽，以至于口中津液聚集，体液得以流转畅通，其养生之功效堪比矿物药材。[1]

---

1 《寄子由三法》："吴子野云：'芡实盖温平尔，本不能大益人。'然俗谓之水硫黄，何也？人之食芡也，必枚啮而细嚼之，未有多嚼而亟咽者也。舌颊唇齿，终日嗫嚅，而芡无五味，腴而不腻，足以致上池之水。故食芡者，能使人华液通流，转相抱注，积其力，虽过乳石可也。"见〔宋〕苏轼著，孔凡礼点校：《苏轼文集》，中华书局，1986年，第 2337 页。

也正是在宋代，芡实从寻常百姓的盘中之物，一跃而成为宗庙中祭祀祖先的供品。中国古代素有以时令鲜物祭祖的礼俗，只有祖先享用过，人们才可以食用，古称"荐新"之礼。[1] 北宋景祐二年（1035），朝廷颁布礼制，规定"（夏）季月荐果，以芡以菱"。[2] 夏季月即夏天的第二个月，正是菱角和芡实新熟之时，这大概也是《红楼梦》里袭人以红菱、芡实并赠湘云的源头。明代文震亨《长物志》中列举了 28 种"山珍海错"，芡实就是其中之一，并以小龙眼那么大的味道最佳。[3]

世家大族和文人雅士都视作珍馐的鸡头实，在平民百姓那里，却是粮食的替代品，灾歉年间可以救荒。《本草衍义》记录了具体的做法："春去皮，捣仁为粉，蒸炸作饼，可以代粮。"[4] 如何去壳呢？《救荒本草》载："蒸过，烈日晒之，其皮即开，春去皮。"[5] 这种"春"的方法，大概与春米类似，将鸡头实放入石臼中捣碎。

1 《中庸》："春秋，修其祖庙，陈其宗器，设其裳衣，荐其时食。"〔唐〕杜佑《通典》："按旧典，天子诸侯月有祭事，其孟，则四时之祭也，三牲、黍稷，时物咸备。其仲月、季月，皆荐新之祭也。"
2 "景祐二年……礼官、宗正条定：'夏孟月尝麦，配以彘，仲月荐果，以瓜以来禽，季月荐果，以芡以菱。'"见〔元〕脱脱等撰：《宋史》，中华书局，1977 年，第 2602 页。
3 "芡花昼展宵合，至秋作房如鸡头，实藏其中，故俗名'鸡豆'。有粳、糯二种，有大如小龙眼者，味最佳，食之益人。若剥肉和糖，捣为糕糜，真味尽失。"见〔明〕文震亨著：《长物志》，江苏凤凰文艺出版社，2015 年，第 366 页。
4 〔宋〕寇宗奭著，张丽君、丁侃校注：《本草衍义》，中国医药科技出版社，2012 年，第 87 页。
5 〔明〕朱橚著，王锦秀、汤彦承译注：《救荒本草译注》，上海古籍出版社，2015 年，第 384 页。

3. 诗文中的芡实

既然芡实有这么多益处，历史上吟咏它的诗文自然不少。自唐代开始，芡实就出现于韩愈、孟郊、温庭筠等人的诗篇中。到了宋代，梅尧臣、欧阳修、文同、苏轼、苏辙、黄庭坚、陆游、杨万里等多位诗人都写过它，这从另一个侧面反映出芡实在宋代有多受欢迎。

欧阳修《初食鸡头有感》"争先园客采新苞，剖蚌得珠从海底"、文同《采芡》"汉南父老旧不识，日日岸上多少人"，都写到时人采摘芡实的盛况。可见在当时，芡实与菱角一样广泛种植于江南江北的水泽湖泊之中，是人们在夏末秋初都会吃到的水中鲜果。正如苏辙《西湖二咏·其二·食鸡头》结尾所言：

> 东都每忆会灵沼，南国陂塘种尤足。
> 东游尘土未应嫌，此物秋来日尝食。

宋朝亡后，钱塘人吴自牧著有《梦粱录》，记录南宋都城临安的岁时风俗。书的篇幅不大，卷 4 对中元节芡实买卖的情景描述较为细致：

> 是月，瓜桃梨枣盛有，鸡头亦有数品，若拣银皮子嫩者为佳，市中叫卖之声不绝。中贵戚里，多以金盒络绎买入禁中，如宅舍市井欲市者，以小新荷叶包裹，掺以麝香，用红小索系之。[1]

---

1 〔宋〕吴自牧著：《梦粱录》，浙江人民出版社，1980 年，第 26 页。

借由这段文字，我们可以想见千百年前的临安城，听到市井里喧闹的叫卖声。迁都之后，城里的世家大族依旧维持着较高的生活水准，芡实这样的时令鲜果，要用"金盒"装好送入府中。而街头商贩的包装也称得上清新别致：用新出的小荷叶包起来，掺入名贵的香料麝香，最后系之以红线。

江浙地区，湖泊众多，适合菱角和芡实这样的水生作物生长，明代已有很成熟的种植方法。[1] 在清代，苏州东南葑门的南塘（今黄天荡）因盛产鸡头米而闻名。沈朝初《忆江南》就写到苏州葑门的鸡头："苏州好，葑水种鸡头。莹润每疑珠十斛，柔香偏爱乳盈瓯。细剥小庭幽。"郑板桥当年游历江南，作《由兴化迂曲至高邮七截句》记录沿途风物，对鸡头米最为喜爱：

> 一塘蒲过一塘莲，荇叶菱丝满稻田。
>
> 最是江南秋八月，鸡头米赛蚌珠圆。

清代人是如何吃鸡头米的呢？据袁枚《随园食单·点心单》，鸡头米可以磨碎做糕点或熬粥。[2] 今天浙江杭州还有手工制作的芡实糕。它以

---

1 《群芳谱》："种植：鸡头名芡实，秋间熟时取老子以蒲包包之，浸水中。三月间撒浅水内，待叶浮水面，移栽浅水，每科离二尺许。先以麻饼或豆饼拌匀河泥，种时以芦插记根。十余日后，每科用河泥三四碗壅之。"见〔明〕王象晋纂辑，伊钦恒诠释：《群芳谱诠释》（增补订正），农业出版社，1985 年，第 203 页。

2 "鸡豆糕，研碎鸡豆，用微粉为糕，放盘中蒸之。临食用小刀片开。鸡豆粥，磨碎鸡豆为粥，鲜者最佳，陈者亦可。加山药、茯苓尤妙。"见〔清〕袁枚撰：《随园食单》，中国商业出版社，1984 年，第 132 页。

〔日〕毛利梅园《梅园百花图谱》，芡实

　在宋代，芡实与菱角一样广泛种植于江南江北的水泽湖泊之中，是人们在夏末秋初都会吃到的水中鲜果，今天苏州等地依旧流行。

芡实和米粉为主料，辅以红豆或桂花，软糯耐嚼，甜度适中，口感出乎意料地好。

4. 芡实在苏州

如今，鸡头米依然是苏州人难以割舍的时鲜。当地农人在水塘种植鸡头，湖面圆叶相接、一碧万顷，一眼望过去十分壮观。每逢芡实成熟的季节，葑门横街、山塘街、东大街上就能找到剥鸡头米的小摊贩。

鸡头米的外壳较厚，如今依然没有很好的机器去壳，多半还是靠人工。剥时需戴上特制的铜指刀，先褪去外面的一层果皮，再剥掉外壳。这实在是个辛苦活儿，一般 3 个小时才能剥上一斤。一斤手剥的新鲜鸡头米价格在 150 元左右。所以，如果你发现一小盅鸡头粥的价格可抵一盘菜，不要惊讶，那都是农人起早贪黑、一粒一粒纯手工剥出来的，称得上"粒粒皆辛苦"。

当代作家王稼句写姑苏的芡实："旧时江南水乡的蓬门贫女，乃至中人之家的妇女，都将'剪鸡头'作为一项副业，以贴补家用。"[1] 文中还引用了民国年间的一首诗：

> 蓬门低檐瓮作牖，姑妇姊妹次第就。
>
> 负暄依墙剪鸡头，光滑圆润似珍珠。
>
> 珠落盘中滴溜溜，谑嬉娇嗔笑语稠。

---

1 王稼句著：《三生花草梦苏州》，南京师范大学出版社，2014 年，第 200 页。

更有白发瞽目妪，全凭摸索利剪剖。

黄口小女也学剪，居然粒粒是全珠。

全珠不易剪，克期交货心更忧。

严寒深宵呵冻剪，灯昏手颤碎片多。

岂敢谩夸十指巧，巧手难免有疏漏。

十斤剪了有几文，更将碎片按成扣。

苦恨年年压铁剪，玉碎珠残泪暗流。

这首诗详细地描绘了贫苦人家为补贴家用，全家女眷齐上阵"剪鸡头"的场景。诗中说芡实"全珠不易剪"，但是为了按期交货，只能熬到深夜，以至于夜里降温，剪刀冻手，灯昏手颤，碎片就多了。这碎片也舍不得扔，要按成圆扣再拿去卖。"苦恨年年压铁剪，玉碎珠残泪暗流。"由此，我们也看到了旧时贫苦农家生活的艰辛。

芡实真是历史悠久，前人已经写得很多很好。促使我写下此文的动力是什么呢？其实就是文章开头《红楼梦》里的那个细节，很平常，但是，很真挚、很动人。袭人对湘云的情义，都在那两个掇丝盒子里装着了。装的是什么呢？是红菱和芡实。芡实是什么呢？希望这篇文章，对大家理解这个细节有帮助。

唐开元二十九年（741），已近而立之年的杜甫出游齐赵，寻访名山胜迹。有感于巳公居所之静穆清幽，他写下这首《巳上人茅斋》：

> 巳公茅屋下，可以赋新诗。
>
> 枕簟入林僻，茶瓜留客迟。
>
> 江莲摇白羽，天棘蔓青丝。
>
> 空忝许询辈，难酬支遁词。

巳公谓谁，今已不可知，至少是一位精于佛学的僧侣。杜甫在尾联以东晋玄言诗人许询自比，以东晋高僧支遁比巳公。颈联"江莲摇白羽，天棘蔓青丝"是对巳公所居茅屋周围环境的描写，其中提到两种植物，"江莲"指荷花，"摇白羽"状江莲之摇动。"天棘"是天门冬，天门冬是什么植物呢？

1. 天门冬之得名

天门冬［*Asparagus cochinchinensis*（Lour.）Merr.］，百合科天门冬属攀缘植物，膨大的根块可入药。百合科在我国有 60 个属、560 种，既有名花，又有良药，天门冬就是良药之一。

天门冬何以得名？据《植物名释札记》，"天"字在植物名称中往往取自然之意，"门"是赤红色，对应天门冬根部膨大部分的外皮暗赤褐色，"冬"乃檐冰之象形，正如天门冬根部的纺锤状，故天门冬一名，来自其外形，即"天然产生而带红色之冰冬"。[1]

天门冬这个名字，听上去比较霸悍。清嘉庆年间有本小说《草木春秋演义》，将草木与历史演义结合。该小说以中草药为人物命名，人物外貌特征与中草药形态基本相符，敌我阵营的划分也与该种植物是否有毒相关。在 100 余种有情节的中草药中，天门冬出现于小说第 24 回"蜀椒山草寇造反　石龙芮斧劈强徒"，其人物设定是大汉国宣州蜀椒山的强盗头目，"在山上打家劫舍，掳掠民财，杀人放火，聚众上千喽罗"，欲推翻朝廷自成霸业。第 25 回"寮郎战死二凶僧　黄石力除两天王"，天门冬迎战朝廷军队，兵败自刎而死。如果将《草木春秋演义》拍成电视剧，天门冬至多活不过两集。将天门冬设定为无足轻重的反面人物，与中草药药性是否相符呢？至少，天门冬无毒，这不同于小说中天门冬手下的强盗和尚——茄科的曼陀罗，它是蒙汗药的原料之一。

2. 天门冬与古诗中的藤蔓植物

"江莲摇白羽，天棘蔓青丝。"天门冬为何名为天棘？对于诗中"天棘"的解释，在历史上曾有过争论。南宋郑樵《通志》认为天棘乃杨柳之名，庾信诗"岸柳被青丝"可证。明代杨慎《升庵诗话》反驳了这一观点：

> 柳可言丝，只在初春。若茶瓜留客之日，江莲白羽之辰，必是深

1　夏纬瑛著：《植物名释札记》，农业出版社，1990 年，第 304-305 页。

夏，柳已老叶浓阴，不可言丝矣。若夫"蔓"云者，可言兔丝王瓜，不可言柳，此俗所易知。天棘非柳明矣。按《本草索隐》云："天门冬，在东岳名淫羊藿，在南岳名百部，在西岳名管松，在北岳名颠棘。颠与天，声相近而互名也。"此解近之。[1]

杨慎认为本诗所反映的季节应该在深夏，"天棘"若为杨柳，则断不可言"青丝"。"天"与"颠"音近，在《本草索隐》《博物志》等文献中，天门冬又名"颠棘"。"棘"的本义是茎上多刺的酸枣树，据《中国植物志》，天门冬鳞片状叶的基部有长 2.5–3.5 毫米的硬刺，名之为"棘"有其道理。天门冬是一种带刺的攀缘藤本。

俞士玲分析了古诗中柳与藤作为意象的区别，以佐证"天棘"为藤本植物天门冬："杨柳成了家居、市井、人烟的象征，……与此相反，'藤'的意象常用来表现和烘托环境的清幽和居住者的萧散疏放。"[2] 天门冬这种藤本植物，多生于清幽的环境中，如同一位隐士。

俞士玲还提到，杜甫同时代的许多诗人在描写佛寺景观时，也多言藤萝。如：

> 竹外峰偏曙，藤阴水更凉。（王维《过福禅师兰若》）

---

1 〔明〕杨慎著，杨文生校笺：《杨慎诗话校笺》，四川人民出版社，1990 年，第 418 页。在《本草索隐》提及的天门冬的其他名称中，百部、淫羊藿其实是他种植物。古人之所以出现混淆，可能是由于它们的药用部位形态比较相近。

2 俞士玲：《杜诗"江莲摇白羽，天棘蔓青丝"辨》，《杜甫研究学刊》，1995 年第 3 期，第 28 页。

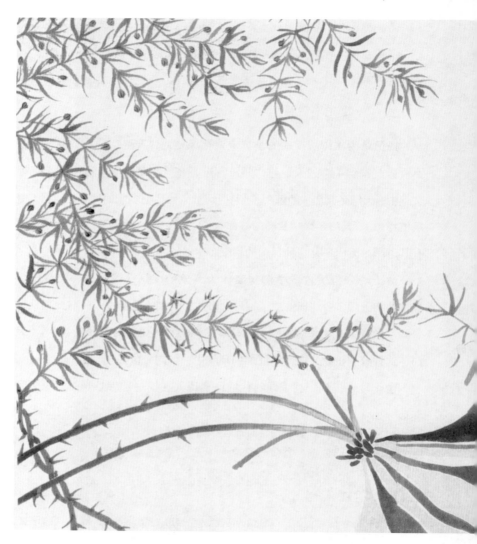

〔日〕岩崎灌园《本草图谱》，天门冬

天门冬又名天棘，百合科攀缘植物，其庞大的纺锤状根部可入药。

山馆人已空，青萝换风雨。（王昌龄《诸官游招隐寺》）

竹径厚苍苔，松门盘紫藤。（岑参《出关经华岳寺，访法华云公》）

延萝结幽居，剪竹绕芳丛。（李白《将游衡岳，过汉阳双松亭，留别族弟浮屠谈皓》）

竹林深笋概，藤架引梢长。（孟浩然《夏日辨玉法师茅斋》）

苔洞春泉满，萝轩夜月闲。（孟浩然《宿立公房》）

在以上诸多"藤萝"意象中，确指的只有"紫藤""青萝"，其他皆言萝或藤，其中是否有天门冬，我们无法判断。诗歌很少以"天棘"为意象，杜甫将天门冬写入诗中，大概是因为天门冬乃已公茅斋中的实有之景。而后世诗歌出现"天棘"，也多与寺庙相关，如明代张和《访晓庵禅师，师以洞庭柑为供》"檐前暮雨沾天棘，席外春风动石楠"。

明代文人冯梦龙《夹竹桃顶针千家诗山歌》中有一首《丝丝天棘》：

回头看见子介个有情郎，我弗枉今朝烧个炷香。他衣衫齐整，年貌正芳，眉来眼去，两下挂肠。姐道：郎呀！你若肯访奴时，奴家弗是无记认，丝丝天棘出门墙。

《夹竹桃顶针千家诗山歌》是用"夹竹桃"曲调所作的吴地山歌，借用顶真的修辞手法（每首山歌的最后一字为下一首的第一个字），每首诗以《千家诗》中的一句作为结尾，大部分歌咏男女情爱，在明代后期较为流行。《丝丝天棘》这首小曲所描绘的，颇似元代王实甫杂剧《西厢记》中崔莺莺与张生于普救寺中初次见面的场景："怎当她临去秋波那一转？"小曲最后一句，出自宋代诗人王淇的七言绝句《春暮游小园》：

一丛梅粉褪残妆，涂抹新红上海棠。

开到荼蘼花事了，丝丝天棘出莓墙。

原本感时伤怀的诗句，用到山歌中，那爬过墙头的"丝丝天棘"，便成为小女子大胆追求爱情的自我写照。而正是由于此场景发生在寺庙中，所以出墙的植物是"天棘"，而不是"红杏"。

3. 草药与麦门冬

天门冬作为药材，在《名医别录》中位列上品，具有"去寒热，养肌肤，益气力"等功效。[1]

不过在神仙传记中，天门冬被赋予神话色彩，可使人返老还童、延年益寿。约成书于西汉的《列仙传·赤须子》载："赤须子，丰人也。……好食松实、天门冬、石脂。齿落更生，发堕再出。"东晋葛洪所著道教典籍《抱朴子·内篇·仙药》曰："杜子微服天门冬，御八十妾，有子百三十人，日行三百里。"其《神仙传》卷10亦曰："甘始者，太原人也。善行气，不饮食，又服天门冬。……在人间三百余岁，乃入王屋山仙去也。"

这些神仙方术自不可信，但放入杜甫的诗中来看，却别有一番味道：高僧茅斋中的天棘，原来是一味传说中有着各种神奇功能的草药。

天门冬之外，尚有一名称相近的植物——麦门冬，中文正式名为麦

---

1 〔梁〕陶弘景撰，尚志钧辑校：《名医别录》，中国中医药出版社，2013年，第17-18页。

〔日〕岩崎灌园《本草图谱》，三种麦门冬

麦门冬药用部分亦为根部，较天门冬的根块小，叶形如麦，故此得名。

冬（*Ophiopogon japonicus*）。麦门冬也是一味中药，药用部分亦为根部，呈椭圆形或纺锤形，较天门冬的根块小，叶基生（紧贴地面）成丛，禾叶状。据《植物名释札记》，麦门冬之得名，是因为其叶形如麦。[1]

麦门冬与天门冬同为百合科，但不同属，麦门冬为沿阶草属。沿阶草，顾名思义，是种在台阶旁的小草，又名"绣墩"，终年常绿，是一种良好的地被植物。《长物志》中就有在石阶旁种植沿阶草以装饰的记载。[2]其属下的麦门冬，亦具有常绿、耐阴、耐寒、耐旱、抗病虫害等特点，多用于园林绿化。比如武汉大学和华中科技大学这种有山的高校，坡地上多种。

到了秋天，珞珈山和桂子山上便是"树树皆秋色，山山唯落晖"。树荫下山坡上的那片麦门冬，结满了果实，天蓝色的。还有满城的桂花香，让人想念南方的秋天。

---

1 《植物名释札记》，第 305 页。
2 "自三级以至十级，愈高愈古，须以文石剥成；种绣墩或草花数茎于内，枝叶纷披，映阶傍砌。"见〔明〕文震亨著：《长物志》，江苏凤凰文艺出版社，2015 年，第 6 页。

夏天快结束的时候，去中国美术馆看画展。晚饭后与友人散步，东四那一带属于老城区，穿过幽暗的胡同，尽头一家古玩店灯火通明。我们走进去，店里很安静，古香古色的家具中间，偶有两三盆水培绿植。走近一看，竟是鸭跖草！

鸭跖草像绿萝一样养在水瓶中，还是头一次见。它实在是很平凡的一种野草，却有那么多有趣的故事。

1. 野竹草与碧蝉花

鸭跖草（*Commelina communis* L.），鸭跖草科鸭跖草属，一年生披散草本。童年在乡间常见，多生于水边湿地，夏秋开花。那时没人知道它叫什么，后来看图鉴才得知其名。但这个名字也着实令人费解，"跖"是脚掌的意思，可鸭跖草无论花还是叶都不似鸭掌。有一种解释是说，鸭子们喜欢吃这种野草的嫩叶，它们在泥地上踩过的脚印，与鸭跖草有几分相似，都似竹叶。

"鸭跖草"一名始见于唐代陈藏器《本草拾遗》，又名鸡舌草、耳环草、鼻斫草；因其叶似竹，故又名碧竹子、淡竹叶、竹叶菜、竹青、竹节菜、笪竹等。夏纬瑛推断："鸭"与"野"、"跖"与"竹"音近，所以"鸭跖草"实乃"野竹草"之讹变，其本义是"生于田野如竹之草"。[1]

---

[1] 夏纬瑛著：《植物名释札记》，农业出版社，1990年，第102页。

〔日〕岩崎灌园《本草图谱》，鸭跖草

鸭跖草又名翠蝴蝶，两片蓝色的花瓣展开如翼，花药、花柱如飞蛾之足、触须。

　　除以上名称外，鸭跖草又名碧蝉花。明嘉靖年间《陕西通志》载其名为翠娥花、翠蛾儿、翠蝴蝶，以花朵之外形而得名：两片蓝色的花瓣展开如翼，花药与花柱伸长，正如飞蛾之足与触须。宋人杨巽斋写有 27 首吟咏花卉的七言绝句，第一首《碧蝉儿花》即道出其外形似飞蛾：

　　　　扬葩蔌蔌傍疏篱，薄翅舒青势欲飞。

几误佳人将扇扑，始知错认枉心机。

碧蝉花、翠蝴蝶这类名称要比鸭跖草更美、更形象、更符合鸭跖草花朵小巧精致的形态。但历代医书都以"鸭跖草"为词条标目，现代植物分类学亦以其为本科与本属之名。

2. 画灯与胭脂

鸭跖草的花朵虽小，但两片蓝色花瓣清新明亮。古人很早就用它来染色，如南宋董嗣杲《碧蝉儿花》："分外一般天水色，此方独许染家知。"

《本草纲目·草部》："巧匠采其花，取汁作画色及彩羊皮灯，青碧如黛也。"[1]羊皮灯源自草原民族，以薄羊皮做灯罩。羊皮可遮风挡雨，透光性又好。鸭跖草的蓝色花瓣，化身羊皮灯上的图案。在清凉如水的夜晚，点亮火烛，橙黄的萤光透过轻薄的羊皮，灯罩上的青绿色变成青黑色，恰似古代女子纤细的眉黛。

这种颜料如何制作呢？据明人高濂《遵生八笺》："淡竹花，花开二瓣，色最青翠，乡人用绵收之，货作画灯，青色并破绿等用。"[2]可见时人用丝绵来收取花汁，以保存颜料。

这种方法也用于制作胭脂，鸭跖草是以又名蓝胭脂草。晚明学者方以智《通雅》卷42载："一种曰鸭跖草，即蓝胭脂草也。杭州以绵染其

1　〔明〕李时珍著，钱超尘等校：《本草纲目》，上海科学技术出版社，2008年，上册，第680页。

2　〔明〕高濂编撰，王大淳校点：《遵生八笺》，巴蜀书社，1992年，第655-656页。

花，作胭脂，为夜色。"杭州人用丝绵薄片浸染花汁，待其充分吸收染料后晾干，日后用时，剪下适量绵胭脂泡水，得到的胭脂水即可用来化妆。《通雅》中的"夜色"，乃是胭脂中的一个品种——绵胭脂。关于"夜色"，我们知道得比较少。它是怎样的一种颜色？

方以智《物理小识》卷6提到："杭州夜色：红，用重受胭脂；碧，用碧蝉蓝胭脂。以朱砂、大青皆重，不可作夜色。""重受胭脂"用红花汁染成，"碧蝉蓝胭脂"则用碧蝉花即鸭跖草染成。产于杭州的"夜色"胭脂，即以这两种胭脂调和而成。

据孟晖介绍，其具体的做法是："先将重受胭脂泡在水中，获得红液，白丝绵浸而成赤，再以同样的方式浸取碧蝉蓝胭脂的彩液，给红绵添上青色。"[1]红与蓝相调和是紫色，《物理小识》说朱砂和大青颜色太重，不可用来制作"夜色"，可知"夜色"这种胭脂是稍微淡一些的紫色。

《花镜》也说："土人用绵，收其青汁，货作画灯，夜色更青。"[2]这里的"夜色更青"，应当是说"夜色"这种胭脂偏蓝、偏亮。我们或能推测，这种名为"夜色"的胭脂当是一种偏蓝的淡紫色，这不禁使人想到日薄西山、暮色升起时深秋时节的夜空。古人用"夜色"来命名这种胭脂，真是含蓄浪漫、引人遐思。

上述不少文献都提到鸭跖草色宜画灯，这是为什么呢？近现代工笔画大师于非闇对"灯画用色"有过详细的介绍，他说灯分宫灯、花灯、

---

1 孟晖著：《贵妃的红汗》，南京大学出版社，2011年，第387页。
2 〔清〕陈淏子辑，伊钦恒校注：《花镜》，农业出版社，1962年，第270页。

〔日〕毛利梅园《梅园百花图谱》，鸭跖草

以鸭跖草制成的颜料较清轻，可画灯、制胭脂。明代杭州有一种胭脂名为"夜色"，调色时用到了鸭跖草。

春灯数种，宫灯和花灯按季节日常悬挂，春灯用于元宵节，上面画着连环画，都为人们所喜闻乐见。

画灯偏重于使用植物质的颜料。画灯所用的颜料，最细也最精，差不多都是使用颜色的"标（膘）"，也就是颜色最清轻的部分。……为了使人民大众欣赏，他们企图使所画的灯，热烈漂亮，立在远处，也可以看得见。

古典植物园

鸭跖草色是植物颜料，颜色最清轻的部分青翠、明亮，符合这一要求。

灯画是白昼和夜间都要看的。白昼只看一面，夜间要点起蜡烛或电灯，连背面也被灯光映射出来。这样一来，画灯用色就有颜料涂抹厚薄的问题、涂抹均匀与否的问题。画灯都用绘绢（上过胶矾的绢）来画。由于灯光在绘画的后面，人是在绘画的前面看，如果使用很厚重的颜料，在前面看，那只是一片黑影，看不出什么颜色。如果使用或厚或薄的颜料，在前面看，也只是黑一块、花一块的使人起不快之感。因此，灯画家用色，只取清轻。要知颜料里的清轻部分（指调胶兑水后说）正是颜色的精华，画出来更加鲜丽。白昼看是如此，夜晚透过灯光看也是如此。

这样还不够，在涂抹颜色上，也有讲究：

第一能薄，使灯光易于透过；第二能匀，使观者连笔毫水晕都看不出，一片停匀，灯光映射下绝不产生或深或浅的黑影。[1]

没想到画灯这么小小的工艺，竟有如此多的讲究！其匠心之处，也能增加我们对于古人以鸭跖草染色画灯的想象。

3. 青花纸与和服

鸭跖草的染色技术在唐以前即传入日本。在日本，鸭跖草名为露草

1　于非闇著，刘乐园修订：《中国画颜色的研究》，北京联合出版公司，2013年，第75-77页。

和月草，染出来的颜色叫露草色。大概是因其花在清晨开放，过午即收，而人们习惯于清晨采摘，露水沾衣，乃得此名。

在日本，鸭跖草染色颇受欢迎，而且非常重要。不少文献有时人采收鸭跖草以制作"青花纸"的记载。江户时代近江国僧人横井金谷上人在《金谷上人行状记》中写到当地人采花染色的盛况：

> 这一带村中，七八月皆摘露草花染纸，相与兜售诸国。此云青花，七月初以来，连小猫儿也要帮忙采花，何况雀跃忙碌的人们呢。

江户时代本草学家岩崎灌园《本草图谱》卷17亦载：

> 大和及近江栗太郡山田村有种植。苗叶大，高二三尺，直立。花倍于寻常品。清晨摘此花绞汁染纸。染家用于草稿，或灯笼等画具。[1]

日本用鸭跖草染青花纸，与我们用绵收取其青汁一样，都是为了储存颜料。等到用的时候，以青花纸泡水，即可获得染汁。对此，岩崎灌

1　此处"花倍于寻常品"乃鸭跖草的变种——大花鸭跖草。苏枕书：《西风吹绽碧蝉花》："而日本滋贺草津，如今还有变种鸭跖草做的'青花纸'。牧野富太郎（1862-1957）编《日本植物图鉴》与岩崎灌园（1786-1842）《本草图谱》一样，鸭跖草属收有'露草'（鸭跖草）与'大帽子花'（大花鸭跖草）两种，草津自古栽培、用于染色的，便是后者。而《中国植物志》鸭跖草属所列九条并无此种，或为日本本土栽培。"本文日本文献的译文，均源于苏枕书：《西风吹绽碧蝉花》，《南方都市报》，2014年9月28日。

园的老师小野兰山在《本草纲目启蒙》[1]中有详细的记载：

> （青花纸）用时剪开入水，出青汁，用于画衣服花样，覆以糊，
> 入染料皆消去。亦用于扇面，色虽鲜美，沾水顷刻消去。用于舶来
> 羊皮灯，映火鲜明。

此处"舶来羊皮灯"当是《本草纲目·草部》所载之羊皮灯，在明清时由中国传入日本，"映火鲜明"应该就是上文"画灯用色"这一手艺所达到的绝佳效果。

上述文献也告诉我们，染家将此种颜料用于草稿，主要原因是露草的颜色易于消退。正是因为这一点，在日本和服的传统染色法——友禅染中，鸭跖草扮演了重要的角色：画工用鸭跖草染成的青花纸泡水，得来的染汁用以绘制初稿，在正式染色时，布面上的草稿容易消失，不会留下丝毫的痕迹。

在日本，鸭跖草的这一特点很早就被人发现并加以运用。在成书于8世纪的日本第一部和歌总集《万叶集》中，有几首诗写到鸭跖草，均以

---

1 小野兰山是江户中期本草学界的代表人物，被西方学者誉为"日本的林奈"。他出生于京都，13 岁师从松冈恕庵攻读本草，26 岁创设私塾众芳轩，开启长达 46 年的本草教学生涯。其门人达千人之多，并形成兰山学派，成为江户中期本草学的主流学派。著有植物图谱《花汇》《本草纲目启蒙》，并致力于中国本草典籍的整理，如《昆虫草木略》《校正救荒本草》等。《本草纲目启蒙》乃是根据小野兰山的本草讲义整理而成，是其《本草纲目》研究的结晶，初版刻于 1802 年。见刘克申：《论日本江户时代的本草学》，《医古文知识》，1998 年第 2 期，第 17 页。

〔日〕岩崎灌园《本草图谱》，大花鸭跖草

大花鸭跖草或为日本本土栽培，当地人清晨采其花绞汁染纸，即青花纸。青花纸泡
水可得染汁，其色易褪，可为和服描绘花样。

其色易褪的特点比喻情人易变心。其中有一首反其意而用之，以表明自己坚贞无二：

> 深宫或如是，我心非月草。
>
> 月草褪色易，相思无转移。

鸭跖草染成的颜色偏淡、易消退，其花朵亦娇弱、开放时间短，所以其英文名为 Common Dayflower Herb，即寻常的一日之花，只开一天即凋谢。不过鸭跖草的花期很长，可以从春天一直开到秋天。

宫崎骏似乎很喜欢这种小野花，在电影《龙猫》《借东西的小人阿莉埃蒂》中，鸭跖草都有出镜。宫崎骏的动画片大都倡导人类与自然和谐相处，在他的镜头下，这些平凡的野花野草变得清新脱俗、极有灵性。

4.鸭跖草的近亲紫竹梅

回到开头提到的鸭跖草插花，使我想起自己曾在水瓶中养过的紫竹梅。紫竹梅与鸭跖草同科同属，它的茎叶与鸭跖草相似，但叶片更厚，富含肉质，因其全身都是紫色，又名"紫鸭跖草"。紫竹梅原产墨西哥，后来传入我国，较为常见。我在南方的中学和北方的大学校园里，都见过紫竹梅。

初三时，班主任家阳台上就有一大盆紫竹梅，极茂盛，开紫红色的小花。每次从那里路过，我都要停下来看几眼。班主任的女儿与我是同学，她告诉我紫竹梅泡在水里也能生根开花。我很惊讶，请她帮我摘几枝。那天傍晚下过雨，西天有美丽的云霞。上晚自习之前，她走到座位旁边悄悄递给我一束，用扎头发的橡皮筋捆着，还带着花骨朵。别提当时我有多开心，立即跑回宿舍找来一个空瓶养起来。后来果真开了花，还长出不少根须。花是紫红色，花瓣三片，小巧可爱。紫竹梅喜阳，日照越多，茎、叶、花的紫色越浓，叶片就越厚。难怪班主任把它们养在朝南的阳台上。

后来，邻居家门口也种有一盆紫竹梅。我折了两枝插在玻璃瓶里，放在窗台上。午后明媚的秋阳从窗户照进来，洒在紫色的花朵上，仔细观察紫竹梅的花和叶，会觉得整个世界都安静了下来。

之后来到北方上大学，图书馆附近的家属楼是 20 世纪七八十年代的老式住宅，一楼外的空地上被人用栅栏围成一个小花园。在图书馆写论文的那些寒暑，晚饭后我常去那里散步，有一回就看到了好几丛紫竹梅，被主人搬出来晒太阳。多年过去，在异乡又见到这熟悉的植物，莫名地惊喜，就像遇见老朋友一样。于是下自习后，趁夜黑风高，我偷偷折了几枝带回宿舍，像中学时一样把它们插在玻璃瓶里，等它们生根，开出紫红色的小花。

秋天到了，北京进入一年中最美的季节，鸭跖草和紫竹梅现在都还在花期。只是我现在工作和生活的地方，很难见到鸭跖草，也很少见到紫竹梅了。写这篇文章，以为纪念。

初秋的一个周末去海坨山露营，刚下车，农家乐门口一片玫瑰色的穗状花序闯入眼帘。走近一看，竟然是红蓼，在蓝天和青山的衬托下美极了！红蓼在乡间的村边和路旁常见，对乡民来说，这是一种极为普通的野草，没想到作为观赏植物竟是如此惊艳。

1. 隰有游龙

红蓼（*Polygonum orientale* L.），蓼科蓼属一年生草本植物，夏秋开花，除西藏外，全国各地广泛分布，多生于沟边湿地。因其引人注目的穗状花序，俗名狗尾巴花。比起浪漫的英文名 Kiss me over the garden gate，狗尾巴花的确俗了点，但是很形象。它还有个令人意想不到的名字——游龙，见于《诗经·郑风·山有扶苏》：

> 山有扶苏，隰有荷华。不见子都，乃见狂且。
> 山有乔松，隰有游龙。不见子充，乃见狡童。

"隰"指地势卑湿之处，"游龙"让人浮想联翩，什么植物竟被称作上天入地、吞云吐雾的神龙？原来，"龙"是"茏"的假借，"茏"在古籍中又名红草、水荭、鸿等，即红蓼。"游"的本义是"旌旗之流"，即旗帜飘动貌，正如蓼花在秋风中舞动的样子。《诗经名物图解》中"游龙"的配图，就特意描绘了红蓼的穗状花序在风中摇曳的姿态，十分生动。

〔日〕细井徇《诗经名物图解》，龙

　　"龙"是"茏"的假借，"茏"又名红草、水荭、鸿等，都是红蓼的别名。"游龙"
即迎风飘动的红蓼，这幅画描绘了红蓼的穗状花序在风中摇曳的姿态。

这首诗"以山上之树木与隰中之荷蓼起兴，言高、下各有可喜，然吾今日所见之人则狂狡悖谬，不类子都、子充之姣好，何其恼人也！此诗妙处，在其'口是心非'、以憎见爱"。[1]《毛诗》及后世注《诗经》者都将此诗解为讽刺郑昭公不用贤者反用小人，但它实则是一首"女子戏谑情郎之辞"[2]。

以红蓼入诗，将其与荷花并举，一方面是红蓼生于水边，生境与荷花相同，一方面也是因为红蓼花开明艳，令人印象深刻。

2. 离人眼中血

蓼科蓼属是个不小的家族，据《中国植物志》，在蓼科 13 个属中，蓼属植物有 113 种，占据蓼科植物种类的"半壁江山"。在众多的蓼属植物中，红蓼的花序最大，其颜值和辨识度无疑最高。古代诗文中单名"蓼"或泛称"蓼花"的，也多指红蓼。红蓼在先秦时即出现于《诗经》中，到唐代已成为秋日状景抒怀时常用的意象。

"自古逢秋悲寂寥"，红蓼因多生于渡头、堤岸，所以常用于抒发悲秋与离愁。唐人已将红蓼与离别联系起来，如司空图《寓居有感三首》"河堤往往人相送，一曲晴川隔蓼花"、薛昭蕴《浣溪沙·红蓼渡头秋正雨》"红蓼渡头秋正雨，印沙鸥迹自成行"。电视剧《还珠格格》中，

---

1 袁行霈、徐建委、程苏东撰：《诗经国风新注》，中华书局，2018 年，第 299 页。

2 "'狡童''狂童'显系郑国女子称呼情郎之昵称，嬉笑怒骂中见两情相悦之蜜意也。"见《诗经国风新注》，第 301 页。

紫薇曾作一首送别诗：

你也作诗送老铁，我也作诗送老铁。

江南江北蓼花红，都似离人眼中血。

这首诗来源于明代余永麟文言轶事小说集《北窗琐语》中罗一峰夫人所作之诗："今日作诗送老薛，明日作诗送老薛。秋江两岸红蓼深，都是离人眼中血。"但此诗真正的源头可能是唐人的诗句："时人有酒送张八，惟我无酒送张八。君看陌上梅花红，尽是离人眼中血。"同样以送别为主题，陌上的"梅花"到了明人的笔记中，就变成了江边的"红蓼"。

在古诗词中，水边盛开的红蓼常与金黄的芦蒲、洁白的沙鸥、棕色的鸿雁等，共同构成一幅极具画面感的秋日图景，也常常寄托着诗人的悲秋和寂寥。比如下面这几首：

暮天新雁起汀州，红蓼花开水国愁。（〔唐〕罗邺《雁二首》）

犹念悲秋更分赐，夹溪红蓼映风蒲。（〔唐〕杜牧《歙州卢中丞见惠名酝》）

梧桐落，蓼花秋。烟初冷，雨才收，萧条风物正堪愁。（〔南唐〕冯延巳《芳草渡》）

楼船箫鼓今何在？红蓼年年下白鸥。（〔明〕张颐《汾河晚渡》）

正是由于红蓼已被赋予以上含义，《红楼梦》第18回"皇恩重元妃省父母　天伦乐宝玉呈才藻"，元妃游览大观园，看到匾额"蓼汀花溆"

时才会说："'花溆'二字便妥，何必'蓼汀'？"待到第79回"薛文起悔娶河东吼　贾迎春误嫁中山狼"，当大观园被抄、晴雯病死、迎春误嫁之后，宝玉看到岸上摇落的蓼花苇叶，颇觉寥落凄惨。省亲别墅花费之奢靡无度，为贾府的分崩离析埋下伏笔，一前一后，红蓼串联起贾府由盛而衰的命运。

3. 霜后独烂然

不过，并非所有言及蓼花的诗都是消极的，陆游《蓼花》就一改悲秋的格调，写出了一种潇洒与旷达：

> 十年诗酒客刀洲，每为名花秉烛游。
> 老作渔翁犹喜事，数枝红蓼醉清秋。

放翁诗中的红蓼和渔翁，是一组常见的搭配。渔樵江渚，是庙堂之上的文人归隐田园、寄居山林的美好愿望。诗中言及渔人、钓船，多以红蓼作为背景。比如下面这几首：

> 红蓼白蘋消息断，旧溪烟月负渔舟。（〔唐〕李中《感秋书事》）
> 何处邀将归画府，数茎红蓼一渔船。（〔唐〕谭用之《贻钓鱼李处士》）
> 晓露满红蓼，轻波飏白鸥。渔翁似有约，相伴钓中流。（〔唐〕王贞白《江上吟晓》）
> 花开只慰渔翁眼，可奈渔翁醉不知。（〔南宋〕董嗣杲《蓼花》）

在众多描写红蓼的文学作品中，我比较喜欢的是五代花间派词人孙光宪《浣溪沙·蓼岸风多橘柚香》：

蓼岸风多橘柚香，江边一望楚天长。片帆烟际闪孤光。

目送征鸿飞杳杳，思随流水去茫茫。兰红波碧忆潇湘。

再看南宋词人张孝祥《浣溪沙·洞庭》：

行尽潇湘到洞庭，楚天阔处数峰青。旗梢不动晚波平。

红蓼一湾纹缬乱，白鱼双尾玉刀明。夜凉船影浸疏星。

两者都写出一种开阔辽远的气势，而红蓼作为江边重要的风景，给整个潇湘秋景图添上一抹明亮的朱红。

落木无边、万物凋零之时，红蓼却开出了明艳的花朵。因此红蓼与秋菊一样，还被赋予了坚忍不拔的品格。民国《宁化县志》卷6《土产志》载："蓼花，即水红花。以霜后独烂然于冷风寒水间，故又名为'大节'。亦草中之矫矫者矣。"[1]

《水浒传》中，梁山好汉的聚集之地，正是蓼花盛开的水中陆地——蓼儿洼。第11回"朱贵水亭施号箭　林冲雪夜上梁山"，林冲问柴进何处可投奔，柴进道："是山东济州管下一个水乡，地名梁山泊，方圆八百余里，中间是宛子城、蓼儿洼。"蓼儿洼是英雄好汉落草为寇后的容身之所，亦是宋江等人死后的葬身之处。第120回"宋公明神聚蓼儿

1　黎景曾、黄宗宪修纂：《宁化县志》，厦门大学出版社，2009年，第229页。

洼　徽宗帝梦游梁山泊",宋江被赐毒酒后,担心李逵复仇造反,坏了他梁山泊替天行道的忠义之名,于是请李逵也喝了毒酒,并嘱咐他:"你死之后,可来此处楚州南门外,有个蓼儿洼,风景尽与梁山泊无异,和你阴魂相聚。我死之后,尸首定葬于此处,我已看定了也!"宋江死后,托梦吴用、花荣,两人赶至坟前,自缢而死,兄弟四人,魂魄同聚一处。《水浒传》前面大部分英勇豪迈,结尾却万分悲凉。水泊梁山的那片蓼花看过江湖好汉替天行道时的义薄云天和奋不顾身,也目睹了忠君招安后被朝廷陷害却无可奈何的悲剧下场。

　　蓼花也许是水泊梁山实有的自然环境,小说前后蓼儿洼的呼应也许是施耐庵的刻意安排。但根据前文对于"蓼花"所含意蕴的分析——生于郊野,霜后灿然,但很快凋谢寥落,不正是梁山好汉命运的写照吗?

　　作为秋季的风物之一,又是文人笔下吟咏的对象,红蓼也常出现于中国画中。宋代几幅工笔画就用蓼花作为主要配景,现代画家齐白石、唐云、娄师白等都画过红蓼。白石老人还在一幅画的题诗中为红蓼鸣不平:

枫叶经霜耀赤霞,篱边黄菊正堪夸。

潇湘秋色三千里,不见诸君说蓼花。

　　似乎在当时,生于荒野泽畔的红蓼,已没有枫叶和黄菊那样受到世人关注。但白石老人是偏爱这种野花的,在他所作的红蓼画作中,大块丹朱涂抹,常常配以蝼蛄、螽斯、螃蟹等应季风物,具有鲜明的季节特色,充满生活气息。在这样的画里,看不到古人的悲秋和离愁,那样鲜亮的颜色,一涂一抹,都是画家对于生活的热爱。

听一位年长的老师说，她年轻时在东北当知青，兵团的连队有一大片红蓼，开花时就像红海一样。那样的画面想必十分壮观。如今北京城区和郊野的公园里偶尔可见红蓼，北京大学燕园的某处湿地就有一簇。但如那样红海一般的景象，怕是难以见到。

不过秋天来了，可以去野外看红蓼这类专属于秋天的植物。

北京故宫文华殿里有一副对联："予又集于蓼，无忝尔所生。"上联出自《诗经·周颂·小毖》"未堪家多难，予又集于蓼"，下联出自《小雅·小宛》"夙兴夜寐，毋忝尔所生"。前一首是周成王继位后请求群臣辅佐治国，后一首是乱世之秋，兄弟相劝要各自努力、谨小慎微以免祸。这副对联的大意是：国家多灾多难，如今又遇辛苦；你要励精图治，不要辱没了父母对你的期待。

这副对联中的"蓼"是什么植物呢？上篇文章我们介绍了红蓼，这篇文章我们来认识红蓼的近亲——水蓼。

1. 五辛盘与酒曲

在《周颂·小毖》中，"予又集于蓼"中的"蓼"指"辛苦之菜"[1]，与农事诗《周颂·良耜》"荼蓼朽止，黍稷茂止"中意为野草的"蓼"一样，并无明确所指。既然是"辛苦之菜"，可知"蓼"在古代是蔬菜之一，亦可作为调料烹饪肉食，后来还用于制作酒曲。《本草纲目·草部》载：

> 古人种蓼为蔬，收子入药。故《礼记》烹鸡、豚、鱼、鳖，皆实蓼于其腹中，而和羹脍亦须切蓼也。后世饮食不用，人亦不复栽，

---

1 〔唐〕孔颖达撰：《毛诗正义》，北京大学出版社，1999 年，第 1353 页。

〔日〕细井徇《诗经名物图解》，蓼

蓼在古代是蔬菜之一，亦可作为调料烹饪肉食，后用于制作酒曲以酿酒。

惟造酒曲者用其汁耳。今但以平泽所生香蓼、青蓼、紫蓼为良。[1]

《本草纲目·草部》说香蓼、青蓼、紫蓼都是很好的原料，说明这种可食、可药用的"蓼"并非一种。虽然不知道究竟有多少，但现代植物学分类中的"水蓼"是其中之一。

1　〔明〕李时珍著，钱超尘等校：《本草纲目》，上海科学技术出版社，2008年，上册，第712页。

水蓼（*Polygonum hydropiper* L.）与红蓼同科同属，叶具辛辣味，又称"辣蓼"，花期与红蓼相同，个头比红蓼矮，花和叶都不及红蓼大。

魏晋以降，元旦、立春之日有吃春盘以驱邪和迎新的习俗。春盘又名五辛盘，一般由 5 种辛辣之菜组成。哪 5 种菜？说法不一。[1]但至少在宋代，水蓼的嫩苗已成为五辛盘的成员之一。《本草衍义》载有用水蓼的种子催芽以备五辛盘的做法：

> 蓼实即《神农本经》第十一卷中"水蓼"之子也。彼言蓼，则用茎；此言实，即用子。故此复论子之功，故分为二条。春初，以葫芦盛水浸湿，高挂于火上，昼夜使暖，遂生红芽，取以为蔬，以备五辛盘。[2]

原来红蓼的种子发出的芽也是红色。绿豆芽、黄豆芽、香椿芽也是用类似的方法制作而成。苏轼《浣溪沙·细雨斜风作晓寒》一词载有以"蓼茸"做春盘的吃法：

> 细雨斜风作晓寒，淡烟疏柳媚晴滩。入淮清洛渐漫漫。
>
> 雪沫乳花浮午盏，蓼茸蒿笋试春盘。人间有味是清欢。

1　关于"五辛"，〔宋〕苏颂《本草图经》："昔人正月节食五辛以辟疠气，谓韭、薤、葱、蒜、姜也。"《本草纲目·菜部》："练形家以小蒜、大蒜、韭、芸苔、胡荽为五荤，道家以韭、薤、蒜、芸苔、胡荽为五荤，佛家以大蒜、小蒜、兴渠、慈葱、茖葱为五荤。""五辛菜，乃元旦立春，以葱、蒜、韭、蓼、蒿、芥辛嫩之菜，杂和食之，取迎新之义，谓之五辛盘，杜甫诗所谓'春日春盘细生菜'是矣。"
2　〔宋〕寇宗奭著，张丽君、丁侃校注：《本草衍义》，中国医药科技出版社，2012 年，第 94 页。

北宋元丰七年（1084）早春，苏轼离开黄州（今湖北省黄冈市）赴汝州（今河南省汝州市）任团练使（执掌地方军事的助理官）途中，路经泗州（今安徽省宿州市泗县）时与刘倩叔同游南山。这是乌台诗案后的第5年，苏轼在经历人生的挫折后迎来仕途的转机。此时苏轼的心情应该是轻松愉悦的：河滩上如烟的绿柳如此明媚，远处清澈的洛涧缓缓汇入淮河，午后点一盏茶，茶汤上的气泡好似雪沫和乳花，"蓼茸蒿笋"这类普通的野菜，也可为时令之佳肴。心境不一样，粗茶淡饭也是人间至味。词中的"蓼茸"，可能就是水蓼种子催生出来的嫩苗。

苏轼春盘中的蒿和笋，我们现在仍在食用。水蓼是什么味道呢？如今市场上似乎很少有卖。上文《本草纲目·草部》已提及"后世饮食不用，人亦不复栽"，不过蓼叶仍用于制作酒曲。明代宋应星《天工开物·曲糵》记载了具体过程：

> 造面曲用白面五斤、黄豆五升，以蓼汁煮烂，再用辣蓼末五两、杏仁泥十两，和踏成饼，楮叶包悬，与稻秸掩黄，法亦同前。

造曲先要用蓼汁与白面、黄豆同煮，再加入辣蓼末与杏仁泥踩踏成饼。根据科学技术史专家潘吉星的解释，这里的蓼汁就是水蓼熬出来的汁液。而文中的辣蓼，一般也是指现代植物学上的水蓼。但实际上，各地用于制作酒曲的蓼属植物并不相同。这些花序穗状、叶片狭长的蓼属植物极容易混淆，但在制作酒曲上的功用相似。

饼做好后，再用构树叶包着，用稻草掩盖，使其发酵后产生一种黄色的霉菌。这种霉菌能促使谷物中的淀粉分解出乙醇，这样，酒就酿出

〔日〕岩崎灌园《本草图谱》，水蓼与其他种类的蓼

各地用于制作酒曲的蓼属植物并不相同，极易混淆，但在制作酒曲上的功用相似。

来了。而酿酒时加蓼的目的，即是在于"抑制杂菌生长"，"使曲饼疏松，增加通气性能，便于酵母菌生长"。[1]

2. 卧蓼尝胆与蓼虫忘辛

古代炖肉用于去腥的调料之中，可能就有水蓼。《礼记·内则》载，古人烹饪豚、鸡、鱼、鳖，需"实蓼"，按照南朝经学家皇侃的解释，

---

1 〔明〕宋应星著，潘吉星译注：《天工开物译注》，上海古籍出版社，2013年，第218-219页。

即"破开其腹，实蓼于其腹中，又更缝而合之"。加蓼的目的与葱姜蒜一样，乃是取其辛味以去腥。蓼属植物之辛辣，很可能正是"蓼"之得名的原因。据《植物名释札记》，《说文解字》对"蓼"的解释是"辛菜"，"蓼"与"熮"音近且形似。[1]

我们都知道越王勾践卧薪尝胆的故事，典出苏轼《拟孙权答曹操书》。但《史记》中的相关记载只言"尝胆"而不言"卧薪"[2]，事实上"卧薪"与勾践没什么关系[3]。倒是有个"卧蓼尝胆"，典出东汉赵晔《吴越春秋·勾践归国外传》：

> 越王念复吴仇非一旦也。苦身劳心，夜以接日。目卧，则攻之以蓼；足寒，则渍之以水。冬常抱冰，夏还握火。愁心苦志，悬胆于户，出入尝之不绝于口。[4]

"目卧，则攻之以蓼"，意思是说，晚上犯困了，就用"蓼"来刺激眼睛，也就是辣眼睛，这样可以保持清醒。越王勾践这般励志，大概是后世读书人"头悬梁、锥刺股"的榜样。

关于蓼属植物的辛辣，还有一个与蓼虫有关的典故。西汉辞赋家东

1　夏纬瑛著：《植物名释札记》，农业出版社，1990年，第53页。

2　《史记·越王勾践世家》："吴既赦越，越王勾践反国，乃苦身焦思，置胆于坐，坐卧即仰胆，饮食亦尝胆也。"

3　陆精康：《"卧薪尝胆"语源考》，《语文建设》，2002年第2期，第21-22页。"卧薪"语出《梁书》卷1《武帝本纪上》："岂可卧薪引火，坐观倾覆？"

4　〔东汉〕赵晔著，张觉校注：《吴越春秋校注》，岳麓书社，2006年，第214页。

方朔《七谏·怨世》："桂蠹不知所淹留兮，蓼虫不知徙乎葵菜。"葵菜指锦葵科冬葵（*Malva crispa* Linn.），是明代以前主要的蔬菜，元代王祯《农书》称之为"百菜之主"。东汉王逸《楚辞章句》注曰："言蓼虫处辛烈，食苦恶，不能知徙于葵菜，食甘美，终以困苦而癯瘦也。以喻己修洁白，不能变志易行，以求禄位，亦将终身贫贱而困穷也。"所以东方朔写《七谏》，是以蓼虫自居，标榜自己的品行高洁，不愿改志易行以求禄位。这便是成语"蓼虫忘辛"的出处。

东汉末年王粲《七哀诗三首·其三》描写边城战乱，最后两联化用了"蓼虫忘辛"的典故：

> 行者不顾反，出门与家辞。
>
> 子弟多俘虏，哭泣无已时。
>
> 天下尽乐土，何为久留兹。
>
> 蓼虫不知辛，去来勿与咨。

刘表病死、曹操平定荆州后，王粲归附曹操。他随曹操征战南北，目睹了边地"百里不见人，草木谁当迟"的悲凉。而身处战乱之中的百姓，竟也习惯了这样的生活，像蓼虫忘记了辛辣一样，连逃离战乱的想法都没有了。曹操《蒿里行》描写的"白骨露于野，千里无鸡鸣"的社会现实固然令人心痛，但生于乱世的百姓对于战争已到了一种麻木的地步，更使人感到悲凉和无奈。

每当秋风起，总会想起 1000 多年前的张翰[1]，想起他那份"人生贵得适意尔"的洒脱。《世说新语·识鉴》记载：

> 张季鹰辟齐王东曹掾，在洛见秋风起，因思吴中菰菜羹、鲈鱼脍，曰："人生贵得适意尔，何能羁宦数千里以要名爵！"遂命驾便归。俄而齐王败，时人皆谓为见机。

因想念故乡吴中的两道美食，连官都可以不做。这两道菜中，鲈鱼我们很熟悉，菰菜却很少听说。不禁要问：菰菜羹究竟是什么菜做的羹？

1. 菰米与茭白

对于《世说新语》中的"菰菜"，后世多解释为茭白。据《中国植物志》，菰 [*Zizania latifolia* (Griseb.) Stapf] 是禾本科植物，水生或沼生，须根粗壮，秆高大直立，叶似芦苇，在亚洲温带、欧洲都有分布。

禾本科有许多粮食作物，如水稻、小麦、玉米、高粱等。菰也是其

---

1 张翰，字季鹰，吴郡吴县（今江苏省苏州市）人，吴国大鸿胪张俨之子。西晋文学家、书法家。有清才，善属文，性情放任不羁。齐王司马冏执政，辟为大司马东曹掾。见祸乱方兴，以秋风起思吴中菰菜羹、鲈鱼脍为由，辞官而归。

〔日〕岩崎灌园《本草图谱》，菰米

菰米又名雕蓬、雕苽、茭米，口感细腻香滑，可用于招待宾客，许多诗人都赞美过
这一美食。

中之一，其籽实就是诗词中常见的"菰米""雕胡"[1]，又名雕蓬、雕苽、
茭米等。当菰的秆基嫩茎被黑粉菌寄生后，黑粉菌分泌一种异生长素，

1　"雕胡"一名的来源有两种说法，都很有趣。据李晖《"雕胡"探源》一文，菰米从南
　　方的少数民族地区传入，雕有雕凿之意，"雕胡"一词暗含汉族统治阶级对少数民族的
　　规训。（《寻根》，1995 年第 2 期，第 27 页。）游修龄《也说"雕胡"》一文则认为：
　　"雕"的本义是猛禽，这里泛指喜食菰米的鸟，"胡"与"苽"叠韵，同音通假，所以
　　"雕胡"同"雕苽"，其命名方式同燕麦、雀麦，"是对自然界生态现象的一种很巧妙
　　的写实"。（《寻根》，1995 年第 6 期，第 28 页。）

刺激花茎，使其无法开花结实。同时，茎节细胞分裂加速，逐渐膨大形成白色的肉质茎，即我们今天所吃的茭白。

菰米的食用历史可追溯至先秦，比茭白要早得多。在《周礼》中，菰米是御用六谷之一。[1] 由于其蛋白质的含量高达 15%，是稻米的两倍，所以蒸出来的米饭，口感细腻香滑，可以招待上客。从战国末期的辞赋家宋玉到东汉张衡、三国曹植、南朝沈约，再到唐代王维、李白、杜甫等，千百年间许多诗人都赞美过这一美食。在这些诗篇中，最为动人的是李白这首《宿五松山下荀媪家》：

> 我宿五松下，寂寥无所欢。
>
> 田家秋作苦，邻女夜春寒。
>
> 跪进雕胡饭，月光明素盘。
>
> 令人惭漂母，三谢不能餐。

唐天宝末年（754-755），李白游历安徽铜陵五松山，夜宿一位老农妇家中。当时正值秋天，农人白日收割，夜间春米。由于赋税繁重，生活贫苦自不必说。尽管如此，老妇人还是给李白做了一盘雕胡饭。洁白的月光洒在素净的盘子上，李白想到了当年窘困之时受到漂母接济的韩信，一时感动不已，但同时又惭愧不堪，连声推辞。眼前这盘美味的雕胡

---

1 《周礼·天官冢宰第一·膳夫》："掌王之食饮、膳羞，以养王及后、世子。凡王之馈，食用六谷，膳用六牲，饮用六清，羞用百有二十品，珍用八物，酱用百有二十瓮。"郑玄注："六谷，稌、黍、稷、粱、麦、苽。苽，雕胡也。"

饭，他实在不忍心吃下去。

待诏翰林，侍奉玄宗，那已经是十多年前的事了。自从天宝三载（744）被赐金放还以来，李白欲寻求人生转机，但终究报国无门，内心无疑是苦闷的。曾经"安能摧眉折腰事权贵"的李太白，在老妇人面前，流露出悲悯、谦恭、柔软的另一面。

宋代以后，菰米渐渐被人淡忘，而茭白逐渐受到追捧。在北宋本草学家苏颂和寇宗奭的记载中，菰米已沦为荒年间的救饥之粮。[1] 究其原因，一方面是宋代以来农业技术发展，粮食增产，而菰米自古都是野生采集，成熟时间不一致，又容易掉落，产量也不高，不适合人工栽培，遂逐渐被其他粮食取代。[2] 另一方面，人们发现茭白的味道甘美，作为蔬菜其产量比菰米要高得多，于是渐渐倾向于栽培这一能够被黑粉菌感染的品种。[3]

说完了菰米和茭白的历史，再回到张翰的那则典故。"菰菜"当是一种蔬菜，所以使他惦念的菰菜羹，就是茭白做的羹？在我的印象中，茭白一般都拿来与肉同炒，不知道在别的地方，尤其是江浙地区，是否还有用茭白做羹的吃法。

不过，已有学者否定了菰菜等同于茭白的说法。据程杰先生考证：六朝至唐，茭白的采食极为罕见；而茭白真正的兴起在宋，特别是南宋

1　《本草纲目·谷部》引〔宋〕苏颂《本草图经》："菰生水中，叶如蒲苇。其苗有茎梗者，谓之菰蒋草。至秋结实，乃雕胡米也。古人以为美馔。今饥岁，人犹采以当粮。"引〔宋〕寇宗奭《本草衍义》："彼人收之，合粟为粥，食之甚济饥。"

2　《也说"雕胡"》，第 30 页。

3　林丽珍等：《菰的考证及应用》，《中国现代中药》，2014 年第 9 期，第 777 页。

〔日〕佚名《本草图汇》，菰

　　菰的秆基嫩茎被黑粉菌寄生后，茎节细胞分裂加速，逐渐膨大形成白色的肉质茎，即我们今天所吃的茭白。

以后，所以在张翰的时代，不太可能有茭白羹。[1]

2. 何谓菰菜羹？

张翰的时代茭白尚未普及，那么菰菜当另有所指。程杰先生认为，这里的菰菜，当是地皮菜，有以下两则文献为证。

《太平御览》卷 862《饮食部二〇》引《春秋佐助期》曰：

> 八月雨后，芘菜生于洿下地中，作羹臛甚美。吴中以鲈鱼作脍，芘菜为羹。鱼白如玉，菜黄若金，称为金羹玉鲈，一时珍食。[2]

南宋罗愿《尔雅翼》引南朝宗懔《荆楚岁时记》九月九日事载：

> 菰菜、地菌之流，作羹甚美。鲈鱼作脍白如玉，一时之珍。[3]

以上两则文献都将"芘菜羹"或"菰菜羹"与鲈鱼脍并列为吴中珍食，说明"芘菜"与"菰菜"同为一物，"芘"是"菰"的通假字。《春秋佐助期》为汉人的作品，三国魏人宋均作注，宋以后失传，是一部谶纬之书，但成书在《世说新语》之前，文中对于"金羹玉鲈"的描写，应当源自现实生活。《荆楚岁时记》的成书比《世说新语》晚，但也算同一个时代。

---

1 程杰：《三道吴中风物，千年历史误会——西晋张翰秋风所思菰菜、莼羹、鲈鱼考》，《中国农史》，2016 年第 5 期，第 113-118 页。

2 〔宋〕李昉等撰：《太平御览》，中华书局，1960 年，第 3829 页。原文为"吴中以鲈鱼作鲈"，后一"鲈"当作"脍"，余嘉锡《世说新语笺疏》已指出。

3 〔宋〕罗愿撰，石云孙校点：《尔雅翼》，黄山书社，2013 年，第 75 页。此则文献不见于《荆楚岁时记》诸版本，不知何据，其内容与《春秋佐助期》相近，几乎是其改写。

这说明在汉魏六朝，菰菜羹和鲈鱼脍正是吴中秋季两道著名风味。[1]

而根据"八月雨后，芷菜生于洿下地中""地菌之流"等描述，可以推断以上两则文献中的菰菜，接近于《本草纲目·草部》的"地耳"[2]，即我们今天所说的地皮菜。

地皮菜是一种菌类，又名地软、地木耳、地踏菰等。其形似木耳，质地更为柔软，常在春夏两季的雨后生于地表，太阳一晒就干，《植物名实图考》称其为地衣和仰天皮。上小学时，曾见人在路边的草地里捡过，不过家里从未做过这种野菜。多年后的春节假期，在家乡的饭馆里吃到地皮菜炒鸡蛋，才又想起它。现在人们吃地皮菜，是追求它的天然、野生、无污染。但老一辈的人说，他们当年吃地皮菜，是在饥荒年间为了填饱肚子。

明人王磐《野菜谱》中就有地皮菜，书中名为"地踏菜"。"地踏菜"写雨后天晴，阿翁阿婆携儿女采拾地皮菜的场景：

> 地踏菜，生雨中，晴日一照郊原空。庄前阿婆呼阿翁，相携儿女去匆匆。须臾采得青满笼，还家饱食忘岁凶。东家懒妇睡正浓。

古人采回地皮菜之后怎么吃呢？明人宋诩《宋氏养生部》载："天菜：

1　《三道吴中风物，千年历史误会——西晋张翰秋风所思菰菜、莼羹、鲈鱼考》，第108 页。

2　"地耳亦石耳之属，生于地者也。状如木耳。春夏生雨中，雨后即早采之，见日即不堪。俗名地踏菰是也。"见〔明〕李时珍著，钱超尘等校：《本草纲目》，上海科学技术出版社，2008 年，下册，第 1090 页。

〔明〕王磐《野菜谱》，地踏菜

地踏菜即地皮菜，春夏中生雨中，雨后采，宜油炒，宜日晒。

即地踏菜，宜油炒，宜日晒。"[1]明人高濂《遵生八笺》说："地踏叶，一名地耳，春夏中生雨中，雨后采。用姜醋熟食。"[2]或油炒，或姜醋熟食，与今日之木耳的吃法相似。但张翰所说的菰菜羹，在以上两则明代江浙地区的文献中均未提及，这与汉魏六朝时菰菜羹乃吴中珍食的地位可不相匹配，不知原因何在。

1 〔明〕宋诩著，陶文台注释：《宋氏养生部（饮食部分）》，中国商业出版社，1989 年，第 193 页。
2 〔明〕高濂编撰，王大淳校点：《遵生八笺》，巴蜀书社，1992 年，第 789 页。

上文我们说到菰菜，《世说新语》中张翰想念的菰菜羹，其原料是地皮菜，而不是茭白。唐以后的诗文在引用张翰的典故时，多言鲈鱼、莼菜或莼羹，以至于"莼鲈之思"成为一个典故。"菰菜"怎么变成"莼菜"？我们先来认识一下莼菜。

1. 莼菜的历史

莼菜（*Brasenia schreberi* J. F. Gmel.），又名凫葵、水葵、丝莼，睡莲科多年生水生草本，叶椭圆状矩圆形，是江浙地区著名的水产时蔬。

莼菜的历史与菰米一样悠久。先秦时，人们已食用莼菜并用于祭祀。[1]《诗经·鲁颂·泮水》即以采莼起兴，诗三百中，莼菜仅此一篇：

> 思乐泮水，薄采其茆。鲁侯戾止，在泮饮酒。
>
> 既饮旨酒，永锡难老。顺彼长道，屈此群丑。

《鲁颂》共 4 篇，都是歌颂鲁僖公政绩之作，《泮水》就是歌颂鲁僖公平定淮夷之功绩的长篇叙事诗。全诗共 8 章，前 3 章描写鲁侯前往泮水之畔举行献俘仪式的盛况。第 3 章"薄采其茆"中的"茆"就是莼菜，

1　《周礼·天官冢宰第一·醢人》："掌四豆之实。朝事之豆，其实韭菹、醓醢、昌本、麋臡、菁菹、鹿臡、茆菹、麋臡。"郑玄注："茆，凫葵也。"见〔汉〕郑玄注，〔唐〕贾公彦疏：《周礼注疏》，上海古籍出版社，2010 年，第 189 页。"菹"一般指用醋腌制过的蔬菜，"茆菹"即用醋腌制过的莼菜。

〔日〕细井徇《诗经名物图解》，莼菜

莼菜，睡莲科水生植物，又名凫葵、水葵、丝莼。先秦时，人们已食用莼菜并用于宗庙祭祀。

与前两章的"薄采其芹""薄采其藻"一样，都做宗庙祭祀之用。

三国时陆玑《毛诗草木鸟兽虫鱼疏》已提到莼菜可做粥，并重点描述了莼菜"滑"的特点：

> 茆与荇菜相似，叶大如手，赤圆。有肥者，着手中滑不得停。茎大如匕柄，叶可以生食，又可煮，滑美。江南人谓之莼菜，或谓之水葵，诸陂泽水中皆有。[1]

---

1 转引自〔唐〕孔颖达撰：《毛诗正义》，北京大学出版社，1999 年，第 1399 页。

200 多年后，北朝贾思勰《齐民要术》详细记载了莼菜的种植、食用方法。[1]不同季节，莼菜形态各异，食用部位不同，名称亦有所区别。[2]这说明时人对于"莼菜"的种植、食用，已经积累了相当丰富的经验。

另外，《齐民要术》还载有"脍鱼莼羹"的制作方法。书中描述，鱼和莼菜都需冷水下锅，不宜咸，也不能频繁搅动：

> 莼尤不宜咸。羹熟即下清冷水，大率羹一斗，用水一升，多则加之，益羹清隽甜美。下菜、豉、盐，悉不得搅，搅则鱼莼碎，令羹浊而不能好。[3]

《齐民要术》所载主要是黄河中下游地区的农业生产技术与经验，那里的莼羹，虽不宜咸，但还是放了豆豉和盐，要在吴中地区，连豆豉和盐都不必放。《世说新语》就记载了这样一则故事：陆机去拜访王武

1　"种莼法：近陂湖者，可于湖中种之；近流水者，可决水为池种之。以深浅为候，水深则茎肥而叶少，水浅则叶多而茎瘦。莼性易生，一种永得。宜净洁，不耐污，粪秽入池即死矣。种一斗余许，足以供用也。"见〔北朝〕贾思勰著，缪启愉、缪桂龙译注：《齐民要术译注》，上海古籍出版社，2009 年，第 402 页。

2　"茗羹之菜，莼为第一。四月莼生，茎而未叶，名作'雉尾莼'，第一肥美。叶舒长足，名曰'丝莼'。五月、六月用丝莼。入七月，尽九月十月内，不中食，莼有蜗虫着故也。虫甚微细，与莼一体，不可识别，食之损人。十月，水冻虫死，莼还可食。从十月尽至三月，皆食瑰莼。瑰莼者，根上头、丝莼下茇也。丝莼既死，上有根茇，形似珊瑚，一寸许肥滑处任用；深取即苦涩。凡丝莼，陂池种者，色黄肥好，直净洗则用；野取，色青，须别铛中热汤暂炸之，然后用，不炸则苦涩。丝莼、瑰莼，悉长用不切。"见《齐民要术译注》，第 513 页。

3　《齐民要术译注》，第 513 页。

子（王济，晋文帝司马昭女婿），王武子以羊酪来炫耀："卿江东何以敌此？"陆机答："有千里莼羹，但未下盐豉耳！"[1]

陆机以莼羹作为江东地区的美食代表，与北方的羊酪分庭抗礼，可见"莼羹"在时人心中的地位。"千里莼羹"也成为后世常用的典故，例如杜甫《赠别贺兰铦》曰："我恋岷下芋，君思千里莼。生离与死别，自古鼻酸辛。"苏轼《忆江南寄纯如五首·其二》曰："湖目也堪供眼，木奴自足为生。若话三吴胜事，不惟千里莼羹。"

2.《世说新语》中的"莼羹"

通过上面的介绍，我们知道莼菜和菰菜是截然不同的两种植物。今本《世说新语》中，张翰只言"菰菜羹、鲈鱼脍"，并无"莼羹"。对此，程杰先生指出问题出在初唐的官方史书《晋书·张翰传》：

> 齐王冏辟为大司马东曹掾。……翰因见秋风起，乃思吴中菰菜、莼羹、鲈鱼脍，曰："人生贵得适志，何能羁宦数千里以要名爵乎！"遂命驾而归。

两相对照，可知《晋书》此段文字比《世说新语》多了一个"莼"字。程杰先生认为，《世说新语》无误，而《晋书》有误：《晋书》为初唐贞观年间编修，其内容多采《世说新语》；《晋书》成于20多人之

---

1 《世说新语·言语》："陆机诣王武子，武子前置数斛羊酪，指以示陆曰：'卿江东何以敌此？'陆云：'有千里莼羹，但未下盐豉耳！'"

〔日〕佚名《本草图汇》，莼菜

莼菜一般在春末夏初采食，但吴中莼菜至秋初亦软美。张翰所思即此。莼菜做汤，宜清淡，即陆机所谓："有千里莼羹，但未下盐豉耳！"

手，未经统一的把关、整合与修订，《晋书·张翰传》的作者在抄录《世说新语》时想当然地添上一"莼"字，从此将《世说新语》中的两种风物变成 3 种；虽然《艺文类聚》《太平御览》引《世说新语》时作"莼菜羹、鲈鱼脍"，但《世说新语》诸本均无异文，考虑到宋刻本、明覆刻本《世说新语》的版本价值，《世说新语》的文本比较可信，《艺文类聚》《太平御览》的异文是将"菰"误作了"莼"。[1]

以上观点值得商榷。《艺文类聚》成书于唐高祖武德七年（624），其引《世说新语》作"莼菜羹、鲈鱼脍"，说明在当时可能存在《世说新语》的不同版本，但这种版本没有流传下来。从宋代刊刻的《世说新语》版本，无法推断是唐初《艺文类聚》误改了原文。也就是说，历史上可能存在两种版本的《世说新语》，一作"菰菜羹"、一作"莼菜羹"。

《晋书》的编撰从唐太宗贞观二十年（646）开始，至贞观二十二年（648）成书，在《艺文类聚》之后。因此《晋书》将两种风物变成 3 种，有可能是综合了当时不同的《世说新语》版本。

3. 莼菜是否为秋季风物？

程杰先生认为《世说新语》作"菰菜羹"而非"莼菜羹"，还有一

---

1 程杰：《三道吴中风物，千年历史误会——西晋张翰秋风所思菰菜、莼羹、鲈鱼考》，《中国农史》，2016 年 5 月，第 108 页。据程杰此文统计，类书中所引《世说新语》张翰事，欧阳询《艺文类聚》一见："因思吴莼菜羹、鲈鱼脍。"《太平御览》共三见，《时序部十》作："因思吴中莼菜羹、鲈鱼脍。"《饮食部二〇》作："因思吴中莼菜羹、鲈鱼脍。"《鳞介部九》作："因思吴中菰菜羹、鲈鱼脍。"

个重要的原因："莼菜应是春末、初夏风物，绝非秋季当令"，因此《晋书》平添一道莼菜"完全是一个错误"。

其实，前人已怀疑过张翰秋日思莼羹的合理性，例如宋代张邦基、明代袁宏道，都说莼菜到秋天已不可食。张邦基《墨庄漫录》卷4曰："杜子美祭房相国，九月用'茶藕莼鲫之奠'。莼生于春，至秋则不可食，不知何谓。而晋张翰亦以秋风动而思菰菜、莼羹、鲈鲙。鲈固秋物，而莼不可晓也。"[1]袁宏道《湘湖》曰："然莼以春暮生，入夏数日而尽，秋风鲈鱼，将无非是。抑千里湖中，别有一种莼耶？"[2]《植物名实图考》则明确反驳了这一点，理由很简单，张翰所谓的吴中莼菜，与别处的莼菜不同：吴中的莼菜，春秋两季皆可食。

> 今吴中自春及秋，皆可食。湖南春、夏间有之，夏末已不中啖。昔人有谓张季鹰秋风莼鲈，及杜子美《祭房太尉诗》，为非莼菜时者，盖因湘中之莼而致疑也。[3]

此外，南宋年间官方志书嘉泰《吴兴志》卷20也提到，吴中莼菜在秋初亦"软美"：

> 长兴县西湖出佳莼，……今水乡亦种，夏初来卖。软滑宜羹。

1　〔宋〕张邦基撰，孔凡礼点校：《墨庄漫录》，中华书局，2002年版，第130页。

2　〔明〕袁宏道著，熊礼汇选注：《袁中郎小品》，文化艺术出版社，1996年，第172页。

3　〔清〕吴其濬著：《植物名实图考》，中华书局，2018年，第451页。

夏中辄粗涩不可食，不如吴中者，至秋初亦软美。此张翰所以思也。[1]

以上两则材料充分说明，《晋书》多添一"莼"字并非平白无故。前人之疑虑，是忽略了地域之间的差异。所谓"橘生淮南则为橘，生于淮北则为枳"（《晏子春秋》），《齐民要术》所言的莼菜"尽九月十月内，不中食"，是因为《齐民要术》中的莼菜是黄河流域的莼菜，而非江东吴中的莼菜。因此，《世说新语》"莼菜羹"的版本也是符合实际的。

回想第一次吃莼菜，也是在秋天。那一年与友人游西湖，傍晚下起雨，趁天色未晚，乘舟划过烟波浩渺的湖面，抵达湖对岸的餐厅时已是饥肠辘辘。翻开菜单，我们点了店里的特色西湖醋鱼和东坡肉，当然还少不了闻名遐迩的西湖莼羹。

端上来，莼菜是卷着的，像泡过的绿茶，味道清淡，口感黏滑，此外没有太多印象。当时还感慨，传说中的莼菜羹，只是这般黏糊糊的菜汤吗？不过也有可能我们所吃的，并非新鲜菜叶做的菜汤。倒是那日雨后西湖的月色，让我时常想念……

---

1 浙江省地方志编纂委员会编著：《宋元浙江方志集成》，杭州出版社，2009年，第6册，第2833页。

秋天是我最喜欢的季节。北京的秋天有好看的红叶，在郊区有黄栌和红枫装点秋山，可以"看万山红遍，层林尽染"；在城市里，也有爬山虎和五叶地锦变身朱红，一扇篱笆、一面高墙也可以成为风景。

爬山虎是我国本土的垂直绿化植物，小学课文《爬山虎的脚》使它成为藤本植物中人尽皆知的"明星"。"爬山虎"这么形象的名字怎么来的？背后又有哪些故事？

1. 爬山虎与地锦

在现代植物学分类上，爬山虎的中文正式名为地锦 [*Parthenocissus tricuspidata* (S. et Z.) Planch.]，拉丁名中的加种词"tricuspidata"意为"三凸头的"，因其生于短枝上的叶片通常三浅裂。这也是爬山虎区别于葡萄科其他植物的重要标志。按道理，爬山虎是攀缘藤本，是爬树、爬墙的高手，属于"向高处"走的植物，为何名为"地锦"？

据《中国植物志》，本属植物在我国记载较早并能从形态上识别者可见于《本草纲目》，称之为地锦。《本草纲目》中名为"地锦"的植物有两种。其一单列于草部，乃大戟科大戟属下地锦（*Euphorbia humifusa* Willd. ex Schlecht.），为一年生草本，匍匐茎贴于地面，基部多呈红色或淡红色，长可达 20-30 厘米，作为中药可清热解毒、凉血止血，又名血竭、血见愁。

另一种名为"地锦"的植物，作为"附录"列于"木莲"之下：

〔附录〕地锦（《拾遗》）

藏器曰：味甘，温，无毒。……生淮南林下，叶如鸭掌，藤蔓着地，节处有根，亦缘树石，冬月不死。山人产后用之。一名地噤。[1]

这就是《中国植物志》所说的"能从形态上识别"的地锦属植物。上述引文出自唐代陈藏器《本草拾遗》，说明早在唐代，"地锦"已被用于命名爬山虎，并同时指向了大戟科与葡萄科中两种完全不同的植物。

葡萄科的"地锦"一名一直延续到清代，《清稗类钞·植物类》载：

地锦为多年生蔓草，田野阶砌间皆有之，叶为掌状分裂，经霜则成红色。春夏之交，开淡黄花，甚细。结实成球，色黑，味辛。又一种大戟科植物，茎有白汁，叶小而对生，花小，黄褐色，生于叶腋，亦名地锦。[2]

叶为掌状分裂、经霜成红色、结实成球且色黑，这应该就是爬山虎了。我曾尝过它的果子，极涩，使人想起葡萄酒中的单宁，大概就是《清稗类钞·植物类》中所说的"味辛"，不愧是葡萄科植物。另外，上文也补充提到另一种大戟科的地锦。

其实一开始在分类的时候，以"地锦"还是"爬山虎"来命名本属，植物学家之间有过分歧。据《中国植物志》："刘慎谔等人编著的《东

---

1 〔明〕李时珍著，钱超尘等校：《本草纲目》，上海科学技术出版社，2008 年，上册，第 855 页。

2 〔清〕徐珂编撰：《清稗类钞》，中华书局，1981 年，第 12 册，第 5805 页。

〔日〕岩崎灌园《本草图谱》，地锦

大戟科的地锦，作为中药可清热解毒、凉血止血，又名血竭、血见愁。

北木本植物图志》（1955）中把本属称为地锦属；胡先骕编著的《经济植物手册》（1955）则把本属称为爬山虎属，此后我国大多数志书或文献中记载本属植物时均照此称谓。"不过后来由于本属植物多用于城市绿化，于是"作者与园林学者们讨论认为，恢复本属植物原称地锦，较能表达该类植物园林上雅致的特性。"

相较于铺在地上的"地锦"，向上攀缘的"爬山虎"其实更符合葡萄科地锦属攀缘藤本的气质。而且以"爬山虎"来命名本属，也可以与大戟科的地锦区别开来。不过，"地锦"一名始自唐代，可谓源远流长，以其命名本属也无可厚非。那么，"爬山虎"一名又是何时出现的呢？

2. 爬山虎之得名

如果在《中国植物志》中检索"爬山虎"，会出现 8 种不同的植物。看来，"爬山虎"是多种植物的俗名，并非单一地指向葡萄科的地锦。但在《本草纲目》《植物名实图考》中，均未见"爬山虎"之名。在《本草纲目·草部》中，葡萄科的地锦乃是作为附录出现于"木莲"之后，并未单列，其原因我们不得而知。那么在《植物名实图考》中，爬山虎又叫什么名字呢？

在《植物名实图考》的蔓草类植物中，有一种配图极似爬山虎的植物名为"常春藤"。描述如下：

> 常春藤即土鼓藤，《本草拾遗》始著录。《日华子》以为龙鳞薜荔，《谈荟》以为即巴山虎，……惟常春藤，被缭垣、带怪石，缘叶

匼匝，为庭榭之饰焉。细花惹蜂，青实啁雀，于药果皆无取。然枝蔓下有细足，黏瓴镝极牢，疾风甚雨，不能震撼。[1]

从形态特征来看，"枝蔓下有细足"，正是爬山虎的触须与前端的吸盘。综合配图与以上描述，此处的"常春藤"并非现代植物学中五加科的常春藤[*Hedera nepalensis* var. *sinensis*（Tobl.）Rehd.]，该书中名为"百脚蜈蚣"的植物才是。[2]

《植物名实图考》中配图为爬山虎的植物，却有"常春藤""土鼓藤""龙鳞薜荔""巴山虎"4个不同的名称，至少是3种不同的植物。[3]这说明在那时，葡萄科的爬山虎应该还没有确定的名称。那么，"爬山虎"一名究竟是何时出现的呢？

近代张锡纯《医学衷中参西录》卷4"医话"中的"络石"一条有"爬山虎"：

络石：蔓粗而长，叶若红薯，其节间出须，须端作爪形，经

1 〔清〕吴其濬著：《植物名实图考》，中华书局，2018年，第484页。
2 "百脚蜈蚣生江西庐山。缘石蔓衍，就茎生根，与络石、木莲同。叶似山药，有细白纹，面绿背淡，新茎亦绿。"见《植物名实图考》，第472页。
3 "常春藤""土鼓藤"见于唐代陈藏器《本草拾遗》。"龙鳞薜荔"见于唐代本草学家日华子《诸家本草》，有可能是五加科的常春藤。"巴山虎"见于明代杨慎《丹铅总录》卷4"薜荔"："《楚辞》：'披薜荔兮带女萝。'注：'薜荔，无根，缘物而生，不明言为何物也。'据《本草》，络石也。在石曰石鲮，在地曰地锦，绕丛木曰常春藤，又曰龙鳞薜荔，又曰扶芳藤，今京师人家假山上种巴山虎是也。又云凡木蔓生，皆曰薜荔。"见〔明〕杨慎撰，王大淳笺证：《丹铅总录笺证》，浙江古籍出版社，2013年，第143页。

〔清〕吴其濬《植物名实图考》，常春藤，即爬山虎

"爬山虎"是多种植物的俗名，晚清民国时才指向我们今天熟知的葡萄科藤本。

雨露濡湿，其爪遂粘于砖石壁上，俗呼为爬山虎，即药房中之络石
藤也。[1]

络石 [*Trachelospermum jasminoides*（Lindl.）Lem.] 是夹竹桃科的藤
本植物，上述"叶若红薯，其节间出须，须端作爪形"这些特点，绝非

---

1 〔清〕张锡纯著，于华芸等校注：《医学衷中参西录》，中国医药科技出版社，2011年，
第 692 页。

络石所有，反而更接近葡萄科的爬山虎。络石俗名巴山虎，在四川、湖北等地的方言中，"爬"读若"巴"，所以民间可能将巴山虎与爬山虎混用。

此则文献也告诉我们，葡萄科地锦"爬山虎"之得名，大致始于晚清民国。

3.《爬山虎的脚》

前面我们在鉴定爬山虎的时候，重点参考了"枝蔓下有细足""须端作爪形"等特征，这就是叶圣陶先生所描述的"爬山虎的脚"。想必很多人第一次知道爬山虎，就是因为这篇小学课文《爬山虎的脚》。让我们一起重温其中的片段：

> 今年，我注意了，原来爬山虎是有脚的。爬山虎的脚长在茎上。茎上长叶柄的地方，反面伸出枝状的六七根细丝，每根细丝像蜗牛的触角。细丝跟新叶子一样，也是嫩红的。这就是爬山虎的脚。
>
> 爬山虎的脚触着墙的时候，六七根细丝的头上就变成小圆片，巴住墙。细丝原先是直的，现在弯曲了，把爬山虎的嫩茎拉一把，使它紧贴在墙上。爬山虎就是这样一脚一脚地往上爬。如果你仔细看那些细小的脚，你会想起图画上蛟龙的爪子。
>
> 爬山虎的脚要是没触着墙，不几天就萎了，后来连痕迹也没有了。触着墙的，细丝和小圆片逐渐变成灰色。不要瞧不起那些灰色的脚，那些脚巴在墙上相当牢固，要是你的手指不费一点儿劲，休想拉下爬山虎的一根茎。

文中所描述的"小圆片"就是吸盘，叶圣陶先生将其比喻为"蛟龙的爪子"，很是形象。其实它更像是壁虎的脚趾，仔细看，壁虎的脚趾也呈吸盘状，所以"爬山虎"的"虎"，是壁虎，而不是老虎；"山"是指庭院中的假山。另外，生于苏州的叶先生也用到了"巴住墙"这一方言。

　　叶先生提到，爬山虎的脚"巴在墙上相当牢固"，要费点儿劲才能拉下来。它为什么能有这么强的吸附能力呢？成熟枯干的爬山虎的单个吸盘，能够承载的最大拉力是其自身重量的 280 万倍，当吸盘受到接触刺激后，会分泌出大量的黏性流体，使吸盘能够黏附在各种基底上。借助扫描电子显微镜对其吸盘进行观察，则可以看到许多微管和微孔，而微管之间的连接，就像是大城市里复杂交错的高速公路网。[1]

　　现在人教版小学《语文》四年级上册依然保留着这篇课文，不知道现在的语文老师在讲到这篇课文时，是否会带着孩子们去教室外面找爬山虎。如果能对照课文中的描述去观察它的脚，再做个植物标本，那将会是一堂生动有趣的人文自然课。

　　自从学了这篇课文，我对爬山虎就充满了敬意。小时候常去外婆家，路上好几户人家的楼房外墙上都有爬山虎，绿色的瀑布一样从房顶倾泻而下。坐在自行车的后座上，我问母亲能不能下去跟人家要一棵带回家种在墙边。母亲说："爬山虎招蛇，你还要种吗？"一想到蛇，我就不

---

1 何天贤：《爬山虎吸盘的粘附作用研究》，华南理工大学 2012 年博士学位论文，摘要、第 35 页。

〔日〕岩崎灌园《本草图谱》，地锦

葡萄科的地锦，即今人熟知的爬山虎。"爬山虎"的"虎"，是壁虎而不是老虎，因其根部吸盘与壁虎脚趾类似。

寒而栗。后来看到其中一户人家墙壁上的爬山虎被齐根斩断，只留下满墙密密麻麻干枯的"爬山虎的脚"，不禁有些难过，难道是因为真的引来了蛇？

据说爬山虎如果足够浓密，的确能够吸引不少微生物、昆虫前来避暑与繁衍，昆虫吸引壁虎，壁虎吸引老鼠，老鼠就能引来蛇，从而形成了一个微型的生态系统。看来母亲的话有道理，她并非是为了吓唬我。

如今许多高校会用爬山虎来装饰教学楼，中国人民大学求是楼朝东的墙面、天井内的四壁都是，每到毕业季是绝佳的拍摄景点。而我每次看到爬山虎，为那满墙的绿意所倾倒时，总能想起多年前的那些夜晚。我们在外婆家吃过晚饭后回家，在乡间的水泥路上，母亲载着我，父亲载着妹妹跟在后面。茫茫夜色中，偶尔闪过一面黑色的墙壁，是深秋里的爬山虎，脑海里立即闪现一条顺藤而上的长蛇，不由得把母亲抓得更紧了。

上篇文章我们说到，爬山虎和五叶地锦［*Parthenocissus quinquefolia*（L.）Planch.］都是城市里常见的绿化植物。两者都是葡萄科地锦属的木质藤本，从外观上看也很像，如何区分呢？看叶子即可：五叶地锦为掌状五小叶，拉丁名中的加种词"quinquefolia"意为"掌状五小叶"；而爬山虎则以单叶为主，生于短枝上的通常三浅裂，加种词"tricuspidata"意为"三凸头的"。

像爬山虎一样，五叶地锦的分布也很广，大江南北乃至大西北都有它的身影。

1. 五叶地锦在敦煌

一年十月中旬去敦煌，看完莫高窟后，特意去了九层塔斜对面的常书鸿故居。那是一座四合院，院子里有两棵梨树，靠近客厅的那棵披了一身红叶。走近细看，是五叶地锦！从来没有见过如此茂盛、如此粗壮的五叶地锦，藤本植物能长成这样，一定有些年头了，说不定是当年常先生手植。

常书鸿先生是国立敦煌艺术研究所（现敦煌研究院）第一任所长，青年时留学法国学习油画，在塞纳河畔偶然看到敦煌石窟的图录后被深深吸引，立志回国后研究这门古老的艺术。从 1943 年举家迁至敦煌，到 1982 年离开，常先生在这里生活了近 40 年。自常先生开始，敦煌的莫高窟才正式得到官方的研究、保护与弘扬。

据院子里的展板介绍："东边的一棵叫酥木梨，西边的一棵叫长把梨。梨的品质很好，常先生勤于管理，年年果实累累，每当梨熟的季节，常先生把梨摘下来分给大家，享受丰收的喜悦。树下放一张小桌和几张小凳，常先生一家常在这里吃饭或招待客人。"当时，莫高窟的条件极为恶劣，常书鸿先生落脚后的第一件事便是植树造林、抵御风沙。第一代石窟工作者从天南海北赶往这个贫瘠之所，他们自己种地、自己发电，生活艰

常书鸿故居的五叶地锦

敦煌莫高窟常书鸿故居中的五叶地锦，爬满旁边的一棵梨树，秋天叶子变红，是院中一景。

苦自不必说。但从老照片上看，他们乐观自信、从容自得的精神面貌，让人振奋和感动。那是令人敬仰的一代人。

遥想当年，这两棵梨树、这一树的五叶地锦，曾在漫长的夏日给他们带来一片绿荫，也曾见证过他们献身于这片石窟的决心。这里的草木似乎也感染了那一代人的坚韧与奋发，历经数十年的风霜，如今依旧茂盛、依旧挺拔。

据《中国植物志》，五叶地锦见于我国的东北、华北、长江流域。殊不知，在敦煌这样干旱的地方也有，而且长势蓬勃。除常书鸿故居外，莫高窟纪念品商店门口有一条回廊，以五叶地锦搭成绿荫，吸引不少游客前往拍照。

走近那一树藤蔓，仔细观察会发现，五叶地锦虽然也有吸盘，但其附着能力远逊于爬山虎，主要依靠卷须。城市绿化中偶尔会将五叶地锦种于高处，令其向下铺展，比如北京南二环护城河的北岸即是如此。也许正是因为这个特点，近代的旧式园林中多用五叶地锦来点缀，便于调整它攀爬的位置和方向；而不必担心它会像爬山虎一样浩浩荡荡将整面墙壁都占满，不易清理。记得山西的王家大院，某个角落里，五叶地锦的一条绿藤从墙头优雅地垂下来，在灰白古朴的雕花屋檐的映衬下，显得清新别致。

2. 五叶地锦的传入时间

葡萄科地锦属约有 13 种藤本植物，分布于北亚和北美。我国就有 10 种，其中唯一的外来种就是本文所说的五叶地锦。五叶地锦是何时从

王家大院的五叶地锦

山西晋中王家大院中的一条五叶地锦，从墙头优雅地垂下来。近代的旧式园林中多
用五叶地锦来点缀，便于调整其攀爬的位置和方向。

北美引入我国的？一说大约在 20 世纪 80 年代 [1]，一说 20 世纪 50 年代
即引入中国东北 [2]，还有一种说法往前推到了 19 世纪 [3]。以上哪种说法更

1 徐海根、强胜主编：《中国外来入侵物种编目》，中国环境科学出版社，2004 年，第
　225 页。
2 何家庆著：《中国外来植物》，上海科学技术出版社，2011 年，第 209 页。
3 张振卢：《美国地锦在高速公路绿化中的应用》，《中国公路》，2002 年第 17 期，第 18 页。

为接近事实?

《本草纲目》《植物名实图考》均不见"五叶地锦"之名,但《植物名实图考》蔓草类中有"无名一种",其配图极似五叶地锦。其文字描述如下:

> 江西湖南多有之。长蔓缘壁,圆节如竹。对节发小枝,五叶同生,似乌蔹莓而长,叶头亦秃,深齿粗纹,厚涩如皱。节间有小须粘壁如蝇足,与巴山虎相类。[1]

逐字逐句对照,会发现以上描述与五叶地锦完全相符。五叶地锦的掌叶对节而生,掌叶上的五枚小叶伸展如乌蔹莓(葡萄科乌蔹莓属攀缘藤本,叶片与五叶地锦一样同为五小叶,中间的小叶最长),边缘有粗锯齿,叶脉明显。据《中国植物志》,卷须总状 5-9 分枝,相隔 2 节间断与叶对生,卷须顶端嫩时尖细卷曲,后遇附着物扩大成吸盘,此即吴其濬所描述的"小须粘壁如蝇足"。

《植物名实图考》蔓草类的植物中,标为"无名一种"的植物共 5 种,其他 4 种与五叶地锦相去甚远。此处的"无名一种"最有可能是五叶地锦。但为何吴其濬不知其名?

吴其濬撰写《植物名实图考》《植物名实图考长编》均大量参考前人文献。比如《植物名实图考》所引书目达 450 种,计 2778 次,覆盖经

---

1 〔清〕吴其濬著:《植物名实图考》,中华书局,2018 年,第 466 页。

史子集四大类，涉猎广泛，可谓古代植物相关文献的集大成者。[1]如果此前的文献中记载有五叶地锦，吴其濬不会不知道它的名字。

另外，吴其濬说："江西湖南多有之。"吴其濬曾在两地为官，完全有可能亲眼见过这种植物。因此，我们有理由认为，吴其濬所画的这幅配图十分接近实物，且他未在以前的文献中见到相关记载，当时的人们亦不知其名。如此看来，这一"无名一种"极有可能为外来传入之新种。可以认为，它正是从北美传入的五叶地锦。

《植物名实图考》初刻于吴其濬逝世的第二年、道光二十八年（1848），由时任山西巡抚陆应谷作序刊印。如果《植物名实图考》中所载确是五叶地锦，那么可以推测这种植物在19世纪40年代前已传入我国，且距离这个时间不久，未及命名。综上所述，五叶地锦于19世纪传入我国的说法更为可信。

五叶地锦在传入我国后，由于其枝叶形态与爬山虎相类，被命名为五叶爬山虎；又由于爬山虎已归于地锦属，故其中文正式名被定为五叶地锦，与三叶地锦（小枝三叶）、异叶地锦（长枝上为单叶、短枝上为三小叶的异型叶种）的命名方法一致。尽管后来五叶地锦广泛用于城市绿化和园林布景，但由于历史不长，它还没有爬山虎、常春藤、扶芳藤、五爪龙这类形象的名称。

1　张瑞贤等：《〈植物名实图考〉研究》，见〔清〕吴其濬著，张瑞贤等校注：《植物名实图考校释》，中医古籍出版社，2008年，第670-671页。

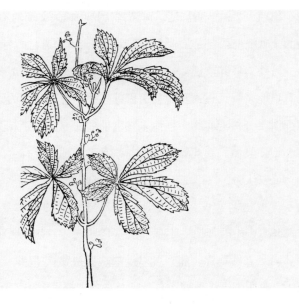

〔清〕吴其濬《植物名实图考》，无名一种

从配图与描述来看，此处"无名一种"就是五叶地锦，原产北美，其传入时间距离
吴其濬记载的时间不会太久，未及命名。

　　每年秋天，天桥下、马路边、胡同口、庭院旁，这种传入历史不算久远的藤本绿化植物会准时换上鲜艳的红装，成为我们城市里明媚的一角，也为遥远的莫高窟添上一抹亮色。

● 乌蔹莓｜葛生蒙楚，蔹蔓于野

在藤本植物中，爬山虎和五叶地锦是常见的垂直绿化植物，它们的叶子到了秋天都会变成红色，易于辨识。其他的藤本植物，例如乌蔹莓、葎草等，则多为野生，少见栽培。这些野生的藤本在残垣废墟和荒郊野岭兀自蔓延，无人问津。殊不知，它们背后也有个历史悠远的故事呢。比如接下来要说的乌蔹莓，在 2000 多年前的《诗经》里就出现了。

1.《唐风》里的蔓草

乌蔹莓［*Cayratia japonica*（Thunb.）Gagnep.］是葡萄科乌蔹莓属的草质藤本，这一名称与葡萄科蛇葡萄属下白蔹［*Ampelopsis japonica*（Thunb.）Makino］相近，白蔹果实成熟后为白色或带白色，而乌蔹莓果实成熟后为乌黑色。看来，古人是以果实的颜色来命名、区分两者。

从外形上看，乌蔹莓很像葡萄科地锦属的五叶地锦，都为五小叶。如何区别两者？还是看叶片：五叶地锦五片小叶的叶柄生于同一点，而乌蔹莓的叶片由一点生出三支叶柄，两侧的叶柄又各生出两枚小叶，中间叶柄上的小叶较长，两侧的四枚小叶要短。

乌蔹莓在我国大部分地区都有分布，始见于《诗经·唐风·葛生》。

> 葛生蒙楚，蔹蔓于野。予美亡此，谁与独处。
> 葛生蒙棘，蔹蔓于域。予美亡此，谁与独息。
> 角枕粲兮，锦衾烂兮。予美亡此，谁与独旦。
> 夏之日，冬之夜。百岁之后，归于其居。

〔日〕细井徇《诗经名物图解》，乌蔹莓

乌蔹莓与五叶地锦同为葡萄科藤本，五枚小叶，从叶柄可以看出两者区别。

冬之夜，夏之日。百岁之后，归于其室。

《唐风》是古之唐地的歌谣，唐地位于今天山西南部翼城、襄汾、侯马、曲沃、闻喜一带。[1] 诗的前两章均以葛、蔹起兴。"葛"〔*Pueraria lobata*（Willd.）Ohwi〕是豆科粗壮藤本，与"蔹"一样，都是野生蔓草。"楚"的本义是一种灌木。藤本植物多依乔木而生，《诗经》中多以此起兴，例如《小雅·颊弁》"茑与女萝，施于松柏"，用法与本诗相同。

对于诗中"蔹"的解释，《说文解字》认为是白蔹，陆玑《毛诗草木鸟兽虫鱼疏》对"蔹"的描述更像乌蔹莓：

> 蔹似栝楼，叶盛而细，其子正黑如燕薁，不可食也。幽州人谓之乌服。其茎叶煮以哺牛，除热。[2]

"栝楼"是葫芦科藤本植物，"薁"是婴薁，即野葡萄。叶子像栝楼，子如黑色的野葡萄，这些描述都与乌蔹莓相符。乌蔹莓的果实不能食用，但乌鸦等鸟类爱吃，这或许是幽州人将其称之为"乌服"的原因。但此时，乌蔹莓的名字还未出现。

《毛诗草木鸟兽虫鱼疏广要》结合历代《本草》，进一步推断《唐风》中的"蔹"就是乌蔹莓：

> 按《本草》蔹有赤、白、黑三种，疑此是黑蔹也。《图经》云："蔓

1　袁行霈、徐建委、程苏东撰：《诗经国风新注》，中华书局，2018 年，第 389 页。
2　转引自〔唐〕孔颖达撰：《毛诗正义》，北京大学出版社，1999 年，第 401 页。

生，茎端五叶，花青白色，俗呼为五叶莓，叶有五丫，子黑，一名乌蔹草，即乌蔹莓是也。"又云："二月生苗，多在林中作蔓。"《蜀本》注云："或生人家篱墙间，俗呼为笼草。"[1]

上文中的《图经》为北宋苏颂《本草图经》，可见"乌蔹莓"一名在宋代已出现于医书中。在五代《蜀本草》中，它的名字叫笼草。从陆玑的注疏，到宋代的《本草图经》，再到明代人综合性的推断，可以发现《诗经》中植物名称的考证过程。我国古代许多植物的名字，就是在这样漫长的历史进程中，通过本草学家与农学家的著录、名物训诂学家的考证，逐渐传承下来。

2. 古老的誓言

说完乌蔹莓，再回到蔓草背后的这首诗。关于这首诗的主旨，《毛诗序》说："刺晋献公也。好攻战，则国人多丧矣。"春秋时期，晋献公在位期间（前 677 年 – 前 651 年）曾多次征伐他国、攻城略地。

《葛生》中妇人的丈夫可能就参加了其中的一场战役。虽然最后战争胜利了，但征人却不见归来。她每次出门盼望，看见原野上葛蒙于楚、蔹蔓于野。两种野草尚且有所依托，反观自身，则形影相吊、孤苦无依，所思之人从军在外、生死未卜。"岁时祭祀，展现丈夫枕衾，物尚灿烂，

---

1 〔晋〕陆玑撰，〔明〕毛晋参：《毛诗草木鸟兽虫鱼疏广要》，中华书局，1985 年，第39 页。

更添几分思念。夏日、冬夜，独居忧思之人，尤为不堪。以为此生再难复见，惟愿百年之后夫妇共眠一穴。"[1]

"夏之日，冬之夜"，看似平淡无奇，实则是动人的表达。为何不是夏之夜，冬之日？因为在北半球，夏季昼长于夜，冬季夜长于昼，"夏之日，冬之夜"皆指一日时间之漫长。只能默默等待的人，对时间最为敏感，时间之长，方显思念之苦、之深。末章"冬之夜，夏之日"，与"夏之日，冬之夜"构成一个轮回，将时间的维度从日复一日，推至年复一年。我们仿佛听见妇人数着日子，看见她一次次走出门外，听见马蹄声，便紧张地以为是征人的脚步。这个愿望落空了多少次？也许最后也没有实现。

因此，这是一首思念征夫的诗，它没有对战争的正面铺陈，对于世道的控诉也是隐忍克制的。后世许多"征妇怨"主题的诗歌，都可以在此找到原型。例如中晚唐诗人陈陶《陇西行四首·其二》曰：

> 誓扫匈奴不顾身，五千貂锦丧胡尘。
> 可怜无定河边骨，犹是春闺梦里人！

清代以来，不少学者将《葛生》理解为悼亡诗，将"蔹蔓于域"之"域"解释为坟地，认为"角枕""锦衾"乃是收殓死者的用具，封此诗为"悼亡之祖"。清代《诗经》研究者已指出其中的谬误："域"不独指墓地，当为界域之通称；"角枕"也可以指日常之物。所以，袁行霈先生认

---

1 《诗经国风新注》，第 416 页。

为：“‘予美亡此’一句已点出所思之人不在此地，非亡故也。‘角枕粲兮，锦衾烂兮’，睹物思人也。‘百岁之后，归于其居’，自誓之辞也。故此篇乃思人之作，悼亡说恐难坐实。”[1]

将这首诗看成是怀人之作，而非悼亡之诗，其实更有感染力。兵荒马乱、荒烟蔓草的年月，等待一个奔赴战场、生死不明之人回家，要忍受多大的孤独，付出多大的代价？也正是如此，这背后隐藏的深情，让今天的我们依旧感动。时间虽然过去 2000 多年，但人类对于生离死别的感知，不会有太大变化。那句“百岁之后，归于其居”的誓言，是那样无奈，但又是那样坚定、那样执着，让人忍不住泪目。

所以，荒野里，乌蔹莓一样的蔓草，并不止是蔓草而已。它所连接的是古老的誓言和隽永的思念。

---

1 《诗经国风新注》，第 418 页。

● 葎草｜啤酒花与药引子

在《本草纲目》《植物名实图考》中，列于乌蔹莓之后的是另一种常见的藤本——葎草 [*Humulus scandens*（Lour.）Merr.]。葎草与乌蔹莓生境相同，在野外极有可能看见两者生于一处，这或许是本草学家将它们放在一起的原因。

1.拉拉藤与啤酒花

葎草虽为藤本，但属于桑科。虽然今天的学者根据基因测序结果，将其归入大麻科，但我们还是遵从《中国植物志》将其列为桑科。桑科植物通常具有乳液，在内皮层或韧皮部均有乳液导管。葎草也不例外，掐断其叶柄或细茎，会冒出白色的乳汁。提到桑科，我们自然会想到桑树，那美味的桑葚蕴藏着不少童年的回忆。据《中国植物志》，不少桑科植物的果实可供食用，有些还是世界著名的水果，比如原产印度的波萝蜜、来自马来群岛的面包树和地中海沿岸的无花果等。

但与这些明星植物相比，葎草实在有些逊色。没有可供食用的果实不说，茎、枝和叶柄上还布满小刺，小刺上有倒钩，一不留心被刮伤，很容易留下疤痕，疼中带痒。由于它"善勒人肤"，因而在中医古籍中又名勒草、葛勒蔓等。今江浙地区呼为拉拉藤，川赣等地称之为锯锯藤。除新疆、青海外，在我国南北各省区均有分布，生命力强且长势惊人，乍一看以为是入侵物种。

葎草有刺，却无毒，在过去饥荒的年月也是果腹的野菜。《救荒本

〔日〕岩崎灌园《本草图谱》，葎草

葎草又名拉拉藤，茎上细小的白刺在图中清晰可见，中间左侧那枚为雌花，右侧花
序为雄花，雌花可代替啤酒花酿酒。

草》中载有具体的做法，在书中它的名字叫葛勒子秧："采嫩苗叶炸熟，换水浸去苦味，淘净，油盐调食。"[1] 果然，它的味道是苦的。在《救荒本草》中，大部分苦味的野菜，吃之前均需反复淘洗并用油盐调食。不过古时候人们吃它，是因为食物不足。

关于葎草的形态，《清稗类钞·植物类》有较为简洁却准确的描述：

> 葎为蔓生草，茎及叶柄有细刺下向，叶掌状分裂，多细齿。秋开小花，雄花成簇，雌花成短穗，色绿，下垂。实似松球。[2]

据《中国植物志》，葎草是雌雄异株，两种花形态各异。雄花较小，黄绿色，圆锥花序，长可达 25 厘米；而雌花单体较大，外有纸质苞片层层叠叠，就像小松果，花序呈穗状较短。而这些松果一样的雌花，竟然可以代替啤酒花来酿酒。

桑科葎草属植物仅 3 种，除葎草外，另外两种之一就是啤酒花（*Humulus lupulus* L.）。因此它的外形与葎草非常相像，也是雌雄异株，其雌花具有抑菌作用，是啤酒天然的防腐剂。1079 年，德国人首先将其添加到啤酒中，当时主要是为了延长啤酒的存放期限。

但出人意料的是，这一原料给啤酒带来独特的苦味和清爽的芳香。啤酒花的雌花与葎草的结构一致，外部都有层层叠叠的苞片。这些苞片

1　〔明〕朱橚著，王锦秀、汤彦承译注：《救荒本草译注》，上海古籍出版社，2015 年，第 60 页。

2　〔清〕徐珂编撰：《清稗类钞》，中华书局，1981 年，第 12 册，第 5820 页。

最为关键，其基部的蛇麻腺能分泌酒花树脂和酒花油，酒花树脂是啤酒苦味的来源，酒花油受热后能为啤酒带来特殊的香气。所以，在啤酒酿造的过程中，尽管啤酒花的用量只占原材料的1‰-5‰，相当于调味品，却足以称得上是啤酒的灵魂。由于雄花没有苞片，所以用来酿酒的都是雌花，也正是因为这样，啤酒花的种植园里多为雌株。

没想到，寻常可见的蔓草拉拉藤竟然还有这么大的作用。除此之外，其茎皮纤维还是造纸的原料，种子油能制作肥皂。

2. 作为药引子的拉拉藤

我之所以认识葎草，是因为早年吃的中药里就有它。那时候因为扁桃体发炎，拖着不去看，最后恶化为急性肾炎。一开始在医院住了两周，回家后复发。由于我坚持不再住院，父亲便带着我去镇上的医院抓药，吃了半个月并不见好。听说姑妈村里有偏方，父亲就想带着我去试试。

那家的小女儿也曾患有急性肾炎，多年前在老中医那里得了一服药方，服用数个疗程后即见痊愈。彼时老中医已不在世，但药方那家还保留着，病历和化验单据也都还在，虽然字迹早已模糊不清。那家的中年男人也是个老实的农人，他从存放粮食的屋子里挪出一个蛇皮袋，拿出几包用白色塑料袋装着的枯草。他递给父亲说，袋中的配方与他女儿服用的一模一样，只是还需要找一味药来做药引子。

多日求医未果，父亲已是忧心忡忡。但那日，父亲看了病历和化验单据，脸上露出久违的笑容，急切地问这药引子是什么，是否难找。那人把我们引到屋外，指着门口一堆青绿的藤蔓说：喏，就是这种浑身带刺的野藤，到处都是。后来我才知道，它的名字就是葎草。

按照那人给的偏方配药，服用一个疗程后，我的病情却丝毫不见起色。父亲开始怀疑，对于药方对方是不是有所保留。再次去的时候，父亲嘱咐他一定要给足药量。于是，我们又带着同样的几包草药回家，父亲又去园子里割了一些葎草回来同煮。一周之后去医院复查，病情依然不见好转。这时父亲就急了，说这是什么鬼偏方，再不信。

事后回忆，其实这偏方有很多可疑之处。例如，肾炎患者需禁吃或吃很少量的盐，但那人却告诉我们不必禁盐；肾炎患者需多吃西瓜这样水分充足的水果以利尿，结果那人却说要禁吃西瓜这类含糖较多的瓜果。简而言之就是，不禁盐，反禁糖。每每想到此，父亲都忍不住懊恼且愤懑："怎么会相信这种违背常识的荒谬之言？差点误了我儿的病！"父亲也是着急，病急乱投医。

我也觉得不可思议，那浑身带刺的藤子是什么鬼东西，竟然还用来做药引子？谁知，葎草竟然真有利尿之功效，作为药引子，似乎也没什么毛病：

> 《唐本草》："葎草，味甘、苦、寒，无毒。主五淋，利小便，止水痢，除疟虚热渴。煮汁及生汁服之。生故墟道旁。"[1]

借着葎草，我终于写到父亲带着我四处求医问药的日子。那段误诊

---

1 转引自〔清〕吴其濬著：《植物名实图考长编》，中华书局，2018 年，第 586 页。

的经历，只是其中一个小小的插曲。后来父亲毅然带我去了大医院，找到正规的医生，带着我辗转家里、医院和学校。每周从学校接我乘公交去医院复查、抓药，回到家熬药、装瓶，傍晚又骑摩托送药和饼干到教室门口。父亲干的活很脏灰很大，但每次他出现在教室门口都穿得很干净。如此两年，风雨无阻，一直到初三中考，我才痊愈。15岁那年治好病，是我们父子俩度过的第一个难关。

我总记得一个场景。有一次复查，我们在医院附近的小吃街吃炒面。那炒面特别好吃，吃完我问父亲能不能再要一碗。父亲突然非常高兴，冲老板大喊："再来一碗！"父亲觉得，我的胃口好了，说明身体真的有了好转。

冬

辑

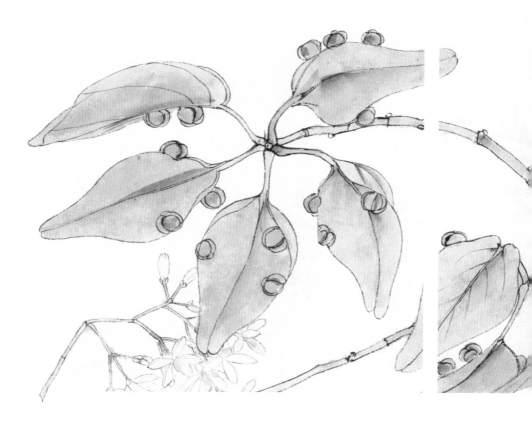

北京的秋天太过短暂，一场北风就到冬天。教学楼旁边的那棵法国梧桐只剩下光秃秃的枝干，树底下铺了一层厚厚的枯叶。我们常说的法国梧桐，中文正式名叫三球悬铃木（*Platanus orientalis* L.）。如果一根线上挂着一个球，就叫一球悬铃木；挂着两个球，就叫二球悬铃木，以此类推。悬铃木到了冬天也很耐看，《怎样观察一棵树：探寻常见树木的非凡秘密》这本书说："这种树比美术馆更有视觉观赏性。"[1] 我们可以一边观察悬铃木，一边聊它的故事。

1. 悬铃木的引入史

在现代植物分类学中，悬铃木科悬铃木属共 11 种，我国引入 3 种，根据果球的数量，分为一球、二球和三球悬铃木。一球悬铃木原产北美洲，又称美桐；三球悬铃木原产欧洲东南部、亚洲西部，又称法桐；二球悬铃木是 17 世纪英国人将三球悬铃木与一球悬铃木杂交得到的品种。

19 世纪末，法国传教士将二球悬铃木引种于上海法租界霞飞路（今淮海中路）。《清稗类钞·植物类》已记载这种外来植物，名为"篠悬木"：

> 篠悬木为落叶乔木，原产于欧洲，移植于上海，马路两旁之成行者是也，俗称洋梧桐。高三四丈，叶阔大，作三裂片，锯齿甚粗，

---

1 〔美〕南茜·罗斯·胡格著，罗伯特·卢埃林摄影，阿黛译：《怎样观察一棵树：探寻常见树木的非凡秘密》，商务印书馆，2016 年，第 128 页。

一球悬铃木与一只红色的鹟

根据果球的数量，悬铃木可分为一球、二球和三球悬铃木，分别对应美国、英国、
法国。

基脚有卵形托叶一。春开淡黄绿花，实圆而粗糙。此木最易繁茂，故多植之以为荫。[1]

《清稗类钞》初刊于 1917 年，当时霞飞路两旁的悬铃木想必已浓密成荫，作为"最易繁茂"的树种已广为种植。上海引种的悬铃木可能不是最早的，据《中国植物志》，陕西户县曾存有晋代引入的古树，在文献中名叫祛汗树或鸠摩罗什树，很有可能就是三球悬铃木。

一球、二球和三球悬铃木在城市都有种植，"不过在城市里，猜二球悬铃木的胜算会很大，因为它特别能够抵御污染和炭疽病（一球悬铃木会感染这种真菌），因此经常作为行道树种植"。[2]在美国人口密集的城区和欧洲许多城市，二球悬铃木都有分布。在我国，除了上海，南京、武汉、杭州、青岛、西安等都有引种悬铃木，其中尤以南京最多、最为出名。据统计，南京市 20 条主要街道中，16 条街道的行道树是悬铃木。尤其是美龄宫周围的那些树，在秋天由绿变黄，从空中鸟瞰，恰似一条金色的宝石项链。

悬铃木盛夏绿树成荫，秋天则满树金黄。春天，其种子离开果球，无数纤细的绒毛（帮助种子飞行）与花粉一起飘浮在空气中，过敏人群避之不及。你一定不会想到，一颗悬铃木的果球竟然约有 800 枚种子。[3]

1　〔清〕徐珂编撰：《清稗类钞》，中华书局，1981 年，第 12 册，第 5871-5872 页。
2　《怎样观察一棵树：探寻常见树木的非凡秘密》，第 133 页。
3　《怎样观察一棵树：探寻常见树木的非凡秘密》，第 133 页。

大学二年级时，我在悬铃木身后的阶梯教室上古代文论课。在人间的四月天，先生读道："漠漠水田飞白鹭，阴阴夏木啭黄鹂。"然后指着窗外满树新叶的悬铃木说："用不了多久，这就是阴阴夏木了。"

2. 树荫下的校园时光

在江城武汉，悬铃木也不少，校园里尤其多。从小学到初中到高中，学校里都有这种树。小时候写作文，写秋天，金色的田野、金色的校园，必然少不了要写金色的法国梧桐。那时候，我还不知道"悬铃木"这个正式名。

后来在镇上念初中，那也是父辈们念过书的学校。校园建在小山上，拾级而上，楼道两旁的悬铃木极为茂盛。那是一个安静的去处，春天的早上，我们坐在台阶上读书。悬铃木新长出来的嫩叶就在我们头顶，阳光将树叶照得透亮，院墙外的田地里开满了油菜花，蛙声和读书声此起彼伏，一切都生机勃勃。

到了秋天，一阵凉风一场雨，就是"无边落木萧萧下"。坐在教室里，听窗外狂风吹得树叶哗哗响，突然有些期待天气变冷，因为那时就可以穿上母亲织的毛衣了。打扫校园卫生时，我们扫得最多的自然是悬铃木的枯枝和落叶。我们把黄色的、红色的被虫子吃过留下斑驳痕迹的树叶夹在书里，等完全风干之后做成书签。到了高中，校园新建，悬铃木没那么茂盛。

高考之后的暑假，为选学校填志愿，在江城各大高校实地考察，发现历史久一些的学校都有悬铃木大道，典型的比如武汉大学、华中科技大学、华中农业大学。但我最喜欢的还是建在桂子山上的华中师范大学，从山脚下的校门，到半山腰的图书馆，大路两旁都是高大的悬铃木，遮天蔽日。夏天坐校车去南边的宿舍，一路"翻山越岭"，飘扬的发梢、飞扬的裙摆、树荫底下扬起的嘴角，满眼都是绿色，像在森林里穿梭一般。

3. 保卫一棵悬铃木

关于悬铃木，有一部很著名的美国电影《怦然心动》（*Flipped*）。写这篇文章时，我才注意到，影片中女主人公誓死保卫的那棵树，原来就是美国梧桐（sycamore tree）——一球悬铃木。

在电影中，这棵树是重要的布景，也是维系男女主人公情感的纽带。女孩朱莉小时候对男孩布莱斯一见钟情，那时她常常爬到树的顶端，因为在那里能看到远方起伏的山峦和广袤的田野："我爬得越高，眼前的风景愈发迷人。"这棵树承载着女孩成长过程中的美好回忆。

后来，这棵树遭到施工队砍伐。朱莉爬到树上，向心爱的男孩布莱斯求助，希望他也能爬上来，和她一起保护这棵悬铃木。布莱斯虽然很同情朱莉，但并未伸出援手，最后树还是被砍了。这件事成为当地的新闻，布莱斯的外公看到报道后，对朱莉刮目相看。自那以后，朱莉不再喜欢布莱斯；而布莱斯心怀愧歉，反而开始喜欢朱莉。影片的最后，布莱斯在朱莉的院子里种下了一棵小树苗，那正是一棵美国梧桐。朱莉说："我都不用问，从树叶的形状和树干的纹理我就知道，那是一棵梧桐树。"这部电影改编自美国作家德拉安南的同名小说，中译本封面的插图正是这样一棵树。

　　一个人与一棵树的感情原来可以如此紧密，紧密到可以不惜一切去保护它。在《怎样观察一棵树：探寻常见树木的非凡秘密》中，我们也能看到人与树之间的感情维系。这是一本介绍如何观察树木自然特征的书，在悬铃木这篇的末尾，作者饱含深情地写下了悬铃木之于她的意义：

　　　　在我的有生之年，我移植的悬铃木不可能长到可供我在其中生活的程度，但精神上，我已经居住在其中，并参照我自己的成长和变化来衡量它的生长和变化。当你逐渐衰老的时候，能够看到一棵你手植的树正当盛年，这是一件多么美好的事！这棵悬铃木已经具有奇特的树皮、雄伟的姿态，并像我希望的那样，成为了路边的一个威严的身影，我不知道大家是否还记得它出现之前的日子。除非飓风来袭，或者重型设备操作员鲁莽行事，或者发生其他自然灾害，我们的悬铃木可能不仅会比我和约翰活得更长，甚至可能比这条路更长，因为像许多乡村公路一样，它每年都在逐渐改变它的走向。如果是这样，可能有一天，我们的悬铃木会像现在的谷仓一样，成为这片土地的主导，到时没有人会知道，它当初并不是在它生长的地方生根发芽，那时人们只会说，它是一棵美丽的老悬铃木。它也许只是一棵隐藏着秘密的美丽树木，为此，我更加珍视它。[1]

1　《怎样观察一棵树：探寻常见树木的非凡秘密》，第 142-143 页。

这段文字可以看作一封写给悬铃木的情书。"当你逐渐衰老的时候，能够看到一棵你手植的树正当盛年，这是一件多么美好的事！"仿佛亲手种的树，是自己养大的孩子一样。

即便不是自己种的树，生活在一起久了，也会产生感情。南京在城市建设的过程中，有几次不得不砍伐或移植悬铃木。市民看着陪伴多年的老树突然倒下或被移走，依依不舍、忧心忡忡。他们自发走上街头，在悬铃木上系上绿丝带。在市民的呼吁下，城市建设者采用其他方案，在兴建地铁等基础设施的同时，也使街道边的参天大树得以留存下来。

一年春节前，我特地去了一趟南京，真是满城的悬铃木。它们高大挺拔，干净整齐，就像护卫队一样守卫在马路两旁。我骑着单车，一路穿过美龄宫附近的悬铃木大道，想象着它们来年春天、夏天和秋天的样子……

- 梧桐 | 孔雀东南飞，五里一徘徊

　　别名"法国梧桐"的悬铃木，与本土的梧桐，虽然都有"梧桐"之名，但两者其实是不同科目的植物：悬铃木是蔷薇目悬铃木科，而梧桐是锦葵目梧桐科。

　　含栽培种在内，我国梧桐科植物共有 80 余种，主要分布于华南和西南。梧桐科许多植物都具有经济价值，著名的可可——原产美洲中部和南部，可可粉与巧克力糖的原料——就是梧桐科可可属。梧桐〔*Firmiana platanifolia*（L. f.）Marsili〕作为本科的科长，自然也不能例外。据《中

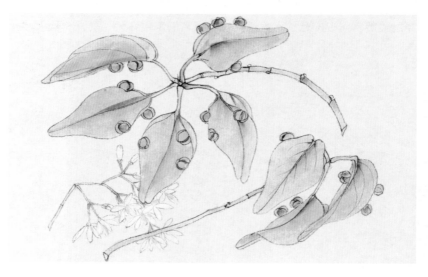

〔日〕佚名《本草图汇》，梧桐花与种子

梧桐的种子炒熟后可食用或榨油。

国植物志》，梧桐的种子炒熟后可食用或榨油，其茎、叶、花、果、种子均可入药，树皮纤维可用于造纸和编绳。木材的刨片浸出的刨花，是一种历史悠久的美发用品，类似我们今天的啫喱水。其木质轻软，是制作木匣和乐器的良材。

1. 梧桐、离愁与爱情

梧桐是我国传统庭院中常见的观赏树木，其树皮青绿平滑，树干笔直挺拔，叶片心形掌状，是一种优美的落叶乔木。夏天枝繁叶茂，亭亭如盖、绿荫匝地；到了秋天，疏雨滴梧桐，这大自然的声响最易撩人情思。所以在古典文学中，梧桐与雨是经典搭配，如温庭筠《更漏子·玉炉香》"梧桐树，三更雨，不道离情正苦。一叶叶，一声声，空阶滴到明"、李清照《声声慢·寻寻觅觅》"梧桐更兼细雨，到黄昏，点点滴滴"。

"春风桃李花开日，秋雨梧桐叶落时"，自从白居易长篇叙事诗《长恨歌》以"秋雨梧桐"作为唐明皇与杨贵妃爱情故事的布景，后世的戏剧小说多沿袭之：元曲家白朴以"梧桐雨"命名杂剧《唐明皇秋夜梧桐雨》；清初剧作家洪昇《长生殿》第 45 出"雨梦"则两次写到梧桐雨，串起现实与梦境，渲染人物情绪，推动情节发展[1]。白居易写李、杨的爱情悲剧，

---

1 其一，唐明皇夜雨中思念贵妃："冷风掠雨战长宵，听点点都向那梧桐哨也。萧萧飒飒，一齐暗把乱愁敲，才住了又还飘。"其二，唐明皇梦见贵妃，却被梧桐雨惊醒："我只道谁惊残梦飘，原来是乱雨萧萧，恨杀他枕边不肯相饶，声声点点到寒梢，只待把泼梧桐锯倒。"

〔日〕毛利梅园《梅园百花图谱》，梧桐

"凤凰鸣矣，于彼高冈。梧桐生矣，于彼朝阳。"《诗经》中作为神木出现的梧桐，在后世多用于表达离愁别绪。

秋雨梧桐虽是想象，在故事中却能烘托离别的气氛。梧桐作为文学中的传统意象，也多用于表达离愁别绪，最典型的如南唐后主李煜《相见欢·无言独上西楼》"寂寞梧桐深院锁清秋"。

在我国最早的长篇叙事诗《孔雀东南飞》中，也出现了梧桐的意象，但其作用与《长恨歌》并不相同。这首诗讲的是焦仲卿和刘兰芝夫妻两人因家庭阻挠而双双殉情的故事，诗的结尾写到了梧桐：

两家求合葬，合葬华山傍。东西植松柏，左右种梧桐。枝枝相覆盖，叶叶相交通。中有双飞鸟，自名为鸳鸯。仰头相向鸣，夜夜达五更。行人驻足听，寡妇起彷徨。多谢后世人，戒之慎勿忘。

在墓的两旁种上梧桐，仿佛梧桐是夫妻两人的化身。梧桐的树叶要比松柏大得多，更能够表现枝叶的"覆盖"与"交通"。这里自然联想到舒婷的那首《致橡树》：

> 我必须是你近旁的一株木棉，
>
> 作为树的形象和你站在一起。
>
> 根，紧握在地下；
>
> 叶，相触在云里。
>
> 每一阵风吹过，
>
> 我们都互相致意。

"叶，相触在云里"，不正是"叶叶相交通"？不知舒婷写这首《致橡树》是否受到《孔雀东南飞》的启发。"中有双飞鸟，自名为鸳鸯。仰头相向鸣，夜夜达五更。"此处又将夫妻两人比作鸳鸯[1]，生前不得同室，死后化身梧桐、化为鸳鸯，以续夫妻之情，这是后人对于焦刘夫妻的同

---

1 西汉时的文学作品已将鸳鸯喻为夫妻，如司马相如《琴歌·其一》"何缘交颈为鸳鸯，胡颉颃兮共翱翔"。西晋崔豹《古今注·鸟兽第四》："鸳鸯，水鸟，凫类也。雌雄未尝相离，人得其一，则一思而死，故曰匹鸟。"但真实自然界中的鸳鸯并非此专情。见〔西晋〕崔豹撰：《古今注》，上海古籍出版社，2012年，第126页。

情和祝愿。后世梁祝化蝶的故事，大概也从这里而来。

那么为什么梧桐树上会有双飞鸟？是作者故意为之，还是自有文学上的传统？

2. 凤凰、乌鹊与孤鸿

其实在"秋雨梧桐"作为文学的经典意象之前，梧桐就已经非常有名了。它最早见于《诗经·大雅·卷阿》，甫一出场，它就是生于高岗、身披朝霞、吸引神鸟凤凰的非凡树种：

> 凤凰于飞，翙翙其羽，亦傅于天。蔼蔼王多吉人，维君子命，媚于庶人。
>
> 凤凰鸣矣，于彼高冈。梧桐生矣，于彼朝阳。菶菶萋萋，雍雍喈喈。

这是一首召康公劝诫周成王广纳贤才的诗。诗中以梧桐比明君，以凤凰喻贤者；将凤凰栖于梧桐，比作天下贤士归附于朝。"菶菶萋萋"言梧桐之茂盛，喻明君有盛德；"雍雍喈喈"指凤凰和鸣，谓群臣一心、竭尽其力。凤凰本是神鸟，是传说中的百鸟之王，凤凰栖于梧桐，于是梧桐也被赋予神话色彩，在旭日东升的山林中熠熠发光。

《诗经》中梧桐能引来凤凰，而《庄子》则反过来说凤凰只栖于梧桐，"凤栖梧"的典故即源自于此。《秋水篇》中记载了这样一个故事，说宋人惠子为梁惠王之相，庄子前去拜见惠子，有人告诉惠子说："庄子此行的目的，是想代替你成为梁国的国相。"惠子听后惴惴不安，于是三日三夜搜庄子于国中。庄子知道后，对惠子说了下面一番话：

> 南方有鸟，其名为鹓鶵，子知之乎？夫鹓鶵，发于南海而飞于北海，非梧桐不止，非练实不食，非醴泉不饮。于是鸱得腐鼠，鹓鶵过之，仰而视之日"吓！"今子欲以子之梁国而吓我耶？

庄子是善用比喻的高手。在这段话中，他将自己比作鹓鶵，鹓鶵是鸾凤的一种，只栖于梧桐，只吃竹子开花结的果实，只饮甘美的泉水；而将惠子比作老鹰，将惠子担任的梁国国相，比作已经腐臭的老鼠，高傲地申明自己根本不屑于争夺相位。

至此，我们可以知道，《孔雀东南飞》中梧桐树上有双飞鸟，其实由来已久。而且，或许是因为梧桐被《诗经》《庄子》赋予非凡的神性，在《孔雀东南飞》中成为刘兰芝、焦仲卿两人的化身，的确较其他乔木更为合适。尽管，树上的双飞鸟不是凤凰，而是鸳鸯。

事实上，"凤栖梧"的典故在被后世文人化用时，"凤"这一意象也在不断变化。例如曹操《短歌行》："月明星稀，乌鹊南飞，绕树三匝，何枝可依？"曹操此诗的用意与《卷阿》同出一辙，只不过把凤凰换成了乌鹊。苏轼被贬黄州所作《卜算子·黄州定慧院寓居作》，用的也是这个典故。只不过这次不是凤凰，不是乌鹊，而是孤鸿：

> 缺月挂疏桐，漏断人初静。谁见幽人独往来，缥缈孤鸿影。
>
> 惊起却回头，有恨无人省。拣尽寒枝不肯栖，寂寞沙洲冷。

苏轼经历乌台诗案后走向人生低谷，一肚子的不合时宜，不为世人所理解。《诗经》中以凤栖梧比喻天下贤士尽归于君，苏轼则反其道而行之："拣尽寒枝不肯栖"，如今的朝野，哪里是我苏轼愿意待的地方？他以"孤鸿"自居，对当朝的失望、内心的孤傲溢于言表。

3. 重温《孔雀东南飞》

说完梧桐，还是回到《孔雀东南飞》。一般认为，这部长篇叙事诗是汉末建安时的作品。在流传的过程中有文人参与创作，也有学者认为其作者为曹植。前不久翻看黄节《汉魏乐府风笺》，重读此诗，一时触动，才提笔写下这篇文章，借由梧桐，说一说诗中打动我的细节。

首先是刘兰芝回娘家那天早晨的妆容描写：

> 鸡鸣外欲曙，新妇起严妆。著我绣夹裙，事事四五通。足下蹑丝履，头上玳瑁光。腰若流纨素，耳著明月珰。指如削葱根，口如含朱丹。纤纤作细步，精妙世无双。

天还没亮，兰芝就起床梳妆，"事事四五通"，是说"每加一衣一饰，皆著后复脱、脱而复著，必四五更之"。[1] 不是出席什么重要场合，而是被婆婆赶回娘家，这在封建社会是极不体面之事。饶是如此，也要"起严妆"，从这个细节可见刘兰芝是何其自尊的女性。这一细节实际上为后文刘兰芝的殉情埋下伏笔。

刘兰芝回家后被阿兄逼迫改嫁，焦仲卿闻此变故，告假暂归，两人

---

1 黄节笺注：《汉魏乐府风笺》，中华书局，2008 年，第 272 页。

相遇时是这样写的：

> 未至二三里，摧藏马悲哀。新妇识马声，蹑履相逢迎。怅然遥相望，知是故人来。

正是这样的默契，让人尤为感动。两人相见，焦仲卿赌气说"卿当日胜贵，吾独向黄泉"时，没想到刘兰芝竟信以为真，决绝地回答说："何意出此言！同是被逼迫，君尔妾亦然。黄泉下相见，勿违今日言！"

焦仲卿回家后，向母亲表达了他意欲殉情的想法。焦母声泪俱下，劝他说："慎勿为妇死，贵贱情何薄！"一面是高堂，一面是许下誓言的妻子，该如何选择？"府吏再拜还，长叹空房中，作计乃尔立。转头向户里，渐见愁煎迫。"他在空房中长叹，刚刚做出决定，又掉头回到屋内，始终无法迈出那一步，内心的焦灼一阵比一阵紧。当听到刘兰芝"举身赴清池"的消息时，才终于下定决心，但在"自挂东南枝"之前，还是免不了"徘徊庭树下"。人物在面临两难选择时的煎熬，在诗中表现得极为真实。所以焦仲卿并不是软弱，他的犹豫是人之常情。

"多谢后世人，戒之慎勿忘！"在爱人与家人之间的冲突上，1000多年前的忠告，依然能够在今天给我们以力量。

冬天的一个夜晚加班，同事从西餐厅点了一份甜点做夜宵，拆开，好熟悉的肉桂味道！上大学时，曾休学一年去美国宾夕法尼亚州的一所文理学院担任中文助教，接待我的一家寄宿家庭是一对老夫妇。玛丽经常给我们做的一道甜点，就是肉桂苹果派。这份甜点的口感与玛丽的肉桂苹果派简直一模一样。时隔多年，又吃到熟悉的味道，别提有多惊喜。

1. 桂皮与肉桂

在那之前，我所知道的肉桂，是用来炖肉的中国传统调味料——桂皮。桂皮是八大料、五香粉、十三香的主体成分，炖牛羊肉的时候加入桂皮，大火烧开转小火慢炖，肉桂等卤料的香气就会从厨房溢出来，充满整个屋子。那种熟悉的卤料味，正是儿时乡间酒席的味道，因为那时只有在红白喜事或者逢年过节时，才会大锅炖肉。

桂皮十分常见，在大大小小菜市场的佐料铺里都能买到。一开始我以为桂皮是桂花树的树皮，其实两者相差甚远。桂皮是肉桂（*Cinnamomum cassia* Presl）的树皮，肉桂是樟科樟属；而桂花是木犀科木犀属。肉桂多分布于广东、广西等热带地区，而桂花树多分布于江南。

关于肉桂与木樨，清人吴其濬《植物名实图考》"蒙自桂树"中有如下辨析：

> 余求得一本，高六七尺，枝干与木樨全不相类。皮肌润泽，对发枝条，绿叶光劲，仅三直勒道，面凹背凸，无细纹，尖方如圭。

始知古人桂以圭名之说，的实有据；而后来辨别者，皆就论其皮肉之脂，而并未目睹桂为何树也。其未成肉桂时，微有辛气。沉檀之香，岁久而结；桂老逾辣，亦俟其时，故桂林数千里，而肉桂之成如麟角焉。江南山中如此树者，殆未必乏，惜无识其为桂者。爨下榍柮，馨气满坳，安知非留人余业，同泣其豆间耶？[1]

吴其濬提到几个重要的细节：其一，肉桂的树皮较木犀润泽；其二，肉桂叶有三条明显的纵脉，与桂花树的树叶脉络绝不相同，"尖方如圭"，也解释了"桂"名之由来；其三，肉桂的香气随着树木年岁越久而越浓，如果将榍柮（树根）当柴烧，则整个山坳都可闻到肉桂的馨香。而木犀科的桂花，只有花香。对于木犀，吴其濬在"蒙自桂树"后单列一条，称之为岩桂：

岩桂即木犀。《墨庄漫录》谓古人殊无题咏，不知旧何名。李时珍谓即菌桂之类而稍异，皮薄不辣，不堪入药。[2]

北宋张邦基《墨庄漫录》卷8云："木犀花，江浙多有之，清芬沤郁，余花所不及也。……湖南呼九里香，江东曰岩桂，浙人曰木犀，以木纹理如犀也。然古人殊无题咏，不知旧何名。"[3]

古代典籍中关于"桂"的记载有很多，《山海经·南山经》开篇就

1　〔清〕吴其濬著：《植物名实图考》，中华书局，2018年，第769页。"木樨"即木犀。
2　《植物名实图考》，第769-770页。
3　〔宋〕张邦基撰，孔凡礼点校：《墨庄漫录》，中华书局，2002年，第221页。

〔德〕赫尔曼·阿道夫·科勒《科勒药用植物》，锡兰肉桂，1887 年

我们用来入药、炖肉的肉桂称"中国肉桂"，而西餐中做甜点使用的肉桂，是锡兰
肉桂（*Cinnamomum zeylanicum* Bl.），原产斯里兰卡，与中国肉桂同科同属。

提到招摇山之桂："其首曰招摇之山，临于西海之上，多桂。"[1]《楚辞》中多处提及"桂"，有用来酿酒的，如"蕙肴蒸兮兰藉，奠桂酒兮椒浆"（《九歌·东皇太一》）；有用来做船桨的，如"桂棹兮兰枻，斫冰兮积雪"（《九歌·湘君》）。这些"桂"究竟是哪一种桂？按照张邦基的观点，木犀古人吟咏得少，那么《楚辞》中的桂为肉桂的可能性比较大。

肉桂是一味古老的中药，在我国第一部本草著作《神农本草经》中，肉桂被称为"牡桂"，位列上品。[2]据《中国植物志》，因入药部位不同，药材名称也不同：树皮称肉桂，枝条横切后称桂枝，嫩枝称桂尖，叶柄称桂芋，果托称桂盅，果实称桂子，初结的果称桂花或桂芽。

2. 香叶与月桂

调料铺里经常与桂皮摆在一起的，还有一种名为"香叶"的树叶。一直以为香叶和桂皮一样，皆源自桂花树，但香叶其实是月桂的树叶。据《中国植物志》，月桂（*Laurusnobilis* L.）是樟科月桂属的常绿小乔木，原产地中海，其叶含芳香油，含油量可高达 1%-3%，常作为调味香料或罐头矫味剂。

月桂树在西方可谓大名鼎鼎。罗马诗人奥维德的神话诗集《变形记》中有河神的女儿达芙妮变成月桂树的故事。宙斯的儿子日神阿波罗触犯

---

1 〔晋〕郭璞注，〔清〕郝懿行笺疏：《山海经笺疏》，中国致公出版社，2016 年，第 1 页。

2 "味辛温，生山谷。主上气，咳逆，结气，喉痹吐吸，利关节，补中益气。久服通神，轻身不老。"见〔日〕森立之辑，罗琼等点校：《神农本草经》，北京科学技术出版社，2016 年，第 8 页。

一枝开花的月桂与飞蛾，约 1831 年

根据 CC BY 4.0（https://creativecommons.org/licenses/by/4.0）协议许可使用，图片来源：https://wellcomecollection.org/works/uc4w8ash

月桂是西方文学艺术中的经典意象。

了小爱神丘比特，丘比特为了报复，射出了两支箭，一支箭令人深陷爱河无法自拔，一支箭叫人无论如何也不会动心。丘比特用前一支箭射中阿波罗，用后一支箭射中河神的女儿达芙妮。阿波罗中箭后，对达芙妮展开疯狂的追求。达芙妮逃之不及，到河边时无路可走，只好向父亲求救。接着，她变成了一棵月桂树。达芙妮变成月桂树的过程十分生动：

> 她的心愿还没说完，忽然她感觉两腿麻木而沉重，柔软的胸部箍上了一层薄薄的树皮。她的头发变成了树叶，两臂变成了树干。她的脚不久以前还在飞跑，如今变成了不动弹的树根，牢牢钉在地里，她的头变成了茂密的树梢。剩下的只有她的动人的风姿了。

> 即便如此，日神依旧爱她，他用右手抚摩着树干，觉到她的心还在新生的树皮下跳动。他抱住树枝，像抱着人体那样，用嘴吻着木头。[1]

从此，阿波罗将月桂树尊为他的圣树：

> 月桂树啊，我的头发上，竖琴上，箭囊上永远要缠着你的枝叶。我要让罗马大将，在凯旋的欢呼声中，在庆祝的队伍走上朱庇特神庙之时，头上戴着你的环冠。……愿你的枝叶也永远享受光荣吧！[2]

---

1 〔古罗马〕奥维德著，杨周翰译：《变形记》，人民文学出版社，1984年，第11-12页。
2 《变形记》，第12页。

P.S. van Gunst 据意大利画家提香作品创作的版画《达芙妮与阿波罗》
根据 CC BY 4.0（https://creativecommons.org/licenses/by/4.0）协议许可使用，图片来
源：https://wellcomecollection.org/works/fhxjk4aa

许多以"达芙妮与阿波罗"为主题的西方油画和雕塑，都重在表现阿波罗追上达芙妮，
而达芙妮的双手正在变成月桂树枝的瞬间。

这就是"桂冠"的由来。到了中世纪，当大学生掌握了语法、修辞、诗歌，学校就为他戴上桂冠，以示学位和荣誉。

阿波罗和达芙妮的故事，与爱情、大自然都有关系，因而具有一种独特的美感。西方美术史上有不少作品以此为主题，一般都会表现阿波罗追上达芙妮时，达芙妮的双手变成树枝的瞬间。读了原著，再去看那些雕塑或者绘画，我们更能感受到男女主人公在"追逐"和"变形"时的惊心动魄。

3. 肉桂苹果派

回到一开始的甜点，那时玛丽给我们做肉桂苹果派，肉桂是从超市里买来的，放在干净的小瓶子里，而苹果则是自家院子里种的。玛丽一家住在乡下，他们有一栋两层的小楼房，带一个小花园，花园中央的空地上是两棵粗壮的苹果树。到了秋天，树上挂满了果实，来不及摘，就会掉在草地上，虽然卖相不是很好，但是很甜。玛丽会把苹果储藏起来，等到冬天，再拿出来做甜点。

除了肉桂苹果派，玛丽和蒂姆教会我们的，是对食材的珍视。那年我们去的时候正是秋天，去他们家吃的第一顿晚饭有豆角和西红柿。豆角只是用水焯过一遍，小西红柿洗干净摆在古香古色的碟子里。玛丽得意地告诉我们，西红柿和豆角都是自家院子里种的。但那些自然界平凡的食材到了玛丽那里，仿佛都变成了足以被珍视的艺术品。她将土豆摆在篮子里的时候那样郑重其事，让我觉得那些不是简单的土豆，玛丽对它们是有感情的。吃饭之前，蒂姆会让我们握手祷告："感谢上帝，感谢上帝赐予我们如此美妙的食物，感谢今晚有远道而来的客人同我们一起共进晚餐。"

这对美国夫妇没有孩子，他们很早以前就开始接待去那里上学的中国留学生。从美国回来之后的几年，每到感恩节，我都会给他们写邮件。他们会说正在给孩子们准备丰盛的感恩节大餐，而那其中，一定也有肉桂苹果派。

回头想，那时候我们这些远在异国的学生，也曾经像他们的孩子一样，在节日彼此陪伴，共同度过一段愉快的时光。希望这对夫妇健康快乐，就像他们当年祝福我们的那样：Peace and joy！

● 水杉 | 君自故乡来，应知故乡事

冬天总会让人想起很多故乡的往事。"君自故乡来，应知故乡事。来日绮窗前，寒梅著花未？"（《杂诗三首·其二》）1000 多年前的一个冬天，诗人王维居孟津（今河南洛阳），他乡遇故知，所问唯有窗外一枝梅。当然，镂花窗前的寒梅一定承载着王维儿时的生活记忆。

草木不言，却可寄托情思。就像那日在室友子俊的屋里熄灯卧谈，窗外的南城车水马龙，路灯从窗帘的缝隙照进来。我又想起江边的外婆家，想起故乡的美食豆丝，以及与之相关的植物——水杉。

1. 故乡的水杉与豆丝

外婆家住在长江边上，江堤两岸都种有水杉。冬天寒冷的夜晚，四野寂静，只有江上轮船的汽笛声朦胧渐远。江堤公路通往市区，夜里总有大型货车风驰而过。由远及近，由近而远，车灯穿过树林，透过窗子照进来。水杉的树影也随之出现在墙壁上、房梁上，在屋里游走一圈后，与货车的声响一起消失不见。不知为何，我对这种体验印象极深。货车的动静不小，窗外气温骤降，但因为睡在外婆身边，所以温暖又安心。墙壁上那些瞬间移动的水杉树影，常常被我当作外婆所讲那些神怪故事里奇异的风景。

水杉（*Metasequoia glyptostroboides* Hu et Cheng），杉科，水杉属，高大的落叶乔木，树干笔直。每到深秋，水杉的树叶变红、变黄，秋风起，落木萧萧，外婆会带着我们去江堤上捡落叶，一捡就是几口袋，等冬天用来生炉子。水杉的树叶像鸟儿的羽毛，干燥细密。除了用来引火之外，另一个重要的作用，就是留着"塌豆丝"的时候当柴烧。

南方主食以米饭为主，但每到冬至前，家家户户会制作一种面食，方言称之为"豆丝"。用大米、绿豆以适当的比例磨成浆，在大锅上摊成薄饼，冷却后卷起来切成手指宽的面条，拿到太阳底下晒干后储存，要吃的时候再拿出来，这个过程叫"塌豆丝"。一整个冬天，我们拿它做早饭。割几片腊肉，炸出油后加冷水，同时放入豆丝煮烂，起锅前放几片鲜嫩的菜心，别提多香。那是故乡冬天里特有的味道，绝非一般面条所能比。

乡下的灶一般都有两口锅，塌豆丝的时候能派上用场。一口锅里的面摊平了，盖上锅盖后摊第二口，等第二口锅里的摊平了，方才那口锅里的面饼就熟了，如此交替反复。这是个技术活，每个村子大概都有那么一个"师傅"。而他们舀浆摊饼的工具，竟然是一扇蚌壳，既容易控制量，也易于用背面摊至均匀，且耐磨防腐，经年可用。时间一长，蚌壳已被磨成奶白透亮的珍珠色。

塌豆丝这种习俗不知从何时开始，在家乡，它和打糍粑、炸年糕一样，是每年冬天家家户户必须要做的事。即使是如今城镇化后，没了大锅大灶，却依然阻挡不了乡民对于豆丝的执念。于是，附近的一些村户开始做起替人加工的生意。生意红火，凌晨3点开工，一直忙到天黑，天天如此，却依然排长队。家乡人对于豆丝的迷恋，由此可见。父亲从来不吃绿豆，但对绿豆做成的豆丝却百吃不厌。

冬天的独特美食，做起来并非简单轻松。需要提前泡好大米和绿豆，要请师傅，要有人卷，有人切，切完摊到太阳底下晒，前前后后每一道工序都需要人。所以，这项活动一般都是举全家之力。包括我们小辈，放了学回到家，也要搭把手，负责其中的一个环节：用笤箕的背面，将刚出锅的大薄饼从厨房灶台端到堂屋的凉席上摊凉。所以，塌豆丝也是一种家庭集体活动。这项活动一般都在晚上进行，由于距离寒假和春节不远，热热闹闹，颇有些过节的味道。

母亲一般都会负责生火添柴。她说水杉的树叶不比木材，火小、均匀，贴锅的豆丝不容易煳。在厨房里，凡是与控制火候相关的，都需要经验和技巧。母亲很早就掌握了这个技巧，她在往灶里添树叶的时候，我闻到一种香味，那是外婆家边上水杉林的味道。

2. 活化石水杉

后来我才知道，儿时常见的水杉，原来是来自恐龙时代的孑遗植物。科学家在欧洲、北美和东亚从晚白垩纪至古新世的地层中，均发现过水杉的化石，而白垩纪正是恐龙统治地球的时代。到了大约 258 万年前的第四纪冰期，地球上大量物种灭绝，许多地方的水杉未能幸免，植物学界曾宣称水杉已在地球上灭绝。

谁知这种植物竟然在我国被发现，其过程可谓一波三折。1941 年，国立中央大学林学家干铎先是在湖北利川县（今湖北利川市）磨刀溪发现幸存的巨型杉树，但当时正值冬天，干铎因无法采集标本抱憾而去。林学家王战采到了标本，却误认为是水松。最终，植物学家胡先骕、郑万钧正确地鉴定了水杉，并于 1948 年发表论文《水杉新科及生存之水杉新种》，推翻了"水杉早已灭绝"的定论，一时轰动世界植物学界。[1] 水杉拉丁学名中的命名者 Hu 和 Cheng，指的就是胡先骕和郑万钧这两位植物学泰斗。

湖北利川等地的水杉躲过了 200 多万年前的冰期浩劫，顽强地存活了下来。据《中国植物志》，水杉这一古老稀有的珍贵树种为我国特产，一开始，仅分布于四川石柱县，湖北利川县磨刀溪、水杉坝一带，湖南西北部等地。自水杉被发现后，我国各地普遍引种，北至辽宁，南至两广，东至苏浙，西至川陕滇，水杉都是颇受欢迎的绿化树种。这种乔木喜光，生长速度快，对环境条件的适应性强。在长江中下游，水杉常用来造林。人们将它种在宅旁、村旁、路旁、水旁，其树干笔直、树姿优美，亦多见于庭园。在我所生活的湖北江城，水杉是极常见的绿化、防汛树种。夏天知了的歌声在杉树林响彻云霄，冬天我们拿它的树枝做柴，用枯叶点火、塌豆丝。

活化石水杉只在我国才有幸存，因此，作为珍稀物种，水杉曾几度作为国礼，在中华人民共和国成立以来的外交史上留下闪亮的身影。据《中国植物志》，有将近 50 个国家和地区引种栽培水杉，在北纬 60 度的圣彼得堡、阿拉斯加，水杉也能顽强生长。

当年与杉树一起幸免于难的孑遗植物，还有银杏、水松、珙桐和鹅掌楸。邮政部门曾于 2006 年推出"孑遗植物"特种邮票，共 4 枚，邮票图名分别是以上 4 种植物，为什么没有水杉？其实，邮政部门早在 1992 年就曾发行"杉树"邮票，包括水杉、银杉、秃杉、百山祖冷杉。仔细

1　马金双：《水杉发现大事记——六十年的回顾》，《植物杂志》，2003 年第 3 期，第 37-40 页。

曾孝濂《杉树》邮票

左一为水杉，前景是树叶和种子的彩色特写，背景是整棵树的素描，像冬天刚下过雪，似乎也在暗示着这种子遗植物从遥远的冰雪时代走来。

观察这套邮票，画面近处是树叶和种子，饰以真实的色彩，形态逼真；远处以整棵树的素描作为背景，素描有些朦胧，像冬天刚下过雪，似乎也在暗示着水杉从遥远的冰雪时代走来。近景和远景遥相呼应，以小见大，颇有韵味。此外，4 种杉树的枝干分别从不同角、不同方向伸出或下垂，既照顾了 4 种杉树的自然属性，也具有艺术上的多样性。这套邮票获得当年全国年度优秀邮票奖。

以上两套邮票的设计者均为我国著名的科学插画师曾孝濂[1]，邮票旨

---

1 曾孝濂，现任中国科学院昆明植物研究所教授级画家、工程师、植物科学画家，曾任中国植物学会植物科学画协会主席，长期从事科技图书插图工作。已发表的插图 2000 余幅，先后为 50 余部科学著作画插图。1991-2008 年，9 次参与动植物类邮票设计，出版有画集《中国云南百鸟图》《云南花鸟》等。

在唤起民众对珍稀濒危植物的保护意识，呼吁人们与自然和谐相处。

3. 古籍中的水杉

水杉在 20 世纪 40 年代才被发现，但古籍中早有关于"水杉"的记载。明代王世懋《闽部疏》曰：

> 闽之南有木焉，非桧非柏，厥名水杉。非竹非棕，厥名桄榔。皆美植也。[1]

王世懋是明代嘉靖、隆庆年间文坛领袖王世贞之弟，才气名声虽不如王世贞，然而善诗文，著述颇丰，《闽部疏》就是他在福建任提学副使时所作。该书记录了闽中诸郡风土、岁时、山川、鸟兽草木之属，此处的"水杉"出现于闽南，与我们今日所知水杉首次发现于湖北等地不符。那么王世懋所说的"水杉"是什么树呢？

明代科学家方以智在《通雅》卷 43《植物·木类》中给出了答案：

> 水松，水杉也。闽广海塘边皆生之，如凤尾杉，又如松。其根浸水生须，如赤杨。范至能[2]言有石梅、石柏生海中，乃小如铁树，非此种也。

此处的"水杉"是"水松"的别名。据《中国植物志》，水松[*Glyptostrobus*

---

1 〔明〕王世懋撰：《闽部疏》，中华书局，1985 年，第 14 页。
2 范至能：南宋范成大，字至能。

pensilis（Staunt.）Koch〕是杉科，水松属，与水杉是近邻，也是我国特有的孑遗植物，主要分布于珠江三角洲和福建中部、闽江下游地区，其树叶有鳞形叶、条形叶、条状钻形叶 3 种类型，其中鳞形叶冬季不脱落，条形叶、条状钻形叶均于冬季连同侧生短枝一同脱落。而水杉的树叶只有条形，叶在侧生小枝上列成两列，羽状，冬季与小枝一同脱落。仅从叶片上，即可区分水杉与水松。

明末清初诗人屈大均写过一本兼有方志和博物性质的笔记《广东新语》，所记广东之天文地理、人物风俗、经济物产等，广博庞杂。其卷 25 "木语" 中也载有水松和水杉：

> 水松者，楤也。喜生水旁。其干也得杉十之六，其枝叶得松十之四，故一名水杉。言其干则曰水杉，言其枝叶则曰水松也。……广中凡平堤曲岸，皆列植以为观美。岁久，苍皮玉骨，礌砢而多瘿节，高者麈骈，低者盖偃。其根浸渍水中，辄生须鬣，袅娜下垂。叶清甜可食，子甚香。[1]

上文解释了 "水松" 之名为 "水杉" 的缘故——"其干也得杉十之六"。文中对水松的描述颇为细致生动，正如屈大均所言，生于湿地的水松，有伸出土面或水面的吸收根，像马和狮子脖颈上的长毛一样，袅娜下垂；水松的树干基部会膨大成柱槽，高可达 70 余厘米，正是 "苍皮玉

---

1 〔清〕屈大均著：《广东新语》，中华书局，1985 年，第 610 页。

骨，礌砢而多瘿节"。清代戏曲理论家、诗人李调元在广东为官时作《南越笔记》[1]，书中引用《广东新语》此段内容。

水松还被用来制作漆器。1921 年《南平县志·物产·器属》载："漆木器盆桶之类，坚致滑泽，轻巧适用。盆之小者，亦有以水杉为之。"南平县（今福建南平市）在福建北部，所以这里的水杉，应该也是水松。

再来看清人吴其濬《植物名实图考》，书中没有水杉，亦无水松，只有"杉"这个词条。描述如下：

> 杉，《别录》中品。《尔雅》：柀柘。《疏》：俗作杉，结实如枫松球而小，色绿有油。杉可入药。胡杉性辛，不宜作榇，又沙木亦其类，有赤心者。《本草拾遗》谓之丹桎木。

> 雩娄农曰："吾行南赣山阿中，岖嵚蒙密，如荠如簪，而丁丁者，众峰皆答，盖不及合抱而纵寻斧也。按志皆曰杉，而土语则曰沙，疑俚音之转也。阅《岭外代答》，知杉与沙为一类而异物。《南城县志》谓杉有数种，有自麻姑山来者，持山僧所折杉枝，似桧似松，叶细润而披拂。余始识杉与沙果有异，然江湘率皆沙也。及莅滇，夹道巨木，森森竦擢，丝叶如翼，苔肤无鳞，盖荫暍而中禅傍题凑者，皆百余年物。视彼瘦干短蘗，乱叶攫拿，如寻人而刺者，真有鸡冠佩剑未游圣门时气象。"[2]

1 《南越笔记》共 16 卷，辑录广东地区民族民俗、矿藏物产、山川名胜等内容，大部分源自清代屈大均《广东新语》。
2 〔清〕吴其濬著：《植物名实图考》，中华书局，2018 年，第 789 页。

吴其濬所记录的这种杉树，在赣南山区的土语中被称作"沙木"，这是当地颇受欢迎的木材，以至于砍树的声音时常在山谷间回荡。书中的插图倒是与水杉有几分相似，"叶细润而披拂""丝叶如翼"等描述也符合水杉的特征。据插图所绘的叶片，可排除落羽杉、水松、柳杉等其他杉科植物，与松科的油杉、冷杉的树叶也有些差距。此外，这里的"杉"也不可能是杉木〔*Cunninghamia lanceolata*（Lamb.）Hook.〕，因为列于其后的词条便是"沙木（杉木）"。

〔清〕吴其濬《植物名实图考》，杉

此图与水杉略似，如果作者画出了果实，就更易于判断。

难道吴其濬早就在赣南山区发现了活化石水杉？如果他能画出这种树的果实，我们就有更大的把握做出判断。

看来，水杉的确是有些神秘的植物，罕见于古籍。在 20 世纪 40 年代以前，它们一直深藏于湖北利川等地山区。如果那时候我告诉外婆，我们捡回去当柴烧的这些水杉，曾经和恐龙生活在同一个时代，外婆一定会惊讶。

到了冬天，水杉的叶子落尽，只剩下挺拔的躯干。光秃秃的树枝，清清爽爽，直指苍穹。每当暮色升起，我总会听见江上的渔船，汽笛穿过薄薄的暮色，穿过整整齐齐的水杉林。一位老人佝偻着背，缓缓地走在林间的小路上，脚下的枯枝落叶簌簌作响。

我想再回一趟水杉林，拾落叶，陪外婆。

● 附录　古代植物图谱简介

古代植物图谱在绘制之初主要讲求实用性，使人易于识别。其中一些不仅准确，而且精美，具有很高的艺术性和观赏性。我们选取本书主要引用的 7 种植物图谱介绍如下：

1.〔明〕王磐《野菜谱》

王磐（约 1470-1530），字鸿渐，号西楼，江苏高邮人，明代散曲家、画家，著有《王西楼乐府》《野菜谱》等。

《野菜谱》成书于明嘉靖三年（1524），收入野菜 60 种，每种野菜均配有一图一诗，简要介绍野菜的生境、形态、采集时间、食用方法，以供灾年采以救荒。其自序云：

> 正德间，江淮迭经水旱，饥民枕藉道路。有司虽有赈发，不能遍济。率皆采摘野菜以充食，赖之活者甚众。但其间形类相似，美恶不同，误食之或至伤生，此《野菜谱》所不可无也。予虽不为世用，济物之心未尝忘，田居朝夕，历览详询，前后仅得六十余种。取其象而图之，俾人人易识，不致误食而伤生。且因其名而为咏，庶几乎因是以流传。[1]

作者说正德年间（1506-1521）江淮水旱频发，其实整个明朝自然灾

1　〔明〕徐光启撰，石声汉点校：《农政全书》，上海古籍出版社，2011 年，第 1429-1430 页。

害都很多，因此编著《野菜谱》很有必要。徐光启将其与朱元璋第五子朱橚《救荒本草》一起收入《农政全书》。

但《野菜谱》与宗室所编《救荒本草》不同，对此，汪曾祺《王磐的〈野菜谱〉》有介绍："那都是他目验、亲尝、自题、手绘的，而且多半是自己掏钱刻印的，——谁愿意刻这种无名利可图的杂书呢？他的用心是可贵的，也是感人的。"其插图"不是作为艺术作品来画的，只求形肖"。画中的小诗"近似谣曲的通俗的乐府短诗，多是以菜名起兴，抒发感慨，嗟叹民生的疾苦。穷人吃野菜是为了度荒，没有为了尝新而挑菜的"。[1]

这些乐府短诗是《野菜谱》的一大亮点，以菜名起兴，菜名皆为民间俗语，如抱娘蒿、燕子不来香、油灼灼等[2]。"因其名而为咏"，是为了便于百姓口耳相传。其中不少诗反映了饥荒年间悲惨的社会现实：

> 芽儿拳，生树边；白如雪，软似绵。煮来不食泪如雨，昨朝儿卖他州府。

这样的短诗，其意也在"备观风者之采择"，即提醒当权者关注民生、

---

1 汪曾祺：《王磐的〈野菜谱〉》，《中国文化》，1990 年第 2 期，第 177 页。
2 《野菜谱》中的许多植物名称今已不可考，王作宾仅鉴定出《野菜谱》60 种植物中的28 种。见王作宾：《〈农政全书〉所收〈救荒本草〉及〈野菜谱〉植物学名》，《农政全书》，第 1512-1513 页。

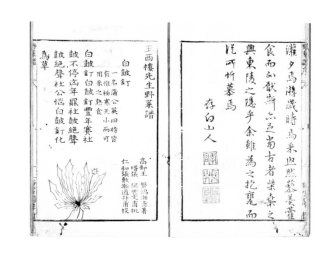

日本国立国会图书馆藏《野菜谱》内页

《野菜谱》收录野菜60种，每种野菜均配有一幅简易易插图、一首朗朗上口的乐府短诗。

体察民情。如张缑所说："斯谱备述闾阎小民艰食之情，仁人君子观之，当怃然而感，恻然而伤。"[1]这些小诗也引起鲁迅的注意，据周作人回忆，鲁迅影写家中所藏《野菜谱》，喜欢这些小诗是一部分原因。[2]

2.〔清〕吴其濬《植物名实图考》

吴其濬（1789-1847），字季深，一字瀹斋，号吉兰，别号雩娄农，

---

1 《农政全书》，第1430页。

2 "鲁迅影写这一卷书，我想喜欢这题词大概是一部分原因，不过原本并非借自他人，乃是家中所有，……自家的书可以不必再抄了，但是鲁迅却也影写一遍，这是什么缘故呢？据我的推测，这未必有什么大的理由，实在只是对于《野菜谱》特别的喜欢，所以要描写出来，比附载在书末的更便于赏玩罢了。"见周作人著，止庵校订：《鲁迅的青年时代》，北京十月文艺出版社，2013年，第22页。

河南固始人。生于书香门第，父兄皆进士，嘉庆二十二年（1817）高中状元。宦迹遍布湖北、湖南、云南、贵州、福建、山西等地，官至巡抚、总督。做官之余，留心观察植物，集毕生心血，著成《植物名实图考》《植物名实图考长编》。除植物学外，在农学、医药学、矿业、水利等方面均有突出成就。

汪曾祺在《葵·薤》一文中对吴其濬《植物名实图考》赞不绝口：

> 吴其濬是个很值得叫人佩服的读书人。他是嘉庆进士，自翰林院修撰官至湖南等省巡抚。但他并没有只是做官，他留意各地物产丰瘠与民生的关系，依据耳闻目见，辑录古籍中有关植物的文献，写成了《长编》和《图考》这样两部巨著。他的著作是我国十九世纪植物学极重要的专著。[1]

《植物名实图考》全书38卷，所收植物1714种，比《本草纲目》多519种。该书广泛辑录与植物有关的文献材料，所引书目达450种，计2778次；其内容涵盖经史子集，重点收录植物形态、产地、药性、用途方面的文献。[2]同时结合作者实地考察，科学严谨地考订古籍中植物的名与实。本书的另一个特点是插图，全书1865幅插图中，近1500幅是作者据实物所写，画法为白描，精确程度为近代西方植物学家

---

1 汪曾祺著：《岁朝清供》，江苏凤凰文艺出版社，2018年，第161页。
2 张瑞贤等：《〈植物名实图考〉研究》，见〔清〕吴其濬著，张瑞贤等校注：《植物名实图考校释》，中医古籍出版社，2008年，第670-671页。

日本东京奎文堂《重修植物名实图考》内页

《植物名实图考》是中国植物学史上承前启后的巨著，19世纪80年代在日本重新刊行。

高度认可。

　　《植物名实图考》初刻于作者逝世的第二年（1848），时任山西巡抚陆应谷为之作序。这是我国历史上第一部以"植物"命名的著作，堪称中国植物学史上承前启后的巨著。植物学泰斗胡先骕先生称此书："着眼已出本草学范畴，而骎骎入纯粹科学之域，在吾国植物学前期而有此伟著，不能不引以自豪也。"[1]

---

[1] 转引自王锦绣、汤彦承：《吴征镒先生与植物考据学》，《生命世界》，2008年第4期，第96页。

3.〔日〕岩崎常正《本草图谱》《本草图说》

日本的本草学长期深受中国影响，进入江户时代后，随着《本草纲目》和西方自然科学相继传入，日本本草学开启新的纪元，一批杰出的本草学家不断涌现，具有独创性和实用性的本草学、博物类著作也相继刊刻，这其中就包括不少精美的图谱。本书引用最多的《本草图谱》《诗经名物图解》，就是其中的佼佼者。

岩崎常正（1786-1842），字灌园，24岁师从著名本草学家小野兰山，35岁受德川幕府之邀开辟药园，亲种植物2000余种。有感于当时本草书籍配图之"甚略且拙"，而治病救人，图不可不精，于是博览群书，种药写生，历时20余载，于文政十一年（1828）绘制完成《本草图谱》。[1]

《本草图谱》共96卷，载药物2239种[2]，按《本草纲目》依次编为草部、谷部、菜部、果部、木部，可视为《本草纲目》植物图鉴。其《凡例》云：

> 画为双钩，使精工雕刻，刷毕又别命画工施彩，庶几揽者不失其真。但命工施彩，费用浩穰，故着色本待购者所求耳。

1　日本国立国会图书馆藏本《本草图谱·自序》："早嗜斯学，每取群书阅系于斯者，窃敢折中众说，各归其当；搜采山野，移圃栽盆，凡二千余种，苗叶花实，随时写生；乃至异境僻地之产，其所目击，莫不悉图之。如斯者二十余年，积成若干卷，名曰《本草图谱》。"

2　"《本草图谱》全书93卷，索引2卷，……本书载药物2239种。"见何慧玲、肖永芝、李君：《〈本草纲目〉影响下的〈本草图谱〉》，《中医文献杂志》，2013年第6期，第5页。就笔者所见日本国立国会图书馆藏本，全书从第5卷"山草类·甘草"开始，最后一卷目次为"卷之九十六"，前4卷未见。

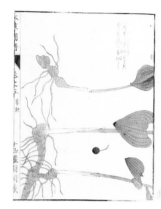

日本国立国会图书馆藏《本草图谱》内页

先印刷白描版本，当有人求购时，再命画工上色，书中图谱故能如此精美细腻。

这本图谱并非批量套色印刷，而是先印刷白描版本，当有人愿意出钱购买时，再请画工逐一上色，以达到最佳效果：

> 其为图抖擞精神，尽竭笔力极之精巧，施之彩色，自以谓无复所憾者。试开视之，虽儿童走卒，亦不待费口舌而辨某为某物也。

图画之外，每种植物均有汉名、和名，以及"各国各乡、形色气味、根茎花实、生茂时节"等方面的简要描述，意在使普通人也易于辨识。

在完成《本草图谱》之前，岩崎灌园还绘有《本草图说》60 卷，大致成书于文化七年（1810），彼时他年仅 24 岁[1]。该图谱按金石、草、木、

---

1 东京国立博物馆藏本第 19 册有梅坞道人序（1807）、岩崎灌园凡例（1807），第 51 册有岩崎灌园自序（1810）。该藏本共 78 册，前 72 册为《本草图说》，第 73-76 册疑为手稿，第 77 册为岩崎灌园《草木藏品目录》，第 78 册为岩崎灌园《写生草木谱目录》。

东京国立博物馆藏《本草图说》内页

《本草图说》可看作《本草图谱》的前身，同一种植物的构图与画风基本一致。

介部编排，所载药物种类过千，包括紫云英等《本草图谱》并未收入的植物。该图谱亦为彩色，绘画风格与《本草图谱》相同，精细程度亦可与之媲美。其内容以图为主，文字部分仅有汉名、和名，少数有产地。

4.〔日〕毛利梅园《梅园百花画谱》[1]

毛利梅园（1789-1851），又名毛利元寿，江户时代幕府家臣。毛利梅园比岩崎灌园小 3 岁，很可能与岩崎灌园一样受幕府之邀，从事物产的研究与绘画。其所绘图谱不仅质量精良，而且涉猎广泛，除植物类图谱《梅园百花画谱》外，还包括鱼谱、禽谱、菌谱、介谱（虫谱），以

1　本节写作主要参考王傲：《〈梅园草木花谱〉研究》，浙江大学 2017 年硕士学位论文。

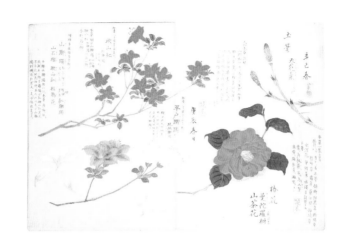

日本国立国会图书馆藏《梅园百花画谱》内页

《梅园百花画谱》以季节排序，每种植物以印章标明种类，所绘物种以日本江户地区为主。

上均收于日本国立国会图书馆所藏《梅园画谱》，共 24 帖。

《梅园百花画谱》又名《梅园草木花谱》，绘制时间为文政三年（1820）至嘉永二年（1849），跨度近 30 年。该图谱不同于本草类图谱以植物种类排序，而是按季节分为春夏秋冬四部，春之部 4 册 347 种，夏之部 8 册 620 种，秋之部 4 册 274 种，冬之部 1 册 34 种，共计 17 册 1275 种植物。

虽然以季节排序，但每种植物以印章标明种类，印章含花草、花木、芳草、水草、杂草、杂木、草类、木类、果类、果木类、谷类、菜类、药木、药草、园木、园草、蔓草、民用类等近 20 种。文字部分记载植物名称、出处、产地、创作日期（有的精确到日）等。所绘物种以江户地区为主，可视作江户地方博物志。

该图谱引用中日文献多达 80 余种，其中，中国古籍 40 余种，以《本草纲目》177 次为最多，其次为《救荒本草》145 次，可见日本本草学著作受中国本草学影响之深。其绘图准确精美，体现出西方博物学写实的特点。

　　5.〔日〕冈元凤、橘国雄《毛诗品物图考》

平安杏林轩、浪华五车堂合刻《毛诗品物图考》内页

《毛诗品物图考》刊刻 100 年后传入我国，鲁迅、周作人十分喜爱，都曾购求收藏。

　　《毛诗品物图考》由冈元凤撰写，橘国雄绘图。冈元凤（1737-1787）少年时代嗜读汉籍，后从医，善作诗文，好产物之学；橘国雄乃当时著名画工橘守国弟子，善画花草虫鱼，其作品以书籍插图为主。本书共 7 卷，按草、木、鸟、兽、虫、鱼 6 部排列。其配图为白描，全书配图共 200 余幅。配图之外，还附有简短考证，引用文献以中国典籍为主、兼采日本《诗经》、本草、博物学方面的研究成果，具有重要的参考价值。

《毛诗品物图考》刊刻 100 年后传入我国，于光绪十二年（1886）出版，时任翰林院编修、钱塘人戴兆春为之作序。据周作人回忆，鲁迅幼年在大舅家避难时见到《毛诗品物图考》，回家后即搜求，成为他购求书籍之始。[1] 周作人也很是喜欢，"里边的图差不多一张张的都看得熟了"，40 年后在东京购得原刻初印，评曰："著者冈元凤，原是医师，于本草之学素有研究，图画雕刻亦甚工致，似较徐鼎的《毛诗名物图说》为胜。"[2]

6.〔日〕细井徇《诗经名物图解》

《毛诗品物图考》刊行半个多世纪后，细井徇彩图版《诗经名物图解》问世，将《诗经》名物图谱类著作推向高峰。

细井徇，号东阳，早年在小野兰山门下学习[3]，后从医，著有《四诊备要》，退休后与京都一带画工共同绘制《诗经名物图解》[4]，大致作于

1 周作人著：《知堂回想录》，群众出版社，1999 年，第 13 页。
2 周作人著：《我的杂学》，北京出版社，2005 年，第 83—84 页。
3 《诗经名物图解》花木鸿跋："藩细井紫辉先生，早岁游于兰山先生之门，钻研寻究若干年于兹矣。往岁讲书于京摄，特以精本草学见称，应书贾之恳，请著斯编，船筏于多识之津，功不伟乎？"
4 《诗经名物图解》松堂清裕序："道人姓细井，号东阳，为吾藩之医学，年老致仕，遂蓄髯，因又有今号云，颇耽著述。去秋末游京摄间，既板《四诊备要》，今又辑是书。"

1847 至 1850 年[1]。

《诗经名物图解》按草、木、鸟、兽、鱼、虫分为 6 类，以《诗经》篇目为序，共绘图 209 幅，动植物 230 种。其中，草部 3 册，62 幅 80 种；木部 2 册，47 幅 47 种。

每幅图前页有文字描述，内容依次为《诗经》相关篇目、诗句、异名、出处。相关解释涉及诸多中国文献，例如《毛诗草木鸟兽虫鱼疏》《诗集传》《本草纲目》等，较《毛诗品物图考》的文字解说更为详细。

1　日本国立国会图书馆藏本中，前有松堂清裕嘉永元年（1848）序、弘化四年（1847）自序，文末有花木鸿嘉永四年（1851）跋，最后作者落款日期为嘉永三年（1850）。

细井徇在《自序》中提到绘制本书的缘由：

> 惟有冈公翼者著《品物图考》，然于其形状，有未能不慊然者也。于是乎，予欲成一书以问乎世久矣。今兹秋，客游京摄，间以谋诸画工，某因重审其形状，加以着色，辨之色相，令童蒙易辨识焉。

由此可知，细井徇作此书，部分是因为对《毛诗品物图考》不够满意。不过本书的编写却是以《毛诗品物图考》为蓝本。两者在条目编排上都是先分为草、木、鸟、兽、虫、鱼6类，然后以《诗经》篇目为序。就植物部分而言，两者所绘种类完全一致。如"绿竹"条，先按朱熹的解释画一幅竹子，再画一幅萹草和萹蓄，保留了《毛传》的解释；再如"苕之华"，皆从朱熹画一枝凌霄；对"唐棣"的配图则皆为花瓣细长洁白的小乔木，而不采《毛诗草木鸟兽虫鱼疏》所谓"郁李"或《尔雅注》"似白杨"之说。两者在画风上也相近，都将动植物与其所处环境一同描绘，注重表现出生动活泼的自然情态，体现出明显的中国文人花鸟画之趣味，从而与西方博物绘画区别开来。

《诗经名物图解》绘图之精美、细腻、生动，远超同类作品，是目前国内出版最多的《诗经》动植物图谱。